高等教育“十四五”系列教材

软件建模技术与应用

主　编　王智超　曾　辉　姜东洋
副主编　胡　婧　郭　瑞　王莉莉

華中科技大學出版社
http://www.hustp.com
中国·武汉

内 容 简 介

本书系统地介绍了软件建模的基础理论知识和实用技术方法。其中，基础理论以统一建模语言 UML 为核心，深入浅出地描述了在面向对象的软件开发过程中，如何使用 UML 标准构建系统生命周期中的各种常用模型；实用技术方法则结合业界广泛使用的 UML 开发工具 Rational Rose，并配以具体的软件系统案例进行了详细介绍，使读者能够轻松理解并快速掌握软件建模的技术方法。此外，每章后还附有操作练习题，着重培养读者的动手能力，使其在练习过程中能快速提高实际应用水平。

为了方便教学，本书还配有教学课件等教学资源包，可以登录"我们爱读书"网(www.ibook4us.com)浏览，任课教师可以发邮件至 hustpeiit@163.com 索取。

本书结构合理，语言简练易懂，适合作为高等院校计算机类相关专业的教材或教学参考书，也可以作为软件设计与开发人员的参考资料和相关培训教材。

图书在版编目(CIP)数据

软件建模技术与应用/王智超，曾辉，姜东洋主编.—武汉：华中科技大学出版社，2019.2(2022.7 重印)
ISBN 978-7-5680-4368-7

Ⅰ.①软… Ⅱ.①王… ②曾… ③姜… Ⅲ.①软件设计-高等学校-教材 Ⅳ.①TP311.1

中国版本图书馆 CIP 数据核字(2018)第 134419 号

软件建模技术与应用
Ruanjian Jianmo Jishu yu Yingyong

王智超 曾 辉 姜东洋 主编

策划编辑：康 序
责任编辑：康 序
责任监印：朱 玢
出版发行：华中科技大学出版社(中国·武汉) 电话：(027)81321913
武汉市东湖新技术开发区华工科技园 邮编：430223
录 排：武汉正风天下文化发展有限公司
印 刷：武汉中科兴业印务有限公司
开 本：787mm×1092mm 1/16
印 张：15.5
字 数：405 千字
版 次：2022 年 7 月第 1 版第 3 次印刷
定 价：45.00 元

本书若有印装质量问题，请向出版社营销中心调换
全国免费服务热线：400-6679-118 竭诚为您服务
版权所有 侵权必究

前言

PREFACE

统一建模语言(UML)是一种通用的可视化建模语言,适用于各种软件开发方法、软件生命周期的各个阶段、软件的各种应用领域以及各种软件开发工具。它是一种旨在统一过去建模技术的经验,吸收当今软件开发的实践经验从而形成一种标准的方法。UML包括语义概念、表示法和指导规范,它提供了静态、动态、系统环境及组织结构的模型,为交互式的可视化建模工具所支持,支持现今大部分面向对象的开发过程,其目的是简化和强化现有面向对象的开发方法。Rational Rose是目前广泛使用的面向对象可视化建模工具之一,可用于对系统的建模、设计与编码,还可对已有的系统实施逆向工程,实现代码模型转换,以便更好地开发与维护系统。UML与Rational Rose的有机结合,在开发大型面向对象的应用中发挥着巨大的作用。

当前对于软件建模的教材需求层次多、范围广,因此需要有适应不同需求特色的教材。鉴于此,编者在实际教学经验的基础上,编写了本书。本书在内容的编排上注重实用性,在强调基本知识理解与基本技能训练的同时,更注重对读者创新能力的培养。

全书共分15章,各章的具体内容安排如下。

- 第1章　简要介绍面向对象技术,包括面向对象的基本概念、面向对象分析、面向对象设计和面向对象建模等基本知识。
- 第2章　简要介绍UML统一建模语言,包括UML的起源与发展历史、UML的定义、UML的特点、UML的作用、UML视图和UML机制等。
- 第3章　简要介绍软件建模工具Rational Rose,包括Rational Rose的起源与发展、Rational Rose的功能特点、Rational Rose的运行环境、Rational Rose的安装和Rational Rose的基本操作。
- 第4章　具体介绍了UML的使用过程(如Rational统一过程等)。包括软件工程过程定义、UML过程的基础、传统的面向对象过程、Rational统一过程和过程工具等。
- 第5章　具体介绍用例图,包括用例图的基本概念、用例图的组成元素、用例描述说明、Rational Rose创建用例图方法和用例图建模案例分析等。
- 第6章　具体介绍类图与对象图,包括类图与对象图的基本概念、类图与对象图的组成元素、Rational Rose创建类图与对象图方法和类图与对象图建模案例分析等。

● 第 7 章　具体介绍序列图，包括序列图的基本概念、序列图的组成元素、Rational Rose 创建序列图方法和序列图建模案例分析等。

● 第 8 章　具体介绍协作图，包括协作图的基本概念、协作图的组成元素、Rational Rose 创建协作图方法和协作图建模案例分析等。

● 第 9 章　具体介绍状态图，包括状态图的基本概念、状态图的组成元素、Rational Rose 创建状态图方法和状态图建模案例分析等。

● 第 10 章　具体介绍活动图，包括活动图的基本概念、活动图的组成元素、Rational Rose 创建活动图方法和活动图建模案例分析等。

● 第 11 章　具体介绍包图，包括包图的基本概念、包图的组成元素、Rational Rose 创建包图方法和包图建模案例分析等。

● 第 12 章　具体介绍构件图，包括构件图的基本概念、构件图的组成元素、Rational Rose 创建构件图方法和构件图建模案例分析等。

● 第 13 章　具体介绍部署图，包括部署图的基本概念、部署图的组成元素、Rational Rose 创建部署图方法和部署图建模案例分析等。

● 第 14 章　具体介绍 UML 双向工程，包括双向工程基本概念、正向工程、逆向工程和 Rational Rose 双向工程实施等。

● 第 15 章　以具体案例为基础，详细描述完整的软件系统建模过程。

本书的主要特点如下。

(1) 内容全面细致，具有系统性。书中内容既包括面向对象理论介绍，又全面介绍了 UML 的基础知识，特别是对 Rational Rose 支持的图和模型元素进行了详细的讲解，同时给出了相关 Rational Rose 的具体操作。全书集理论、操作于一体。

(2) 案例讲解深入透彻。书中使用了一个具体的 BBS 论坛系统的建模案例，将其贯穿于各个 UML 模型的章节，每一章都力图给出建模时详细的分析过程，而非泛泛的建模结果，让读者在学习的过程中知道如何做以及为什么这样做，有助于读者边学习、边思考和边实践。

(3) 图文并茂，通俗易懂。本书在介绍每个章节、知识点、案例以及 Rational Rose 的使用时配有大量的图表，有助于读者更加直观地理解 UML 的理论知识，掌握 Rational Rose 的使用技巧。

本书适合作为高等学校计算机类专业的本科教材，也可作为 UML 建模人员的参考资料和相关培训教材。

本书由武昌理工学院王智超、曾辉，辽宁机电职业技术学院姜东洋担任主编；由武汉晴川学院胡婧、湖北文理学院理工学院郭瑞、大连工业大学艺术与信息工程学院王莉莉担任副主编。全书由王智超审核并统稿。编写过程中还得到了武昌理工学院信息工程学院许多老师的支持和帮助，并给出了许多好的建议，在此编者对他们表示衷心的感谢。

为了方便教学，本书还配有教学课件等教学资源包，可以登录“我们爱读书”网(www.ibook4us.com)浏览，任课教师可以发邮件至 hustpeiit@163.com 索取。

在本书的编写过程中，借鉴了许多相关的现行教材，在此谨表示衷心的感谢。由于作者水平有限，虽对本书进行反复的审核，但书中难免有错误和不足之处，希望读者给予批评指正，多提宝贵意见。

编　者

2022 年 1 月

目录 CONTENTS

第1章 面向对象基础

20世纪60年代以来,面向对象的方法在计算机领域得到了广泛应用,如在程序设计中的面向对象程序设计、在人工智能中的面向对象知识表示、在数据库中的面向对象数据库、在人机界面中的面向对象图形用户界面、在计算机体系结构中的面向对象结构体系等。面向对象技术现在已经逐渐取代了传统的技术,成为当今计算机软件工程学中的主要开发技术,随着面向对象技术的不断发展,越来越多的软件开发人员加入到了它的阵营之中。面向对象的开发方法是一种将面向对象的思想应用于软件开发过程中,指导开发活动的系统方法,它是建立在对象概念基础上的方法。面对对象技术是软件技术的一次革命,在软件开发史上具有里程碑的意义。面向对象的基本思想是:对问题空间进行自然分割,以符合人的思维方式去建立问题域模型,以便对客观实体进行结构模拟和行为模拟,从而尽可能直接地描述现实世界,构造出模块化的、可重用的、可扩展的软件产品,同时限定软件的复杂性和减少软件维护的代价。

1.1 面向对象的概念

面向对象概念是在20世纪60年代由使用SIMULA语言的人开始提出的,于20世纪70年代初成为Xerox PARC开发的Smalltalk的重要组成部分。20世纪80年代面向对象方法与技术日益受到计算机领域的专家、研究和工程技术人员的重视,之后相继出现了一系列描述能力强、执行效率高的面向对象编程语言,标志着面向对象技术开始走向实用。20世纪90年代人们对面向对象的研究不再局限于编程,而是从系统分析和系统设计阶段就开始采用面向对象方法,这标志着面向对象思想已经发展成一种完整的方法论和系统化的技术体系,下面介绍一些面向对象的基本概念。

1.1.1 对象

对象含义广泛,难以精确定义,在不同的场合有着不同的含义。一般来说,任何事物均可看成对象。任何事物均有各自的自然属性和行为,当考察其某些属性与行为并进行研究时,它便成为有意义的对象。采用面向对象方法进行软件开发时,需要区分三种不同含义的对象:客观对象、问题对象和计算机对象。客观对象是现实世界中存在的实体;问题对象是客观对象在问题域中的抽象,用于根据需要完成某些行为;计算机对象是问题对象在计算机系统中的表示,它是数据和操作的封装体。三种对象间的关系如图1-1所示。

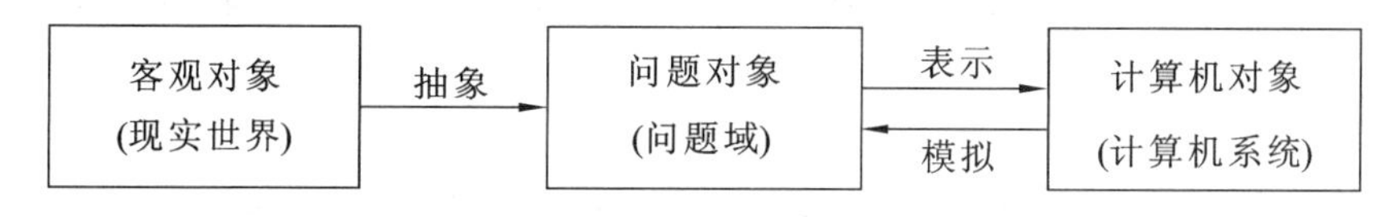

图1-1 三种对象间的关系

对象的表示应包括属性与行为(如数据与操作),并且对象之间并非彼此孤立,可以通过通信来进行交互。因此,计算机对象可以表示为一个三元组:对象=(接口,数据,操作),即对象是面向对象系统中运行时刻的基本成分,它是数据和操作的封装体,其中还包括与其他对象进行通信的设施。

我们可以从以下几个不同的角度来考察对象的概念。

● 首先，从宏观上看，对象是客观对象在计算机中的表示。计算机对象是用来模拟现实世界中的客观对象的，模拟的重点是其中的信息处理和传递。客观对象自身的信息处理过程是由对象内部状态的变化来模拟的，客观对象间的信息传递则是由对象间的通信来模拟的。

● 其次，从微观上看，对象是由能对外通信的数据及其上的操作组成的封装体。对象由一组数据及其上的操作组成，并且能接收其他对象发送的消息，以及向其他对象发送消息。如果把模块间的相互过程调用也看成一种模块间的通信，就可以把对象近似地理解成模块的运行实例。不过，二者并不完全相同，模块中的数据可以移出，从而对这部分数据不加隐蔽，而对象中的数据则全是私有的。

● 最后，从形式描述上看，对象是具有输入和输出的有限自动机。对象是一个通信自动机，即以其他自动机的输出作为输入，以自己的输出作为其他自动机的输入。这种自动机的输入/输出方式反映了对象的通信能力；而把对象看成某种自动机则反映了对象自身具有独立的计算能力，体现为状态及状态转换机制。

上述对象概念的描述中，可以归纳出对象的特点，具体如下。

(1) 自治性：对象的自治性是指对象具有一定的独立计算能力。给定一些输入，经过状态转换，对象能产生输出，说明它具有计算能力。对象自身的状态变化是不直接受外界干预的，外界只有通过发送的消息对它产生影响，从这个意义上说，对象具有自治性。

(2) 封闭性：对象的封闭性是指对象具有信息隐蔽的能力。具体说来，外界不直接修改对象的状态，只有通过向该对象发送消息来对它施加影响。对象隐蔽了其中的数据及操作的实现方法，对外可见的只是该对象所提供的操作(即能接收和处理的信息)。

(3) 通信性：对象的通信性是指对象具有与其他对象通信的能力，也就是对象能接收其他对象发来的消息，同时也能向其他对象发送消息。通信性反映了不同对象间的联系，通过这种联系，若干对象可协同完成某项任务。

(4) 被动性：对象的被动性是指对象的存在和状态转换都是由来自外界的某种刺激引发的。对象的存在可以认为是由外界决定的，而对象的状态转换则是在它接收到某种消息后产生的，尽管这种转换实际是由其自身进行的。

(5) 暂存性：对象的暂存性有两层含义：一是指对象的存在是可以动态地引发的，而不是必须在计算的一开始就存在；二是指对象随时可以消亡，而不是必须存在到计算结束。虽然可以在计算过程中自始至终保存某些对象，但从对象的本质或作用来说，它具有暂存性。

上面五个性质分别刻画了对象的不同方面的特点。自治性、封闭性和通信性刻画的是对象的能力；被动性刻画的是对象的活动；暂存性刻画的是对象的生存特性；自治性反映了对象独立计算的能力；封闭性和通信性则说明对象是既封闭又开放的相对独立体。

1.1.2 类

类是具有相同属性和操作的一组对象的组合，也就是说，抽象模型中的类描述了一组相似对象的共同特征，为属于该类的全部对象提供了统一的抽象描述。例如，名为“学生”的类被用于描述为被学生管理系统管理的学生对象。

类的定义包含以下要素。

● 定义该类对象的数据结构(属性的名称和类型)。

● 类的对象在系统中所需要执行的各种操作，如对数据库的操作。

类是对象集合的再抽象，类与对象的关系如同用模具浇注出来的铸件一样，类是创建软件对象的模板——一种模型。类给出了属于该类的全部对象的抽象定义，而对象是符合这种定义的一个实体。

类的用途有如下两点。

● 在内存中开辟一个数据区，存储新对象的属性。

● 把一系列行为和对象关联起来。

一个对象又被称为类的一个实例，也称为实体化。术语"实体化"是指对象在类声明的基础上创建的过程。例如，我们声明了一个"学生"类，可以在这个基础上创建一个"姓名是李明的学生"的对象。

类的确定和划分没有统一的标准和方法，基本上依赖于设计人员的经验、技巧以及对实际项目中问题的把握。通常的标准是"寻求共性、抓住特性"，即在一个大的系统环境中，寻求事物的共性，将具有共性的事物用一个类进行表述。在用具体的程序实现时，具体到某一个对象，要抓住对象的特性。确定一个类的方法通常包含以下几个方面。

(1) 确定系统的范围，如学生管理系统，需要确定一下与学生管理相关的内容。

(2) 在系统范围内寻找对象，该对象通常具有一个或多个类似的事物。例如，在学生管理中，某院系有一个名叫李明的学生，而另一个院系名叫王鑫的学生是和李明类似的，都是学生。

(3) 将对象抽象成为一个类，按照上面类的定义，确定类的数据和操作。

在面向对象程序设计中，类和对象的确定非常重要，是软件开发的第一步，软件开发中类和对象的确定直接影响到软件的质量。如果划分得当，对于软件的维护与扩充以及体现软件的重用性等方面，都非常重要。

1.1.3 消息

对象是一个相对独立的具有一定计算能力的自治体，对象之间不是彼此孤立而是互相通信的，面向对象程序的执行体现为一组相互通信的对象的活动。那么面向对象程序是如何实施计算(运行)的呢？计算是由一组地位等同的称为对象的计算机制合作完成的，其合作方式是通信(即相互交换信息)，这种对象与对象之间所互相传递的信息称为消息。消息可以表示计算任务，也可以表示计算结果。

在面向对象计算中，每一项计算任务都表示为一个消息，实施计算任务的若干相关联的对象组成一个面向对象系统。提交计算任务即由任务提交者(如系统外对象)向承担计算任务的面向对象系统中的某个对象发送表示该计算任务的消息。计算的实施过程是面向对象系统接收到该消息后所产生的状态变化过程，计算的结果通过面向对象系统中的对象向任务提交者回送。

消息一般由如下三个部分组成。

(1) 接收消息的对象。

(2) 接收对象应采用的方法。

(3) 方法所需要的参数。

计算任务通常先由某一对象"受理"(该对象接收到某种消息)，然后通过对象间的通信，计算任务就分散到各个有关对象中，最后再由某些对象给出结果(通过发送消息)。发送消息的对象称为发送者，接收消息的对象称为接收者。消息中包含发送者的要求，它告诉接收者需要完成哪些处理，但并不指示接收者如何完成这些处理。消息完全由接收者解析，接收者独立决定采用什么方式完成所需处理。一个对象能够接收不同形式、不同内容的多个消息，相同形式的消息可以发往不同的对象，不同的对象对于形式相同的消息可以有不同的解析，并作出不同的反应。对于传来的消息，对象可以返回相应的应答消息。

对象可以动态的创建，创建后即可以活动。对象在不同时刻可处于不同的状态，对象的活动是指对象状态的改变，它是由对象所接收的消息引发的。对象一经创建，就能接收消息，并向其他对象发送消息。对象接收到消息后，可能出现以下情况：①自身状态改变；②创建新对象；③向其他对象发送消息。

从对象之间的消息通信机制可反映出面向对象计算具有如下特性。

(1) 协同性　协同性表现在计算是由若干对象共同协作完成的。虽然计算任务可能首先由面向对象系统中的某个特定对象"受理"(即接收到表示该任务的消息)，但往往并不是由该对象独立完成的，而是通过对象间的通信被分解到其他有关对象中，由这些对象共同完成，对象间的这种协同性使计算具有分布性。

(2) 动态性　动态性表现在计算过程中对象依通信关系组成的结构会动态地改变，新对象会不断创建，旧对象也会不断消亡。面向对象系统最初由若干初始对象组成，一旦外界向这些初始对象发送了表示计算任务的消息，面向对象系统即活动起来直接给出计算结果。在此过程中，面向对象系统的组成因创建新对象而不断改变。

(3) 封闭性　封闭性表现在计算是由一组相对封闭的对象完成的。从外部来观察一个对象，它只是一个能接收和发送消息的机制，其内部的状态及其如何变化对外并不直接可见，外界只有通过给它发送消息才能对它产生影响。对象承担计算的能力完全通过它能接收和处理的消息体现。

(4) 自治性　自治性表现在计算是由一组自治的对象完成的。对象在接收了消息后，如何处理该消息(即自身状态如何改变，需创建哪些新对象，以及向其他对象发送什么消息)，完全由该对象自身决定。在面向对象计算中，数据与其上的操作地位同等，二者紧密耦合在一起形成对象，亦即数据及其上的操作构成对象。因此，在面向对象计算中，数据与其上的操作之间的联系处于首要地位，何时对哪些数据实行何种操作完全由相应数据所在对象所接收到的消息及该对象自身决定。由于对象的封装性和隐蔽性，对象的消息仅作用于对象的接口，通过接口进一步影响和改变对象状态。

1.1.4　封装

封装就是将对象的状态和行为捆绑在一起的机制，使对象形成一个独立的整体，并且尽可能地隐藏对象的内部细节。封装有两方面的含义：一是把对象的全部状态和行为结合在一起，形成一个不可分割的整体，对象的私有属性只能够由对象的行为来修改和读取；二是尽可能隐蔽对象的内容细节，与外界的联系只能够通过外部接口来实现。

封装的信息屏蔽作用反映了事物的相对独立性，我们可以只关心它对外所提供的接口，即能够提供什么样的服务，而不用去关注其内部的细节问题。例如，使用手机，我们关注的通常是这个手机能实现什么功能，而不太会去关心这个手机是怎么一步步制造出来的。

封装的结果使对象以外的部分不能随意更改对象的内部属性和状态，如果需要更改对象内部的属性和状态，则需要通过公共访问控制器来进行。通过公共访问控制器来限制对象的私有属性，有以下优点。

- 避免对封装数据的未授权访问。

● 当对象为维护一些信息，并且这些信息比较重要，不能够随便向外界传递的时候，只需要将这些信息属性设置为私有的即可。

● 帮助保护数据的完整性。

● 当对象的属性设置为公共访问的时候，代码可以不经过对象所属类希望遵循的业务流程而去修改对象的值，对象很容易失去对其数据的控制。我们可以通过访问控制器来修改私有属性的值，并且在赋值或取值的时候检查属性值的正确与否。

● 当类的私有方法必须修改时，限制了对整个应用程序内的影响。

当对象采用一个公共的属性去暴露的时候，我们知道，甚至修改一下这个公共属性的名称、程序都需要修改这个公共属性被调用的地方。但是，通过私有的方式就能够缩小其影响的范围，将程序的影响范围缩小到一个类中。

例如，房子就是一个类的实例，室内装饰和陈设只能由室内的居住者欣赏和使用，如果没有四周墙壁的遮挡，室内的所有活动在外人面前将一览无余。由于有了封装，房屋内的所有陈设都可以随意改变且不影响他人，然而，如果没有门窗，即使它的空间再宽阔，也没有实用的价值。房屋的门窗，就是封装对象暴露在外的属性和方法，专供人进出，以及空气流通之用。

但是在实际项目中，如果一味地的强调封装，对象的任何属性都不允许外部直接读取，反而会增加许多无意义的操作，为编程增加负担。为避免这一点，在语言的具体使用过程中，应该根据需要和具体情况，来决定对象属性的可见性。

1.1.5 继承

对于客观事物的认知，既应当看到其共性，也应当看到其特性。如果只考虑事物的共性，而不考虑事物的特性，就不能反映出客观世界中事物之间的层次关系，从而不能完整、正确地对客观世界进行抽象的描述。如果说运用抽象的原则就是舍弃对象的特性，提取其共性，从而得到适合一个对象集的类的话，那么在这个类的基础上，再重新考虑抽象过程中被舍弃的那一部分对象的特性，则可以形成一个新的类，这个类具有前一个类的全部特征，是前一个类的子集，从而形成一种层次结构，即继承结构。以动物为例，可以分为哺乳动物、爬行动物、两栖动物和鸟类等，通过抽象的方式实现一个动物类以后，可以通过继承的方式分别实现哺乳动物、爬行动物、两栖动物和鸟类等类，并且这些类包含动物的特性，如图 1-2 所示就展示了这样一个继承的结构。

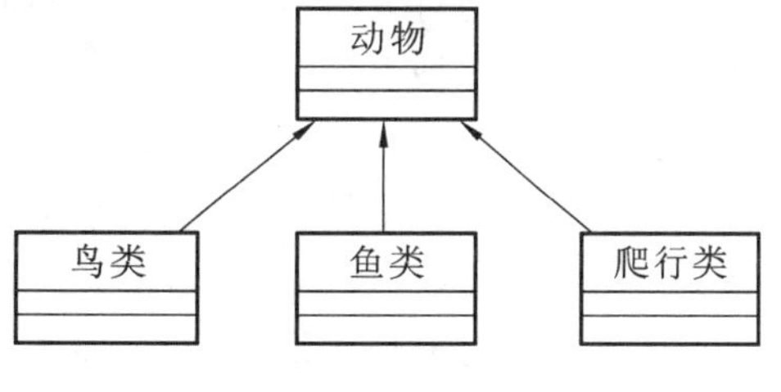

图 1-2 动物类继承结构

继承是一种连接类与类之间的层次模型。继承是指特殊类的对象拥有其一般类的属性和行为。继承意味着“自动地拥有”，即在特殊类中不必对已经在一般类中定义过的属性和行为进行重新定义，而是自动地、隐含地拥有其一般类的属性和行为。继承对类的重用性提供了一种明确表述共性的方法，即一个特殊类既有自己定义的属性和行为，又有继承下来的属性和行为。尽管继承下来的属性和行为在特殊类中是隐式的，但无论在概念上还是在实际效果上，都是这个类的属性和行为。继承是传递的，当这个特殊类被它更下层的特殊类继承的时候，它继承来的和自己定义的属性和行为又被下一层的特殊类继承下去。有时把一般类称为基类，把特殊类称为派生类。

继承在面向对象软件开发过程中，有其强有力和独特的一面，通过继承可以实现以下几种功能。

● 使派生类能够比不使用继承直接进行描述的类更加简洁。派生类只需要描述那些与基类不相同的、特殊的地方，且把这些添加到类中然后继承就可以了。如果不使用继承而去直接描述，需要将基类的属性和行为全部描述一遍。

● 能够重用和扩展现有类库资源。当我们使用已经封装好的类库的时候，如果需要对某个类进行扩展，通过继承的方式很容易实现，而不需要再重新编写，并且扩展一个类的时候并不需要其源代码。

● 使软件易于维护和修改。当需要修改或增加某一属性或行为时，只需要在相应的类中进行改动，而它派生的所有类全部都将自动地、隐含地进行相应地修改。

在软件开发过程中，继承性实现了软件模块的可重用性、独立性，缩短了开发的周期，提高了软件的开发效率，同时使软件易于维护和修改。继承是对客观世界的直接反映，通过类的继承，能够实现对问题深入抽象的描述，也反映出人类认识问题的发展过程。

1.1.6 多态

多态的一般含义是，某一领域中的元素可以有多种解释，程序设计语言中的一名多用即是支持多态的设施。继承机制是面向对象程序设计语言中所特有的另一种支持多态的机制。

在面向对象的软件技术中，多态是指在类继承层次中的类可以共享的一个行为的名字，而不同层次的类却各自按自己的需要实现这个行为。当对象接收到发送给它的消息时，根据该对象所属的类动态地选择在该类中定义的行为实现。

在面向对象程序设计语言中，一个多态的对象指引变量可以在不同的时刻，指向不同类的实例。由于多态对象指引变量可以指向多类对象，所以它既有一个静态类型又有多个动态类型。多态对象指引变量的动态类型在程序执行中会经常改变，在强类型的面向对象环境中，运行系统自动为所有多态对象指引变量标记其动态类型。多态对象指引变量的静态类型由程序正文中的变量说明决定，它可以在编译时确定，它规定了运行时刻可接受的有效对象类型的集合，这种规定是通过对系统的继承关系图进行分析得到的。

具体到面向对象程序设计来说，多态性是指在两个或多个属于不同类的对象中，同一函数名对应多个具有相似功能的不同函数，可以使用相同的调用方式来调用这些具有不同功能的同名函数。继承性和多态性的结合可以生成一系列虽类似但独一无二的对象。由于继承性，这些对象共享许多相似的特征；由于多态性，针对相同的消息，不同的对象可以有独特的表现方式，实现个性化的设计。

1.2 面向对象与面向过程的区别

在面向对象程序设计(object oriented programming，OOP)方法出现以前，结构化程序设计占据着主流。结构化程序设计是一种自上而下的设计方法，通常使用一个主函数来概括出整个程序需要做的事情，而主函数是由一系列子函数所组成。对于主函数中的每一个子函数，又都可以被分解为更小的函数。结构化程序设计思想就是将大的程序分解为具有层次结构的若干个模块，每个模块再分解为下一层模块，如此自顶向下、逐步细分，从而把复杂的大模块分解为许多功能单一的小模块。结构化程序设计的特征就是以函数为中心，也就是以功能为中心来描述系统，用函数来作为划分程序的基本单位，数据在过程式设计中往往处于从属的位置。结构化程序设计的优点是易于理解和掌握，这种模块化、结构化、自顶向下与逐步求精的设计原则，与大多数人的思维和解决问题的方式比较接近。

然而，对于比较复杂的问题或在开发中需求变化比较多的情况下，结构化程序设计往往显得力不从心。这是因为结构化程序设计是自上而下的，这要求设计者在一开始就要对解决的问题有一定的了解。在问题比较复杂时，要做到这一点会比较困难，而当开发中的需求变化时，以前对问题的理解也许会变得不再适用。事实上，开发一个系统的过程往往也是一个对系统不断了解和学习的过程，而结构化程序设计方法忽略了这一点。结构化程序设计方法把密切相关、相互依赖的数据和对数据的操作相互分离，这种实质上的依赖与形式上的分离使得大型程序的编写比较困难，并难于调试和修改。在多人进行协同开发的项目组中，程序员之间很难读懂对方的代码，代码的重用变得十分困难。由于现代应用程序的规模越来越大，对代码的可重用性和易维护性的要求也越来越高，面向对象技术对以上问题提供了很好地支持。

面向对象技术是一种以对象为基础、以事件或消息来驱动对象执行处理的程序设计技术。它是一种自下而上的程序设计方法，它不像面向过程程序设计那样，一开始就需要使用一个主函数来概括整个程序，面向对象程序设计往往从问题的一部分着手，一点一点地构建出整个程序。面向对象设计是以数据为中心，使用类作为表现数据的工具，类是划分程序的基本单位。而函数在面向对象设计中成了类的接口，以数据为中心而不是以功能为中心来描述系统，相对来说，这样更能使程序具有稳定性。它将数据和对数据的操作封装到一起，这种作为一个整体进行处理并且采用数据抽象和信息隐藏技术最终被抽象成一种新的数据类型——类。类与类之间的联系以及类的重用使得类出现了继承、多态等特性。类的集成度越高，越适合大型应用程序的开发。另外，面向对象程序的控制流程运行是由事件进行驱动的，而不再由预定的顺序进行执行。事件驱动程序的执行围绕消息的产生与处理，靠消息的循环机制来实现。更加重要的是，其可以利用不断成熟的各种框架(如.Net 的.Net Framework 等)，在实际的编程过程中迅速地将程序构建起来。面向对象的程序设计方法还能够使程序的结构清晰简单，从而大大提高代码的重用性，有效地减少程序的维护量，提高软件的开发效率。

在结构上，面向对象程序设计和结构化程序设计也有很大不同。结构化程序设计首先应该确定的是程序的流程怎么走、函数间的调用关系怎么样，以及函数间的依赖关系是什么。一个主函数依赖于其子函数，子函数又依赖于更小的子函数，而在程序中，越小的函数处理的往往是细节实现，具体的实现又常常变化。这种变化的结果就是程序的核心逻辑依赖于外延的细节，程序中本来应该是比较稳定的核心逻辑，也因为依赖于易变化的部分而变得不稳定起来，一个细节上的小改动也有可能在依赖关系上引发一系列变动。可以说这种依赖关系也是过程式设计不能很好地处理变化的原因之一，而一个合理的依赖关系应该由细节实现依赖于核心逻辑。面向对象程序设计由类的定义和类的使用两部分组成，主程序中定义对象并规定它们之间消息传递的方式，程序中的一切操作都是通过面向对象的发送消息机制来实现的。对象接收到消息后，启动消息处理函数完成相应的操作。

以图书管理系统为例，使用结构化程序设计的方法时，首先需要在主函数中确定图书管理系统要做哪些事情，并使用函数来表示这些事情进行表示，使用一个分支选择程序进行选择，然后将这些函数进行细化实现，并确定调用的流程等。使用面向对象技术来实现图书管理系统时，以学生为例，要了解图书管理系统中学生的主要属性(如学号、院系等)、学生要进行什么操作(如借书、还书等)等,并且把这些当成一个整体进行对待,形成一个类,即学生类。使用这个类可以创建不同的学生实例,即创建许多具体的学生模型,每个学生拥有不同的学号,都可以在图书馆借书和还书。学生类中的数据和操作都是可以共享的,可以在学生类的基础上派生出专科生类、本科生类、研究生类等,从而实现代码的重用。

类与对象是面向对象程序设计中最基本和最重要的概念,也是创建和使用UML图的基础,有必要仔细理解和掌握,并且在学习中不断深化。

1.3 面向对象分析

众所周知,在解决问题之前必须理解索要解决的问题。对问题理解的越透彻,就越容易解决它。当完全、彻底的理解了一个问题的时候,通常就已经将问题解决了一大半。为了更好的理解问题,人们常常采用建立问题模型的方法。所谓模型,就是为了理解事物而对事物进行的一种抽象,是对事物的一种无歧义的书面描述。通常,模型是由一组图示符号和组织这些符号的规则组成,利用它们来定义和描述问题域中的术语和概念。更进一步来说,模型是一种思考工具,利用这种工具可以把知识规范地表示出来。模型可以帮助人们思考问题、定义术语,在选择术语时进行适当的假设,并且有助于保持定义和假设的一致性。

为了开发复杂的软件系统,系统分析员应该从不同角度抽象出目标系统的特性,使用精确的表示方法构造系统的模型,验证模型是否满足用户对目标系统的需求,并在设计过程中逐渐将与实现有关的细节加入模型中,直至最终用程序实现模型。对于那些因过分复杂而不能直接理解的系统,特别需要建立模型,建模的目的主要是减少复杂性。人的大脑每次只能处理一定数量的信息,模型通过将系统的重要部分分解成人的头脑一次能处理的若干个子部分,从而减少系统的复杂程度。在对目标系统进行分析的初始阶段,面对大量模糊的、涉及众多专业领域的、错综复杂的信息,系统分析员往往感到无从下手。模型提供了组织大量信息的一种有效机制,一旦建立起模型之后,这个模型就要经受用户和各个领域专家的严格审查。由于模型的规范化和系统化,比较容易暴露出系统分析员对目标系统认识的片面性和不一致性。通过审查,往往会发现许多错误。发现错误是正常现象,这些错误可以在成为目标系统中的错误之前,就被预定清除掉。通常,用户和领域专家可以通过快速建立的原型亲身体验,从而对系统模型进行更有效的审查。模型常常会经过很多次必要地修改,通过不断改正错误的或不全面的认识,最终使软件开发人员对问题有透彻的理解,从而为后续的开发工作奠定坚实的基础。

使用面向对象方法成功开发软件的关键,同样是对问题域的理解。面向对象方法最基本的原则,是按照人们习惯的思维方式,用面向对象观点建立问题域的模型,开发出尽可能自然地表现求解方法的软件。使用面向对象方法开发软件,通常需要建立三种形式的模型,分别是描述系统数据结构的对象模型,描述系统控制结构的动态模型和描述系统功能的功能模型。这三种模型都涉及数据、控制和操作等共同的概念,只不过每种模型描述的侧重点不同。这三种模型从三个不同但又密切相关的角度模拟目标系统,它们各自从不同侧面反映了系统的实质性内容,综合起来则全面地反映了对目标系统的需求。一个典型的软件系统综合了上述三方面的内容,即它使用数据结构(对象模型),执行操作(动态模型),并且完成数据值的变化(功能模型)。为了全面地理解问题域,对任何大系统来说,上述三种模型都是必不可少的。当然,在不同的应用问题中,这三种模型的相对重要程度会有所不同。但是,用面向对象方法开发软件,在任何情况下,对象模型始终都是最重要、最基本、最核心的。

在整个开发过程中，三种模型一直都在发展、完善。在面向对象分析过程中，构造出完全独立于实现的应用域模型；在面向对象设计过程中，把求解域的结构逐渐加入到模型中；在实现阶段，把应用域和求解域的结构都编成程序代码并进行严格的测试验证。

（1）对象模型。对象模型表示静态的、结构化的系统的“数据”性质。它是对模拟客观世界实体的对象以及对象彼此间的关系的映射，描述了系统的静态结构。面向对象方法强调围绕对象而不是围绕功能来构造系统。对象模型为建立动态模型和功能模型提供了实质性的框架。在建立对象模型时，人们的目标是从客观世界中提炼出对具体应用有价值的概念。

为了建立对象模型，需要定义一组图形符号，并且规定组织这些符号以表示特定语义的规则。也就是说，需要用适当的建模语言来表达模型，建模语言由记号（即模型中使用符号）和使用记号的规则（语法、语义和语用）组成。

一些著名的软件工程专家在提出自己的面向对象方法的同时，也提出了自己的建模语言。但是，面向对象方法的用户并不了解不同建模语言的优缺点，很难在实际工作中根据应用的特点选择合适的建模语言，而且不同建模语言之间存在的细微差别也极大地妨碍了用户之间的交流。面向对象方法发展的现实，是要求在精心比较不同建模语言的优缺点和总结面向对象技术应用经验的基础上，把建模语言统一起来。

（2）动态模型。动态模型表示瞬时的、行为化的、系统的“控制”性质，它规定了对象模型中的对象的合法变化序列。

一旦建立起对象模型之后，就需要考察对象的动态行为。所有对象都具有自己的生命周期（或称为运行周期）。对于一个对象来说，生命周期由许多阶段组成，在每个特定的阶段中，都有适合该对象的一组运行规律和行为规则，用于规范该对象的行为。生命周期中的阶段也就是对象的状态。所谓状态，是对对象属性值的一种抽象。当然，在定义状态时应该忽略那些不影响对象行为的属性。各对象之间相互触发（即作用）就形成了一系列的状态变化，人们把一个触发行为称为一个事件。对象对事件的响应，取决于接收该触发的对象当时所处的状态，响应包括改变自己的状态或者又形成一个新的触发行为。

状态有持续性，它占用一段时间间隔。状态与事件密不可分，一个事件分开两个状态，一个状态隔开两个事件。事件表示时刻，状态代表时间间隔。通常，用 UML 提供的状态图来描绘对象的状态、触发状态转换的事件以及对象的行为（对事件的响应）。每个类的动态行为用一张状态图来描绘，各个类的状态图通过共享事件合并起来，从而构成系统的动态模型。也就是说，动态模型是基于事件共享而互相关联的一组状态图的集合。

（3）功能模型。功能模型表示变化的系统的“功能”性质，它指明了系统应该“做什么”，因此更直接地反映了用户对目标系统的需求。

通常，功能模型由一组数据流图组成。在面向对象方法学中，数据流图远不如在结构化分析设计方法中那样重要。一般来说，与对象模型和动态模型相比，数据流图并没有增加新的信息。但是，建立功能模型有助于软件开发人员更深入地理解问题域，改进和完善自己的设计，因此，不能完全忽视功能模型的作用。一般来说，软件系统的用户数量庞大（或用户的类型很多），每个用户只知道自己如何使用系统，但是没有人准确地知道系统的整体运行情况。因此，使用用例模型代替传统的功能说明，往往能够更好地获取用户需求，它所回答的问题是“系统应该为每个（或每类）用户做什么”。

1.4 面向对象设计

如前所述,分析是提取和整理用户需求,并建立问题域精确模型的过程。设计则是把分析阶段得到的需求转变成符合成本和质量要求的、抽象的系统实现方案的过程。从面向对象分析到面向对象设计,是一个逐渐扩充模型的过程。或者说,面向对象设计就是用面向对象观点建立求解域模型的过程。

尽管分析和设计的定义有明显区别,但是在实际的软件开发过程中二者的界限是很模糊的。许多分析结果可以直接映射成设计结果,而在设计过程中又往往会加深和补充对系统需求的理解,从而进一步完善分析结果。因此,分析和设计活动是一个多次反复迭代的过程。面向对象方法学在概念和表示方法上的一致性,保证了在各项开发活动之间的平滑过渡,领域专家和开发人员能够比较容易地跟踪整个系统开发过程,这是面向对象方法与传统方法比较起来所具有的一大优势。

生命周期方法学把设计进一步划分为总体设计和详细设计两个阶段,类似地,也可以把面向对象设计再细分为系统设计和对象设计。系统设计确定实现系统的策略和目标系统的高层结构。对象设计确定解空间中的类、关联、接口形式及实现服务的算法。系统设计与对象设计之间的界限,比分析与设计之间的界限更模糊。

进行面向对象设计时需要遵循下面一些基本准则。

(1) 模块化。面向对象软件开发模式,很自然地支持把系统分解成模块的设计原理。对象就是模块,它是把数据结构和操作这些数据的方法紧密地结合在一起所构成的模块。

(2) 抽象。面向对象方法不仅支持过程抽象,而且支持数据抽象。类实际上是一种抽象的数据类型,它对外开发的公共接口构成了类的规格说明,这种接口规定了外界可以使用的合法操作符,利用这些操作符可以对类实例中包含的数据进行操作。使用者无须知道这些操作符的实现算法和类中数据元素的具体表示方法,就可以通过这些操作符使用类中定义的数据。通常把这类抽象称为规格说明抽象。

此外,某些面向对象的程序设计语言还支持参数化抽象。所谓参数化抽象,是指当描述类的规格说明时并不具体指定所要操作的数据类型,而是把数据类型作为参数。这使得类的抽象程度更高,应用范围更广,可重用性更高。例如,C++语言提供的“模板”机制就是一种参数化抽象机制。

(3) 信息隐藏。在面向对象方法中,信息隐藏通过对象的封装性实现,类结构分离了接口与实现,从而支持信息隐藏。对于类的用户来说,属性的表示方法和操作的实现算法都是应该是隐藏的。

(4) 弱耦合。耦合是指一个软件结构内不同模块之间互连的紧密程度。在面向对象方法中,对象是最基本的模块,因此,耦合主要指不同对象之间相互关联的紧密程度。弱耦合是优秀设计的一个重要标准,因为这有助于使系统中某一部分的变化对其他部分的影响降到最低程度。在理想情况下,对某一部分的理解、测试或修改,无须涉及系统的其他部分。

如果一类对象过多地依赖其他类对象来完成自己的工作,则不仅给理解、测试或修改这个类带来很大困难,而且还将大大降低该类的可重用性和可移植性。显然,类之间的这种相互依赖关系是紧耦合的。当然,对象不可能是完全孤立的,当两个对象必须相互联系、相互依赖时,应该通过类的协议(即公共接口)实现耦合,而不应该依赖于类的具体实现细节。

(5) 强内聚。内聚性用于衡量一个模块内各个元素彼此结合的紧密程度。也可以把内聚定义为:设计中使用的一个构件内的各个元素,对完成一个定义明确的目的所做出的贡献程度。在设计时应该力求做到强内聚。例如,虽然表面看起来飞机与汽车有相似的地方(如都用发动机驱动,都有轮子等),但是,如果把飞机和汽车都作为"机动车"类的子类,则明显违背了人们的常识,这样的一般-特殊结构是低内聚的。正确的做法是,设置一个抽象类"交通工具",把飞机和机动车作为交通工具类的子类,而汽车又是机动车类的子类。一般说来,紧密的继承耦合与高度的一般-特殊内聚是一致的。

(6) 可重用。软件重用是提高软件开发生产率和目标系统质量的重要途径。重用基本上从设计阶段开始,有两方面的含义:一是尽量使用已有的类(包括开发环境提供的类库,以及以往开发类似系统时创建的类等);二是如果确实需要创建新类,则在设计这些新类的协议时,应该考虑将来的可重复使用性。

面相对象设计的具体内容可分为四个部分,即问题域部分、人机接口部分、任务管理部分和数据管理部分等。

(1) 问题域部分的设计。为了使系统能够从容地适应变化的需求,我们需要分析、设计、编程组织长期稳定性,即使细节是会变的,但基于问题域的总体组织框架和结果的组织结构是长时间保持稳定的,这种稳定性是一个问题域中的系统家族或者相似问题域之间的分析、设计及编程结果可重用性的关键,也是更好地支持系统的可扩充性所需要的。在面向对象系统中会出现类和通信对象的重复模式,这些模式解决特定的设计问题并使面向对象设计更为灵活、精致,最终可重用。它们帮助设计人员重用成功的设计,以便在先前的经验上进行新设计。在整个面向对象的设计过程中,软件设计人员应尽可能地重用已经存在的设计模式,若不能重用时再建立新模式。所以,必须对面向对象分析的结果、问题域部分进行进一步的改进和增补。

(2) 人机界面部分的设计。人机界面突出人如何命令系统以及系统如何向用户提交信息,人机界面的构建是在问题域的上下文内实现,接口本身表示大多数现代应用的一个特别重要的子系统。面向对象分析模型中包含的使用情景、用户与系统交互时扮演角色的描述等,这些都可作为人机界面设计过程的输入。

(3) 任务管理部分的设计。任务是进程的别称,若干任务的并发执行称为多任务。对一些应用,任务能简化总体设计和代码。独立的任务将必须并发进行的行为分离开,这种并发行为可以在多个独立的处理机上模拟。任务特征的确定可通过了解任务是如何开始而实现,事件驱动和时钟驱动是最为常见的情况,二者都是通过中断激活,但前者接收来自外部资源的中断,而后者则由系统时钟控制。除任务的开始方式外,还需确定任务的优先级别和临界状态,高优先级别的任务必须具有立即存取系统资源的能力,高临界状态的任务甚至在资源有效性减少或系统处在一个低能操作状态下仍必须继续操作。在确定任务特征后,定义与其他任务协同和通信所需的对象属性和方法。

(4) 数据管理部分的设计。数据管理部分提供了在数据管理系统中存储和检索对象的基本结构。数据管理包括对两个不同区域的考虑:一是对应用本身至关重要数据的管理,二是建立对象存储和检索的基础。通常数据管理采用分层设计的方式,其思想是从处理系统属性的高级需求中分离出操纵数据结构的低级需求。通常有三种主要的数据管理方法:普通文件、关系型数据库管理系统和面向对象数据库管理系统。

从方法学上看,由于面向对象的分析和设计方法按适合人们的思考方式进行系统的分析与设计，使得从面向对象的分析到设计不存在概念和表达的转换问题。面向对象的分析与设计都是基于相同的面向对象基本概念，因此从面向对象的分析到面向对象的设计是一个累进的模型扩充过程。

1.5 面向对象软件建模

在建筑业中，建模是一项经过检验并被人们广泛接受的工程技术。人们在建造房屋等建筑物时，首先要创建建筑物的模型，建筑物的模型能帮助用户获得实际建筑物的整体印象，并且可以建立数学模型来分析各种因素对建筑物造成的影响，如建筑物的地面压力、地震等。通常，选择创建什么样的模型，对如何解决问题和如何形成解决方案有着重要的影响。在面向对象开发和设计中，面向对象的软件建模以面向对象开发者的观点创建所需要的系统。

模型建模不仅仅适用于建筑行业，如城市在进行规划时通常有自己的规划模型等。如果不首先构造这些模型就进行城市的建设，那后面将会引起混乱。一些设备，如 ATM 机也需要一定程度的建模，以便更好地理解系统。在社会学、经济学和商业管理领域也需要建模，以证实人们的理论的正确性。

那么，模型是什么？模型就是对现实客观世界的形状或状态的抽象模拟和简化。模型提供了系统的骨架和蓝图。模型为人们展示了系统的各个部分是如何组织起来的，模型既可以包括详细的计划，也可以包括从很高的层次考虑系统的总体发展。一个好的模型包括那些有广泛影响的主要元素，而忽略那些与给定的抽象水平不相关的次要元素。每个系统都可以从不同的方面利用不同的模型来描述，因而每个模型都是一个在语义上闭合的系统抽象。模型可以是结构性的，强调系统的组织；也可以是行为性的，强调系统的动态方面。对象建模的目标就是要为正在开发的系统制定一个精确、简明和易理解的对象模型。

为什么要建模？一个基本的理由是：建模是为了能够更好地理解正在开发的系统。通过建模，可以达到以下四个目的。

- 模型有助于按照实际情况或按照所需要的样式对系统进行可视化。
- 模型能够规约系统的结构或行为。
- 模型给出了指导构造系统的模板。
- 模型对做出的决策进行文档化。

那么具体到软件所涉及的人员，包括系统用户、软件开发团队、软件的维护和技术支持者，软件建模的具体作用如下。

● 对于系统用户而言，软件的开发模型向他们描述了软件开发者对于软件系统需求的理解。让系统用户查看软件对象模型并且找到其中的问题，这样可以使开发者不至于从一开始就发生错误。需求分析阶段的错误将会导致大量的修复成本，让系统用户一开始就指出需求错误并修正它们，能够在很大程度上节约成本。

● 对于软件开发团队而言，软件的对象模型有助于帮助他们对软件的需求以及系统的架构和功能进行沟通。需求和架构的一致理解对于软件开发团队是非常重要的，可以减少不必要的麻烦。软件对象模型的受益者不仅仅包括代码的编写者，还包括软件的测试者和文档的编写者。

● 对于软件的维护和技术支持者而言，在软件系统开始运行后的相当长的一段时间内，软件的对象模型能够帮助他们理解程序的架构和功能，迅速地对软件所出现的问题进行修复。

建模并不是仅针对大型的软件系统，甚至一个小型的电话簿软件也能从建模的过程中受益。事实上，系统越大、越复杂，建模的重要性就越大。一个很简单的原因就是：人对复杂问题的理解能力是有限的，人们往往不能完整地理解一个复杂的系统，所以要对它建模。通过建模，可以缩小所研究问题的范围，一次只需要重点研究它的一个很小方面，这就是“分而治之”的策略方法，即把一个困难问题划分成一系列能够解决的小问题，对这些小问题的解决也就构成了对复杂问题的解决。一个合适的模型可以使建模人员在较高的抽象层次上工作。

那么选择什么工具进行软件建模呢？

早在 20 世纪 90 年代以前，业界就有一股主要的力量，把出现的各种主要的建模技术整合到一起，从而创建了一种通用的建模符号，即统一建模语言（unified modeling language，UML），它的出现是面向对象方法建模领域的三位巨头 James Rumbaugh、Grady Booch 和 Ivar Jacobson 共同合作的结果，事实上，UML 语言已经成为工业标准的对象建模语言。

James Rumbaugh、Grady Booch 和 Ivar Jacobson 这三位同时也为一种被称为 Rational 统一过程（rational unified process，RUP）的全面开发做出了巨大贡献。RUP 是一种完善地软件开发方法，包括软件建模、软件项目管理和配置管理工作流等。

学习一种有效的、通用的建模技术，使自己能够阅读、选用和评估类似 RUP 的开发方法，并且把来自于不同方法论的适合自己开发程序所需要的过程、符号和工具结合到一起，打造自己的实践开发手段。事实上，大多数软件开发没有进行正规的软件建模，即使做了也很少。按项目的复杂性划分建模的使用情况，将会发现：项目越简单，采用正规建模的就越少。

每个项目都能从一些建议中受益，即使在一次性的软件开发中。由于可视化编程语言的支持，可以轻而易举地扔掉不适合的软件。软件建模也能帮助开发组织更好地对系统计划进行可视化，并帮助他们正确地进行构造，使开发工作进展得更快。如果根本不去创建模型，项目越复杂，就越有可能失败或者构造出错误的东西。

本章小结

本章对面向对象技术从宏观上进行介绍，这样有助于学习者对面向对象技术在实现上以及建模上的掌握。本章首先介绍了面向对象的基本知识，然后讨论了面向对象与面向过程的区别，再具体到面向对象的分析和设计，并介绍了面向对象分析的一般步骤和面向对象设计需要遵循的基本准则。最后对面向对象的软件建模进行简要介绍，分析了为什么要进行建模，以及使用 UML 进行建模的必要性。本章重点强调的是面向对象的基本知识以及面向对象的方法论。

习　题　1

1. 填空题

（1）软件对象可以这样定义：所谓软件对象，是一种将________和________有机结合起来形成的________，它可以用来描述现实世界中的一个对象。

（2）类是具有相同属性和操作的一组对象的组合，即抽象模型中的“类”描述了________，为属于该类的全部对象提供了统一的抽象描述。

（3）面向对象程序的基本特征是________、________、________和________。

2. 选择题

(1) 可以认为对象的是________。

(A) 某种可被人感知的事物

(B) 思维、感觉或动作所能作用的物质

(C) 思维、感觉或动作所能作用的精神体

(D) 不能被思维、感觉或动作作用的精神体

(2) 类的定义要包含以下的要素________。

(A) 类的属性　　(B) 类所要执行的操作

(C) 类的编号　　(D) 属性的类型

(3) 面向对象程序的基本特征不包括________。

(A) 封装　　(B) 多样性　　(C) 抽象　　(D) 继承

(4) 下列关于类与对象的关系的说法不正确的是________。

(A) 有些对象是不能被抽象成类的

(B) 类给出了属于该类的全部对象的抽象定义

(C) 类是对象集合的再抽象

(D) 类用来在内存中开辟一个数据区,并存储新对象的属性

3. 简答题

(1) 什么是对象？试列举三个现实中的例子。

(2) 什么是抽象？

(3) 什么是封装？它有哪些好处？

(4) 面向对象分析的过程有哪些？

(5) 为什么要使用 UML 建模？

第2章 UML统一建模语言

在20世纪80年代末至90年代初，面向对象方法的发展过程中出现了一个高潮，UML便是在这个高潮下的产物。它不仅仅统一了James Rumbaugh、Grady Booch和Ivar Jacobson三人所创建的表示方法，而且对其进行了进一步的发展，并最终统一为大众所接受的标准建模语言。UML用于软件系统的可视化、说明、构建和建立文档等方面。本章将对UML的基本内容进行介绍，包括UML的起源与发展、UML定义、UML特点、UML作用、UML视图、UML机制和UML的未来发展目标。希望通过本章的学习，读者能够对UML的基本知识有所了解，从而进一步掌握UML的概念和图形表示。本章学习的重点是：UML的视图和UML的公共机制。

2.1 UML简介

软件工程领域在1995年到1997年间取得了前所未有的进展，其中最重要的、最具划时代意义的成果之一就是统一建模语言UML的出现。UML是OMG(对象管理组织，官方网站http://www.omg.org)的公开标准之一。UML的官方网站是http://www.uml.org。

2.1.1 UML的起源与发展

公认的面向对象建模语言最早出现于70年代中期，在面向对象建模的发展历程中，众多的学者为新的建模语言的发展做出了巨大的贡献。其最繁荣的时期是1989—1994年，面向对象建模语言的数量从不到10种增加到了50多种。这些建模语言的创造者都努力推荐自己的产品，并在实践中不断完善。但是面向对象方法的用户并不了解不同建模语言的优缺点及相互之间的差异，因而很难根据应用特点选择合适的建模语言。从20世纪90年代中期开始，一些比较成熟的方法受到了学术界与工业界的推崇和支持，其中最有代表性的是Booch1993、OOSE和OMT-2等，它们是当时影响最大的三种面向对象方法论。

过去的几十年中，在面向对象方法论上做出突出贡献的有如下几个人。

- Grady Booch创建的Booch方法(the Booch method)。
- James Rumbaugh等人创建的对象建模技术(the object modeling technique，OMT)。
- Ivar Jacobson创建的面向对象软件工程(object-oriented software engineer，OOSE)方法。
- Peter Coad与James Yourdon创建的OOA/OOD方法。
- Sally Shlaer和Stephen Mellor创建的Shlaer-Mellor方法。
- Rebecca Wirfs-Brock等人创建的职责驱动的设计(responsibility-driver design)和“类-职责-协作”卡(classes-responsibility-collaborations card，CRC)。
- Bertrand Meyer创建的契约式编程(programming by contract)概念。
- Derek Coleman等人创建的Fusion方法。

尽管以上面向对象开发方法都比较优秀，但是不同程度和不同领域的开发人员却无法鉴别这些面向对象开发方法的长处，由于不了解其适用的领域，在使用过程中往往会很被动。为了能够让不同程度和不同开发领域的开发人员能够进行很好的沟通，并交流它们在开发各种系统的过程中积累的经验和成果，业内研究人员和众多的厂商都开始意识到有必要对这些已经存在的并且比较好用的方法进行充分分析，汲取众长，创建一种统一建模语言。

James Rumbaugh、Grady Booch 和 Ivar Jacobson 被公认为是面向对象方法学建模领域的三位专家，如图 2-1 所示。

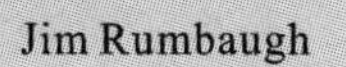

Grady Booch
Ivar Jacobson

图 2-1　面向对象方法学建模领域的三位专家

1994 年任职于 Rational 公司的 Grady Booch 首先联合 Jim Rumbaugh 加盟 Rational 软件公司开始了统一 OO 方法学和工具的历程，以融合 Booch 和 OMT 方法的 UML 开发开始。1995 年 10 月 UML 0.8 发布。1995 年秋，Ivar Jacobson 和他的 Objectory 公司加盟 Rational，UML 中加入了 OOSE 方法，使其有可能最集中地包容当今最适用的各种 OO 方法。1996 年，UML 0.9 版本发布，1997 年 1 月，UML 1.0 被提交给 OMG 组织，作为软件建模语言的候选，1997 年 11 月 7 日，UML 1.1 正式被 OMG 组织采纳为业界标准。从此，UML 的相关发布、推广等工作均交由 OMG 负责。至此，UML 作为一种定义良好、易于表达、功能强大且普遍试用的建模语言，融入了软件工程领域的新思想、新方法和新技术，成为面向对象技术学习中不可缺少的一部分。2001 年，UML 1.4 这一版本被核准推出。2003 年 UML 2.0 标准版发布，UML 2.0 建立在 UML 1.X 基础之上，大多数的 UML 1.X 模型在 UML 2.0 中都可用。但 UML 2.0 在结构建模方面有一系列重大的改进，包括结构类、精确的接口和端口、拓展性、交互片段和操作符以及基于时间建模能力的增强等。

UML 版本变更得比较慢，主要是因为建模语言的抽象级别更高，所以相对而言实现语言如 C#、Java 等的版本变化更加频繁。2010 年 5 月发布了 UML 2.3。2012 年 1 月，UML 2.4 所有技术环节已完成，进入 OMG 的投票流程，并发布为最新的 UML 规约。同时，UML 也被 ISO 吸纳为标准：ISO/IEC 19501 和 ISO/IEC 19505。如图 2-2 所示为 UML 的发展历程。

作为 OMG 和 ISO 的工业标准，UML 的出现极大地推进了建模技术在软件产业的推广和应用，它是软件行业发展的一个重要里程碑。新的 UML 2.X 版本除了增强了基础设施，增加了新的建模能力，使模型交换更加简单外，还添加了很多可扩展性。

UML 主要用于软件密集型系统，其使用范围涵盖企业信息系统、银行与金融服务、电信、电子、运输、零售、医疗和基于 Web 的分布式服务等领域。除此之外，在嵌入式开发、业务建模以及工作流程建模等方面，UML 也得到了广泛使用。另外，值得关注的是，UML 为基于 MDA(model-driven architecture，OMG 标准)的“产生式编程”提供了技术支持。首先创建 CIM(computation independent model)和 PIM(platform independent model)模型，然后再转到 PSM(platform specific model)模型，最后生成实现代码。例如，在 2006 年召开的

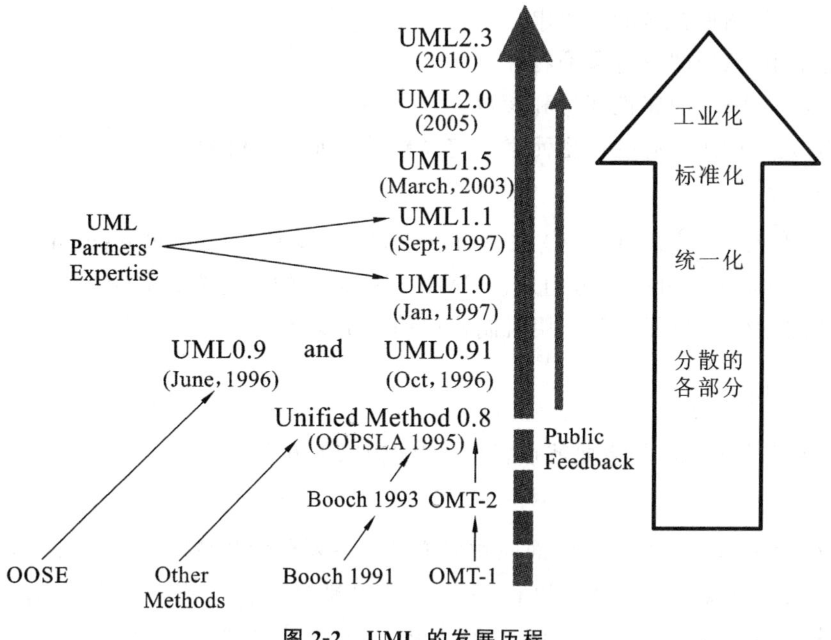

图 2-2 UML 的发展历程

"UML for SoC Design Workshop"会议上,意法半导体公司在其报告《A SoC design flow based on UML 2.0 and System C》中提到,他们成功的扩展了 UML 开发工具 Enterprise Architecture,使得能够从 UML 模型自动生成 System C 代码。

2.1.2 UML 定义

OMG 对 UML 的定义是描述、构造和文档化系统制品的可视化语言,Grady Booch 等在其经典著作《UML 用户指南》中也有几乎相同的描述,而 UML 的名字——unified modeling language 就是对其自身的准确概括。UML 主要文件包括 UML 概要(UML summary)、UML 语义(UML semantics)、UML 表示法指南(UML natation guide)和对象约束语言规约(object constraint language specification)。

1. UML 语义

UML 语义描述基于 UML 的精确元模型定义。元模型为 UML 的所有元素在语法和语义上提供了简单、一致、通用的定义性说明,使开发者能在语义上取得一致,消除了因人而异的表达方法所造成的影响。UML 支持各种类型的语义,如表达式、列表、字符串和时间等,还允许用户自定义类型。

2. UML 表示法

UML 表示法定义了图形符号的表示,为开发者或开发工具使用这些图形符号和文本语法进行系统建模提供了标准。这些图形符号和文字所表达的是应用级的模型,在语义上它是 UML 元模型的实例。

UML 表示法分为通用表示和图形表示两部分。

1) 通用表示

通用表示包括以下几种类型。

- 字符串:表示有关模型的信息。
- 名字:表示模型元素。

- 标号:赋予图形符号的字符串。
- 特定字串:赋予图形符号的特性。
- 类型表达式:声明属性变量和参数。
- 定制:是一种用已有的模型元素来定义新模型元素的机制。

2)图形表示

UML 图形表示由视图(view),图(diagram),模型元素(model element)和通用机制(general mechanism)等几个部分组成。UML 建模语言的描述方式是以标准的图形表示为主的,是由视图、图、模型元素和通用机制构成的层次关系。

2.1.3 UML 特点

标准建模语言 UML 的主要特点,可以归纳为以下五点。

1)统一标准

UML 融合了当前一些流行的面向对象方法的主要概念和技术,成为一种面向对象的标准化的统一的建模语言,结束了以往各种方法的建模语言的不一致和差别。与 Booch、OMT、OOSE 等其他方法相比,UML 具有表达力更强、更清晰和一致的特点。它不仅仅可以应用在更广阔的领域,而且也消除了不同方法在表示法和术语上的差异,避免了符号表示和理解上的不必要的混乱。UML 提供了标准的面向对象的模型元素的定义和表示法,以及对模型的表示法的规定,使得对系统的建模有章可循,有了标准的语言工具可用,有利于提高建立软件系统模型的质量。

2)面向对象

UML 不仅是从 Booch、OMT、OOSE 演变而来,而且也融入了其他面向对象方法的可取之处。UML 符号表示考虑了各种方法的图形标识法,删掉了大量容易引起混乱的、多余的和极少使用的符号,也增加了一些新符号。在 UML 中吸纳了面向对象领域中很多人的最优秀的面向对象方法,支持面向对象技术的主要概念。UML 提供了一批基本的模型元素的表示图形和办法,能简明地表达面向对象的各种概念和模型元素。

3)可视化

UML 是一种图形化语言,系统的逻辑模型或实现模型都能用 UML 的模型图形清晰地表示。UML 不只是一堆图形,在每一个 UML 的图形表示符号背后,都有良好定义的语义,可以处理与软件的说明及文档有关的问题,包括需求说明、体系结构、设计、源代码、项目计划、测试、原型和发布等。UML 提供了语言的扩展机制,用户可以根据需要增加定义自己的构造型、标记值和约束等,同时可以用于各种负责类型的软件系统的建模。

4)独立于过程

UML 是系统建模语言,独立于开发过程。虽然 UML 与 Rational 统一过程配合使用,将会发挥强大的作用,但是 UML 也可以在其他面向对象的开发过程中使用,甚至在常规的软件生命周期中使用。

5)容易掌握

UML 的概念明确,建模表示法简洁明了,图形结构清晰,容易掌握使用。学习 UML 应着重学习如下三个方面的主要内容:UML 的基本模型元素、基本模型元素的组织规则和 UML 语言中的公共机制。只要具备一定的软件工程和面向对象技术的基础知识,通过运用

UML 建立实际问题的系统模型的实践，很快就能掌握和熟悉 UML 。

2.1.4 UML 作用

由于 UML 具有上述特点，其常被用于作为系统建模工具，故应用范围非常广泛，可以描述许多类型的系统，也可以用于系统开发的不同阶段，包括从需求规格说明到对已完成的系统进行测试等。

1）用于不同类型的系统

UML 的目标是用面向对象的方式描述任何类型的系统。最直接的是用 UML 来为软件系统创建模型，但是 UML 也可用来描述其他非计算机软件的系统，或者商业机构和过程。以下是 UML 在各种不同类型的系统中的主要作用。

● 信息系统（information system）：向用户提供信息的存储、检索、转换和提交。用于处理存放在关系或对象数据库中大量具有复杂关系的数据。

● 技术系统（technical system）：处理和控制技术设备，如电信设备、军事系统或工业过程。它们必须处理设计的特殊接口，标准软件较少，通常为实时系统。

● 嵌入式实时系统（embedded real-time system）：在嵌入到其他设备如移动电话、汽车、家电的硬件上执行的系统。通常是通过低级程序设计进行的，需要实时支持。

● 分布式系统（distributed system）：分布在一组不同机器上运行的系统，需要数据很容易从一个机器发送到另外一台机器上。需要同步通信机制来确保数据完整性，通常是建立在对象机制上可，如 CORBA、COM/DCOM 或 Java Beans/RMI 上。

● 业务系统（business system）：描述目标、资源（如人、计算机等）、规则和企业中的实际业务过程。企业的业务工程是面向对象建模应用的一个新的领域，引起了人们极大的兴趣。面向对象建模非常适合为公司的业务过程建模。运用业务过程再工程（business process reengineering，BPR）或全质量管理（total quality management，TQM）等技术，可以对公司的业务过程进行分析、改进和实现。

2）在软件开发的不同阶段中的作用

UML 不是一个独立的软件工程方法，而是面向对象软件工程方法中的一个部分。使用 UML 进行软件系统的分析与设计，能够加速软件开发的进程，提高代码的质量，支持变动的业务需求。UML 的作用贯穿于软件系统开发的如下五个阶段。

● 需求分析：UML 的用例视图可以表示客户的需求。通过用例建模，可以对外部的角色以及它们所需要的系统功能建模。每个用例都指定了客户的需求，即需要系统实现的功能。

● 系统分析：分析阶段主要考虑所要解决的问题，可用 UML 的逻辑视图和动态视图来描述。类图可用于描述系统的静态结构，序列图、协作图、状态图和状态图可用于描述系统的动态特征。在系统分析阶段，只为问题域的类建模，不定义软件系统的解决方案的细节。

● 系统设计：在系统设计阶段，把分析阶段的结果扩展成技术解决方案，分析阶段的问题域类被嵌入在技术基础结构（如用户接口）中，设计阶段的成果是详细的规格说明。

● 系统实现：在系统实现阶段，把设计阶段的类转换成某种面向对象程序设计语言的代码。在对 UML 表示的分析和设计模型进行转换时，最好不要直接把模型转换成代码，因为在早期阶段，模型是作为理解系统并对系统进行结构化的主要手段。

● 测试：单元测试是对几个类或一组类的测试，通常由程序员进行。集成测试用于测试集成组件和类，确认它们之间是否恰当地协作。不同的测试小组使用不同的 UML 模型作为它们工作的基础。单元测试使用类图和类的规格说明，集成测试使用组件图和协作图，而系统测试使用用例图来确认系统的行为符合这些模型中的定义。

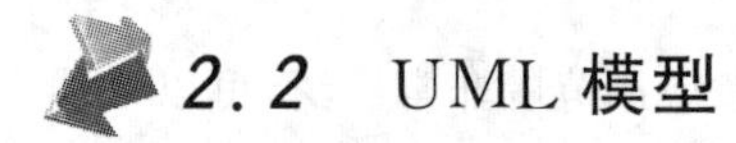

2.2 UML 模型

UML 模型包含两个方面的概念：一个是语义方面的概念，另一个是可视化的表达方法。这种划分方法只是从概念上对 UML 进行的划分，并且这也是较为常用的介绍方法。下面从可视化的角度对 UML 的概念和模型进行划分，将 UML 的概念和模型划分为视图、图和模型元素，并对这些内容进行介绍。

2.2.1 视图

为一个复杂系统建模需要付出很多的努力。在理想情况下，整个系统可以由一个单一的图形来描述，该图形明确定义了整个系统，并且它易于人们之间的相互交流和理解。然而，通常这是不可能实现的。只有一个非常小的系统才能实现这种目标。没有哪个建模人员能够绘制一个单一的、明确地定义了整个系统的图，同时所有查阅这个图的人都能理解它的含义。因为单一的图形不可能捕获到描述系统所需的所有信息。一般来说，系统通常是由多个不同的方面共同描述的，如功能方面（系统的静态结构和动态交互）、非功能方面（时间需求、可靠性、部署等方面），以及组织结构方面（任务组织结构、代码模块的映射等）等。因此，系统需要由多个视图来共同描述，其中每个视图代表完整系统描述的一个投影，显示系统的某个特定方面。

视图由多个图来描述，图中包含了强调系统某个特定方面的信息。这里确实存在一点点重叠的内容，所以实际上，一个图可以是多个视图的组成部分。从不同的视图来观察系统，可以使人们在某段时间内能够集中注意系统的一个方面。一个特定视图中的图应该足够简单、便于交流，但是一定要与其他图和视图连贯一致，这样所有视图结合在一起就描述了系统的完整画面。UML 图中包含许多代表被建模系统的模型元素的图形符号。图 2-3 中显示了经常使用的 UML 视图，分别介绍如下。

- 用例视图（use-case view）。用例视图显示外部参与者观察到的系统功能。
- 逻辑视图（logical view）。逻辑视图从系统的静态结构和动态行为角度显示系统内部如何实现系统的功能。
- 实现视图（implementation view）。实现视图显示的是源代码，以及实际执行代码的组织结构。
- 部署视图（deployment view）。部署视图显示的是系统的具体部署，也就是说，将系统部署到由计算机和设备（称之为节点）组成的物理结构上。
- 进程视图（process view）。进程视图显示的是系统内与进程性能相关的一些主要元素，包括：可伸缩性、吞吐量、基本时间性能，以及对高级系统来说，还可以稍稍提到一些非常复杂的计算。

在选择绘制和管理 UML 图的工具时，应该确保该工具能够很容易地从一个视图导航到另一个视图。另外，为了查看一个功能是如何在一个 UML 图中设计实现的，这个 UML 工具还应该提供方便的视图切换功能，即用户可以很容易地切换到用例视图以查看外部用户是如何描述该功能的，或者切换到部署视图以查看该功能是如何在物理结构上分布的。总之，这个 UML 工具应该能够使人们方便地从一个视图跟踪到另一个视图。

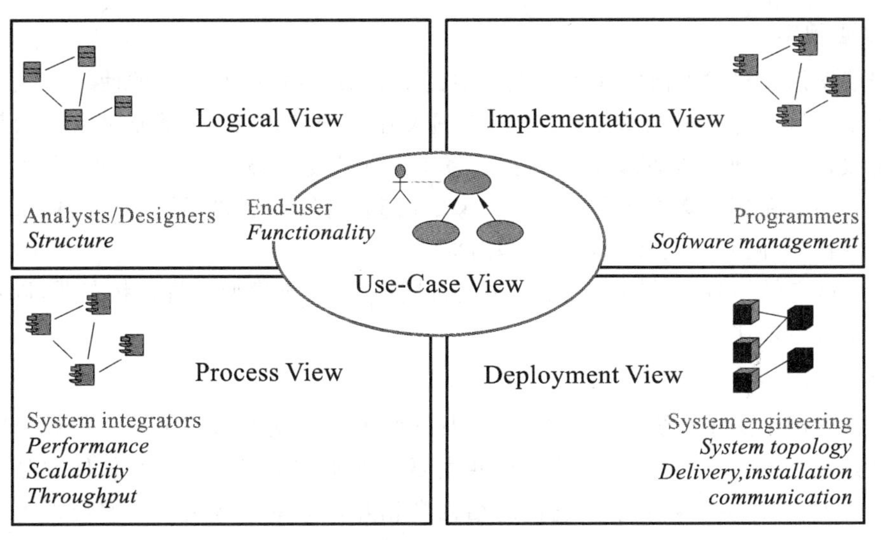

图 2-3　UML 视图

注意：UML 还可以使用其他视图，包括静态-动态视图、逻辑-物理视图、工作流程视图以及其他视图等。

UML 并不要求用户必须使用本章所描述的这些视图，但是，这些视图在 UML 的设计者们的脑海中是存在的，所以很可能大多数的 UML 工具都会基于这些视图。现代的 UML 工具也包括这些特征：定义自己的视图，使通用系统或项目中的各个不同模型相互关联。

随着 UML 的不断发展，以及越来越多的在各种类型的处理中的使用，建模人员关注的内容已经远离了以前的重点——设法在一个模型的多个视图内捕获完整的系统。MDA 促使“不同模型级别”这一观念的发展，从而使 UML 能够使用合适的扩展包（即用户配置文件），来适应某个模型的目的。在高层模型中，系统可能会有一个一般性的模型，该模型反映了某个客户所关心的问题域和业务重点。然后将这个独立的模型链接到其他的一个或多个具有专用目的的模型，它们能更好的在正确的目标环境中实现各种 UML 指令。但是，为了防止这些模型不断增加以致无法控制，建模人员一定要保持它们之间相互链接，这一点很重要。另外，还应该对这些模型进行管理，这样，它们才能实现系统的主要功能，这也是很重要的一点。在实际工作中，用来捕获客户所需要的各种功能的是用例视图。

1. 用例视图

用例视图描述了系统应该交付的功能，也就是外部参与者所看到的功能。参与者与系统打交道，参与者可以是用户或者是另一个系统。用例视图的使用者是客户、设计人员、开发人员以及测试人员。用例视图利用用例图进行描述，偶尔也会用活动图来描述。客户对系统的期望用法（也就是要求的功能）是当成多个用例在用例视图中进行描述的，其中一个用例就是对系统所需功能的通用描述。

用例视图是核心，因为它的内容驱动其他视图的开发。系统的最终目标，即系统将提供的功能是在用例视图中描述的，同时该视图还有一些其他非功能特性的描述，因此，用例视图将会对所有其他的视图产生影响。另外，通过测试用例视图，我们可以实现检验和最终校验系统。这种测试来自于两个方面：一方面是客户，我们可以询问客户“这是您想要的吗？”；另一方面就是已完成的系统，我们可以询问“系统是按照要求的方式运作的吗？”。

2. 逻辑视图

逻辑视图用于描述如何实现用例视图中提出的那些系统功能，它的使用者主要是设计人员和开发人员。与用例视图相比，逻辑视图关注系统的内部，它既描述系统的静态结构（如类、对象，以及它们之间的关系），又描述系统内部的动态协作关系，这种协作发生在为了实现既定功能而在各对象之间进行消息传递的时刻。另外，逻辑视图也定义像永久性和并发性这样的特征，同时还定义类的接口和内部结构。

系统的静态结构将在类图和对象图中进行描述，而动态模型则将在状态图，以及交互图和活动图中进行描述。

3. 实现视图

实现视图用于描述系统的主要模块，以及这些模块之间的依赖关系。实现视图的使用者主要是开发人员，并且它是由系统的那些主要软件制品组成的。这些软件制品包括不同类型的代码模块，这些模块表示了它们的结构和相互之间的依赖关系。实现视图中也可以添加关于组件的其他附加信息，如资源分配（如为组件服务），或者其他管理信息（如开发工作的进度报告）。实现视图很可能会需要针对某个特定执行环境而使用扩展机制。

实现视图使用构件图来表示。

4. 部署视图

部署视图用于显示系统的物理部署，例如，计算机和设备（节点），以及它们之间是如何连接的。同时，部署视图还能详细指定各个处理器内不同的执行环境。部署视图的使用者是开发人员、系统集成人员和测试人员，并且该视图由部署图表示。部署视图还包括了一个显示软件制品如何在物理结构中部署的映射，如各个程序或对象各自在哪台计算机上运行。

5. 进程视图

进程视图的目的是将系统划分为多个进程，并将其分配到各个处理器上。这是系统的非功能特性，该视图主要考虑资源的有效利用、代码的并行执行，以及系统环境中异步事件的处理。除了将系统划分为若干个并发执行的控制线程以外，进程视图也必须处理这些线程之间的通信和同步。

进程视图显示的重点是系统中存在的并发性。所以，该视图为系统的开发人员和集成人员提供了一些关键的信息。进程视图由动态图（状态图、交互图和活动图）和实现图（交互图和部署图）组成。本书后面将介绍的时序图也为进程视图提供了一个专用工具。时序图为我们提供一种按照时间顺序来显示对象当前状态的方法。例如，时序图可以用于显示在采用不同的资源使用优先级策略的情况下，各个同步对象为了能够使用某个线程或进程是如何进行排队的。

除了上述五种经常使用的视图以外，在项目设计中还会用到交互视图和模型管理视图等。

● 交互视图。交互视图用于描述执行系统功能的各个角色之间相互传递消息的顺序关系，是描绘系统中各种角色或功能交互的模型。交互视图显示了跨越多个对象的系统控制流程。我们通过不同对象间的相互作用来描述系统的行为，是通过两种方式进行的，一种是以独立的对象为中心进行描述，另外一种方式是以相互作用的一组对象为中心进行描述。以独立的对象为中心进行描述的方式被称之为状态机，它描述了对象内部的深层次地行为，是以单个对象为中心进行的。以相互作用的一组对象为中心进行描述的方式被称之为交互视图，它适合于描述一组对象的整体行为。通常来讲，这一整体行为代表了我们做什么事情的一个用例。交互视图的一种形式表达了对象之间是如何协作完成一个功能的，也就我们所说的协作图的形式;另外一种表达形式反映了执行系统功能的各个角色之间相互传递消息的顺序关系,也就是我们所说的序列图的形式,这种传递消息的顺序关系在时间上和空间上都能够有所体现。总体来说,交互视图显示了跨越多个对象的系统控制流程。交互视图可运用两种图的形式来表示——序列图和协作图,它们各有自己的侧重点。

● 模型管理视图。模型管理视图是对模型自身组织进行的建模,是由自身的一系列模型元素(如类、状态机和用例等)构成的包所组成的模型。模型是从某一观点以一定的精确程度对系统所进行的完整描述。从不同的视角出发,对同一系统可能会建立多个模型,如系统分析模型和系统设计模型等。模型是一种特殊的包。一个包(package)还可以包含其他的包。整个系统的静态模型实际上可看成是系统最大的包,它直接或间接地包含了模型中的所有元素的内容。包是操作模型内容、存取控制和配置控制的基本单元。每一个模型元素都包含或被包含于其他模型元素中。子系统是另一种特殊的包,它代表了系统的一个部分,它有清晰的接口,这个接口可作为一个单独的构件来实现。任何大的系统都必须被分成几个小的单元,这使得人们可以一次只处理有限的信息,并且分别处理这些信息的工作组之间不会相互干扰。模型管理由包及包之间的依赖关系组成,而模型管理信息通常则在类图中表达。

2.2.2 图

图包括了用来显示各种模型元素符号的实际图形,这些元素经过特定的排列组合来阐明系统的某个特定部分或方面。一般来说,根据系统模型的目标,一个系统模型可能拥有多个不同类型的图。图是特定视图的一部分。通常来说,图是被分配给视图来绘制的。另外,根据图中显示的内容,某些图可以是多个不同视图的组成部分。

UML 的本意是要成为一种标准的统一语言,使得 IT 专业人员能够进行计算机应用程序的建模。UML 与程序设计语言无关,Rational Rose 的 UML 建模工具被广泛应用于各种程序语言的开发中。UML 符号集是一种语言而不是一种方法学。它可以在不进行任何更改的情况下轻松适应任何公司的业务运作方式。

UML 不是一种方法学,它不需要任何正式的工作产品。它还提供了多种类型的模型描述图(diagram),UML 作为一种可视化的建模语言,其主要表现形式就是将模型进行图形化表示。UML 规范严格定义了各种模型元素的符号,并且还包括这些模型和符号的抽象语法和语义。当在某种给定的方法学中使用这些图时,它使得开发中的应用程序更易理解。UML 的内涵还远远不只是这些模型描述图,还包括这门语言及其用法背后的基本原理。常用的 UML 图包括:用例图、类图、序列图、协作图、状态图、活动图、包图、构件图和部署图等。

按照视图的观点对 UML 进行说明,在每一种视图中都包含一种或多种图。本节描述各种 UML 图的基本概念,而这些图的所有细节、它们的语法、确切意义,以及它们如何交互等内容都将在本书后面的章节中一一介绍。

1. 用例图

用例图显示了多个外部参与者,以及他们与系统提供的用例之间的连接,如图 2-4 所示。用例是对系统提供的一个功能(即该系统的一个特定用

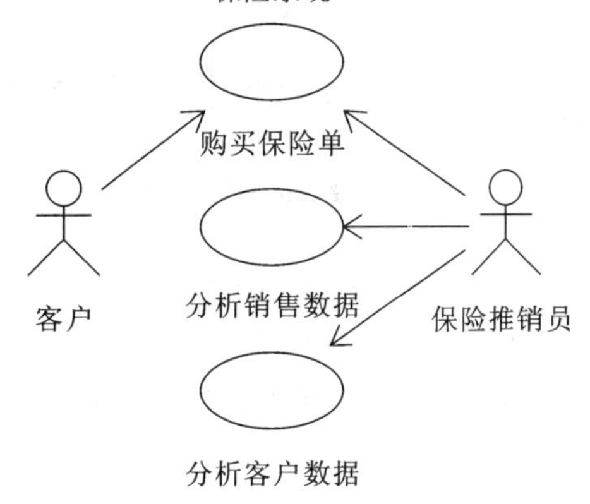

图 2-4 某个保险业务的用例图

法)的描述。用例图的主要目的是帮助开发团队以一种可视化的方式理解系统的功能需求,包括基于基本流程的"角色"(参与者)关系以及系统用例之间的关系。使用用例图可以表示出用例的组织关系,这种组织关系包括整个系统的全部用例或者完成相关功能的一组用例。在用例图中画出某个用例的方式是在用例图中绘制一个椭圆,然后将用例的名称放在椭圆的中心或椭圆下面的中间位置。在用例图上绘制一个角色的方式是绘制一个人形的符号。角色和用例之间的关系则使用带箭头的直线来描述。

此外,在用例图中,没有列出的用例表明了该系统不能完成的功能,或者说这些功能和系统是不相关的。在用例图中提供清楚的、简要的用例描述,程序的开发人员以及系统的最终用户就能很容易地看出系统是否提供了必需的功能。

2. 类图

类图用于显示系统中各个类的静态结构,如图 2-5 所示。类代表系统内掌控的"事物"。这些类可以以多种方式相互连接在一起,包括:关联(类互相连接)、依赖(一个类依赖或使用另一个类)和泛化(一个类是另一个类的子类)等。所有的这些关系连同每个类的内部结构一起都在类图中显示。其中,类的内部结构是用该类的属性和操作表示的。因为类图所描述的结构在系统生命周期的任何一点处总是有效的,所以通常认为类图是静态的。

一般来说,一个系统有多个类图——并不是所有的类都被放在一个单一的类图中——并且一个类可以参与到多个类图中。

对象图是类图的一个变体,它使用的符号与类图几乎一样。对象图和类图二者之间的区别是:对象图用于显示类的多个对象实例,而不是实际的类。因此,对象图就是类图的一个范例,它显示系统执行时的一个可能的快照,即在某一时间点上系统可能呈现的样子。虽然对象图使用的是与类图相同的那些符号,但是有两处例外:对象图用带下划线的对象名称来表示对象,以及显示一个关系中的所有实例,如图 2-6 所示。

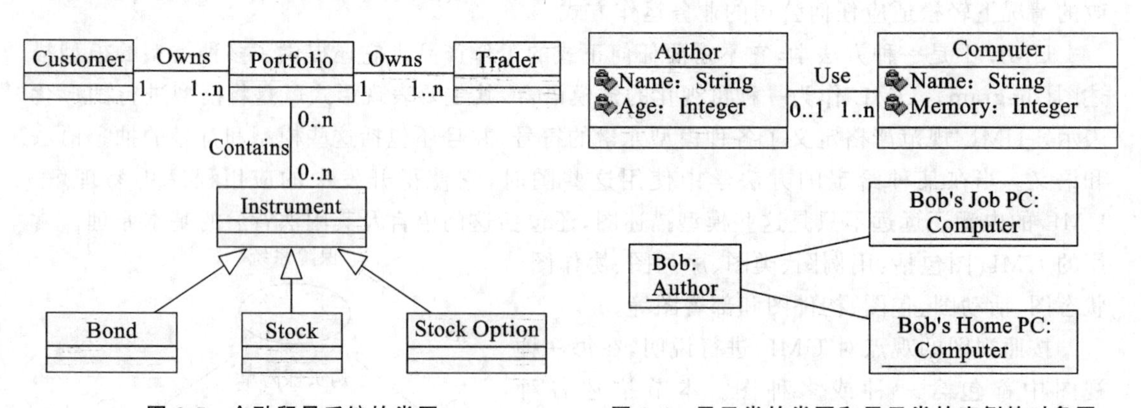

图 2-5 金融贸易系统的类图

图 2-6 显示类的类图和显示类的实例的对象图

虽然对象图没有类图那么重要,但是它们可以用来为复杂类图提供示例,该示例显示了类的实际实例和关系的可能样子。另外,对象图也可以作为交互图的一部分来使用,其作用是显示一群对象之间的动态协作关系。

3. 序列图

序列图显示了多个对象之间的动态协作,描述了一个具体用例或者用例一部分的详细流程,如图 2-7 所示。序列图重点是显示对象之间发送的消息的时间顺序。它也显示对象之间的交互，即在系统执行时的某个指定时间点将发生的事情。序列图由多个带有垂直生命线的对象组成，序列图显示对象之间随着时间的推移而交换的消息或函数，图中时间是从上到下推移的。消息用位于垂直对象线之间带消息箭头的直线表示。序列图在有的书中也被称为顺序图。

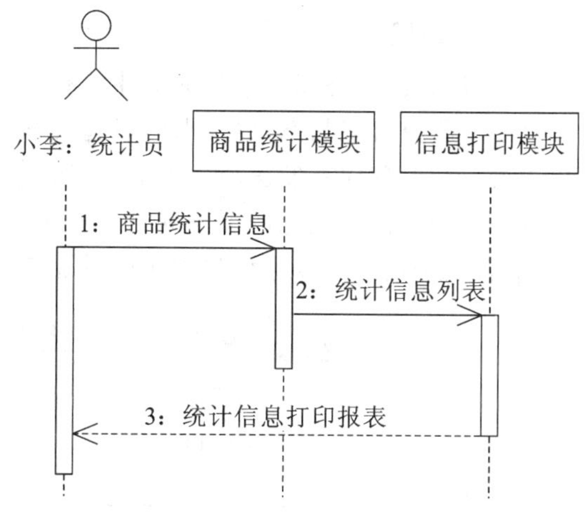

图 2-7 统计员获得商品统计信息报表序列图

序列图创建时，横跨图的顶部，每个框表示每个类的实例或对象。在框中，类实例名称和类名称之间使用冒号分隔开来。例如：Mr. li：User，其中 Mr. li 是实例名称，User 是类的名称。如果某个类实例向另一个类实例发送一条消息，则绘制一条具有指向接收类实例的带箭头的连线，并把消息或方法的名称放在连线上面。消息也分为不同的种类，即同步消息、返回消息和简单消息等。

序列图的阅读非常简单，从左向右启动序列的类实例，然后顺着每条消息往下阅读即可。通过阅读图 2-7 所示的序列图，可以明白统计员获得商品统计信息报表的过程。首先统计员将统计信息发送给商品统计模块，然后商品统计模块调用信息打印模块进行打印，最后统计员获得商品统计信息报表。其中，可以看成类实例的有统计员小李、商品统计模块和信息打印模块。

4. 协作图

协作图显示系统的一个动态协作，就像序列图中描述的交互行为一样。除了显示消息的交换以外，协作图也显示对象及它们之间的关系(有时称为上下文)。在实际建模时，选择使用序列图还是协作图通常由工作的主要目标来决定。如果时间或顺序是需要重点强调的方面，那么选择序列图；如果上下文是需要重点强调的方面，那么选择协作图。序列图和协作图都用于显示对象之间的交互。

协作图显示多个对象及它们之间的关系。在协作图中，对象之间绘制的箭头显示对象之间的消息流向。消息上可以放置标签，用于显示关于消息的其他信息，包括消息发送的顺序，但是不必显示消息接收的顺序。另外，消息标签也可以显示条件、迭代和返回值等信息。当开发人员熟悉消息标签的语法之后，就可以读懂对象之间的通信，并跟踪标准的执行流程和消息交换顺序。但是，读者应注意，如果消息的接收顺序是未知的，那么协作图不能处理这种情况。图 2-8 所示为一个统计员获得商品统计信息报表的协作图。

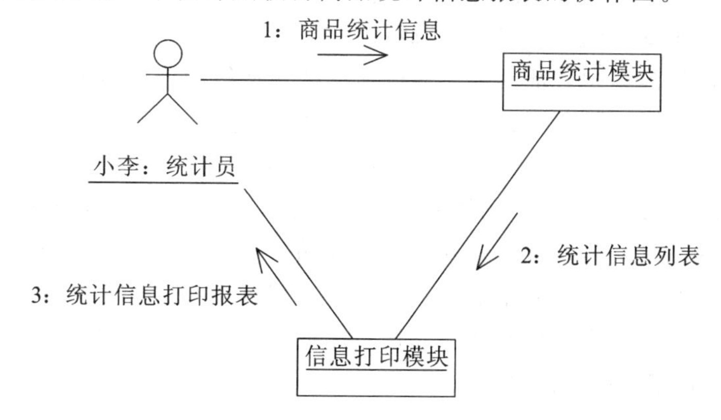

图 2-8 统计员获得商品统计信息报表的协作图

5. 状态图

一般来说,状态图是对类的描述的补充。它用于显示类的对象在一个生命周期期间能够具备的所有可能状态,以及那些引起状态改变的事件,如图 2-9 所示。一个对象的事件可以由另一个对象向其发送消息来触发,如经过了一段指定的时间,对象满足了某条件也可以触发特定的事件。状态的变化称之为转换(transition)。转换也可以有一个与之相连的动作,后者用于指定完成这个状态转换系统应该执行的操作。

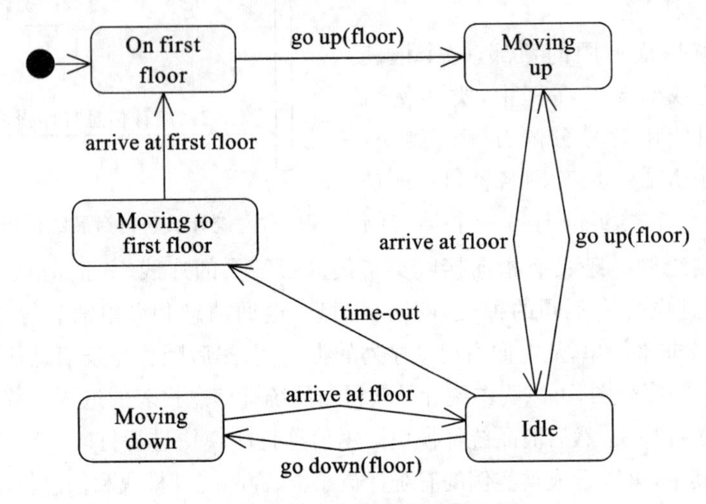

图 2-9 某个电梯系统的状态图

在实际建模时,状态图可能会非常复杂,因为它们要设法为并发的行为建模并显示嵌套的状态。重要的是,状态图表达了一个较简单的观念来显示那些用于实例的状态变化的规则。另外,在实际建模时,并不需要为所有的类都创建其状态图,仅对那些具有多个明确状态的类,并且类的这些不同状态会影响和改变类的行为时才创建这个类的状态图。另外,也可以为系统创建一个总体状态图。

6. 活动图

活动图是用来表示两个或者更多的对象之间在处理某个活动时的过程控制流程。活动图能够在业务单元的级别上对更高级别的业务过程进行建模,或者对低级别的内部类操作进行建模。与序列图相比,活动图更适合对较高级别的过程建模,如公司如何运作业务等。

在活动图的符号上,活动图的符号集与状态图中使用的符号集非常类似,活动图的初始活动也是从先有一个实心圆开始的,活动图的结束也和状态图一样,由一个内部包含实心圆的圆来表示。与状态图不同的是,活动是通过一个圆角矩形来表示的,可以把活动的名称包含在这个圆角矩形的内容中。活动可以通过活动的转换线段连接到其他活动中或者连接到判断点,根据判断点的不同条件可以执行不同的动作。在活动图中有一个新的概念就是泳道(swimlane),可以使用泳道来表示实际执行活动的对象。

如图 2-10 所示的销售商品活动图具有三个泳道,显示出由三个对象控制着各自的活动:客户、供应商和系统。客户确定好要购买的商品后下订单,并选择合适的支付方式,与此同时,系统生成送货单,并同收款信息一起转交给供应商,供应商确认商品订单信息后进行送货,并修改订单项状态,直到所有商品已送货完成为止。在这个过程中三个对象各自扮演着自己的角色,从而完成整个销售活动。

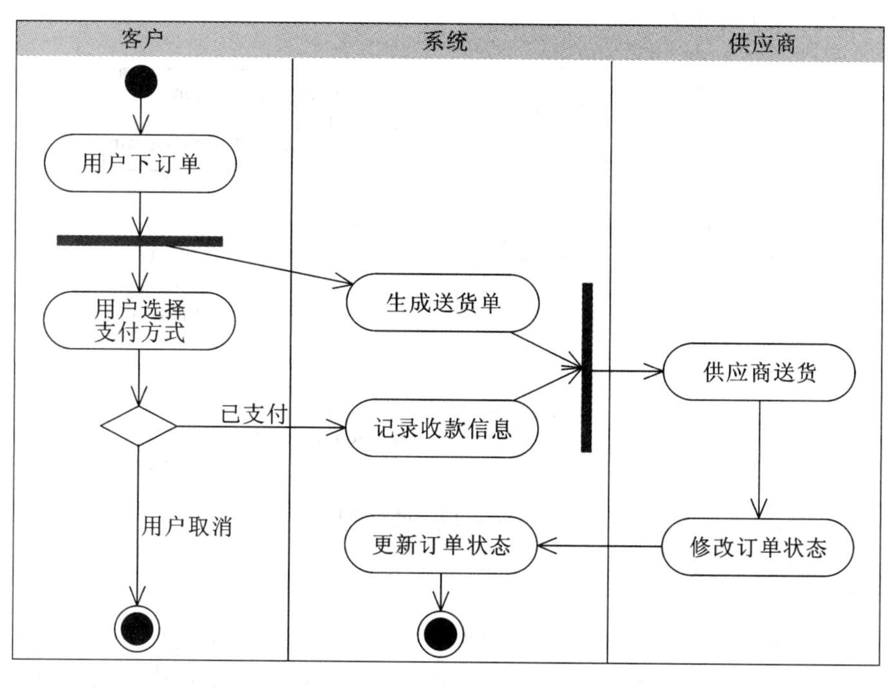

图 2-10　销售商品活动图

7. 包图

包图是在 UML 中用类似于文件夹的符号表示的模型元素的组合。系统中的每个元素都只能为一个包所有，一个包可嵌套在另一个包中。使用包图可以将相关元素归入一个系统。一个包中可包含附属包、图表或单个元素。一个包图可以由任意一种 UML 图组成，通常是 UML 用例图或 UML 类图。包是一个 UML 结构，它使得用户能够把诸如用例或类之类模型元件组织为组。包被描述成文件夹，可以应用在任何一种 UML 图上。虽然包图并非是正式的 UML 图，但实际上它们是很有用处的，创建一个包图的目的包括：①描述用户需求的高阶概述；②描述用户设计的高阶概述；③在逻辑上把一个复杂的图模块化；④组织 Java 源代码。

(1) 创建类包图，从而在逻辑上组织软件的设计。

图 2-11 描述了一个组织成包的 UML 类图。除了以下介绍的包原则之外，应用下列的规则来把 UML 类图组织到包图里：①把一个框架的所有类放置于相同的包中；②一般把相同继承层次的类放于相同的包中；③彼此间有聚合或组合关系的类通常放在相同的包中；④彼此合作频繁的类，信息能够通过 UML 序列图和 UML 协作图反映出来的类，通常放在相同的包中。

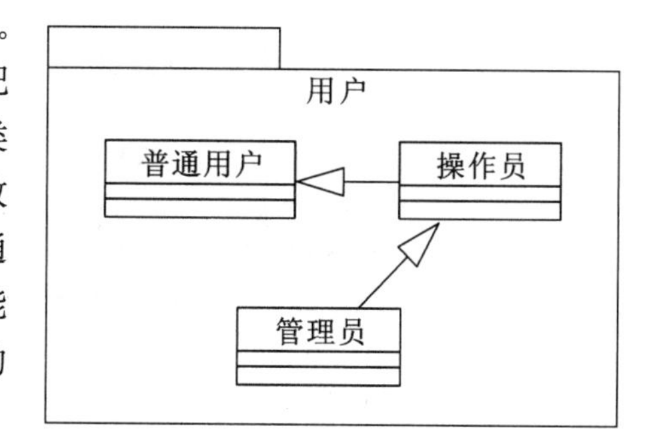

图 2-11　类包图

(2) 创建用例包图，来组织用户的需求。

除了以下介绍的包原则之外，应用下列的规则来把 UML 用例图组织到包图里：把关联的用例放在一起，如 included、extending、和 inheriting 的用例放在相同的包中，就像 base/parent 用例一样。组织用例应该以主要角色的需要为基础。例如，在图 2-12 中，Enrollment 包包含与登记班级的学生有关的用例，即一个大学提供的重要服务集合。

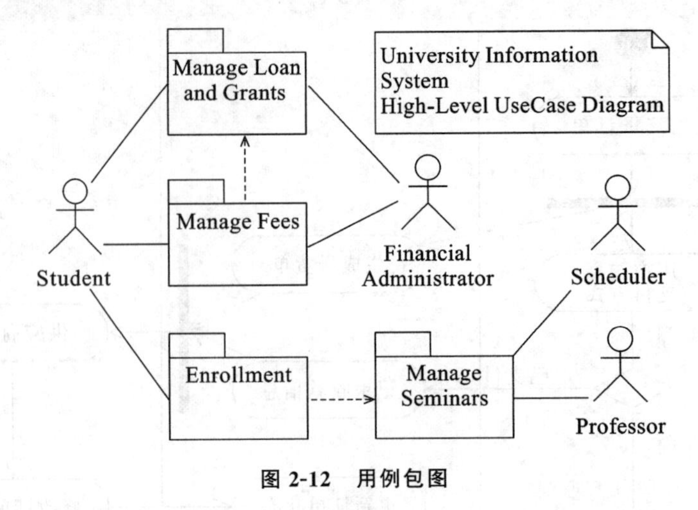

图 2-12　用例包图

8. 构件图

构件图主要用于描述各种软件构件之间的依赖关系。例如,可执行文件和源文件之间的依赖关系,所设计的系统中的构件的表示法及这些构件之间的关系构成了构件图,如图 2-13 所示。在构件图中,系统中的每个物理构件都使用构件符号来表示。通常,构件图看起来像是构件图标的集合,这些图标代表系统中的物理构件。构件图的基本目的是:使系统人员和开发人员能够从整体上了解系统的所有物理构件,同时,也使我们知道如何对构件进行打包,以交付给最终客户。最后,构件图显示了所开发的系统的构件之间的依赖关系,依赖关系符号(图中虚线箭头)表示构件之间的关系。构件图从软件架构的角度来描述一个系统的主要功能,如系统分成几个子系统,每个子系统包括哪些类、包和构件,它们之间的关系以及它们分配到哪些节点上等。使用构件图可以清楚地看出系统的结构和功能,方便项目组的成员制定工作目标和了解工作情况,同时,最重要的一点是有利于软件的复用。

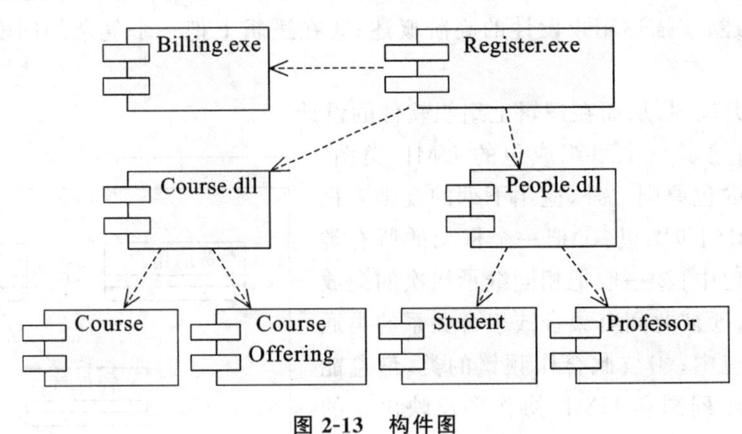

图 2-13　构件图

9. 部署图

部署图(deployment diagram)又称配置图,是用来显示系统中软件和硬件的物理架构。从部署图中,可以了解到软件和硬件组件之间的物理关系以及处理节点的组件分布情况。使用部署图可以显示运行时系统的结构,同时还可以传达构成应用程序的硬件和软件元素的配置和部署方式。部署图描述的是系统运行时的结构,展示了硬件的配置及其软件如何部署到网络结构中。一个系统模型只有一个部署图，部署图通常用来帮助理解分布式系统。一个 UML 部署图描述了一个运行时的硬件结点，以及在这些结点上运行的软件组件的静态视图。部署图显示了系统的硬件、安装在硬件上的软件，以及用于连接异构的机器之间的中间件，如图 2-14 所示。

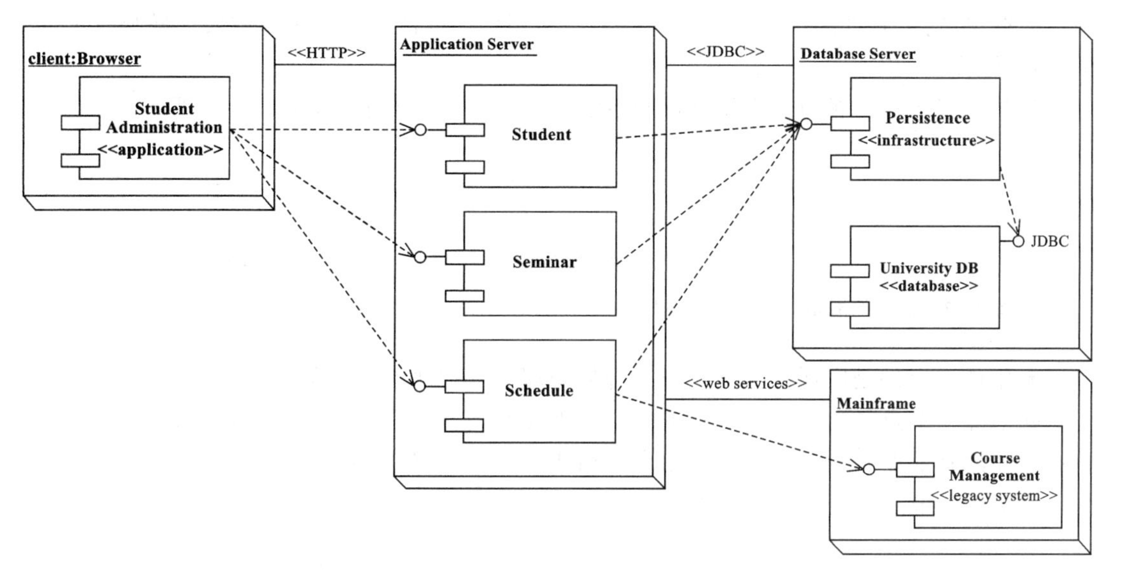

图 2-14　部署图

2.2.3　模型元素

UML 中的模型元素包括事物和事物之间的联系。事物是 UML 中重要的组成部分，它代表任何可以定义的东西。事物之间的关系能够把事物联系在一起，组成有意义的结构模型。每一个模型元素都有一个与之相对应的图形元素。

1. 事物

1）结构事物

结构事物分为：类、接口、协作、用例、参与者、组件和节点等。

● 类。类是对具有相同属性、方法、关系和语义的对象的抽象，一个类可以实现一个或多个接口。类用包括类名、属性和方法的矩形表示。其中，活动类是类对象有一个或多个进程或线程的类。在 UML 中活动类的表示法与类相同，只是边框使用粗线条。类的表示如图 2-15 所示。

● 接口。接口是为类或组件提供特定服务的一组操作的集合。接口的表示如图 2-16 所示。

图 2-15　类的表示　　　图 2-16　接口的表示

● 协作。协作定义了交互操作。一些角色和其他元素一起工作,提供一些合作的动作,这些动作比元素的总和要大。协作不常用,其与用例的表示区别是它是虚线画的椭圆。协作的表示如图 2-17 所示。

● 用例。用例描述系统对一个特定角色执行的一系列动作。在模型中用例通常用来组织动作事物,它是通过协作来实现的。UML 中,用例用标注了用例名称的实线椭圆表示,如图 2-18 所示。

● 参与者。参与者为在系统外部与系统直接交互的人或事物,如图 2-19 所示。

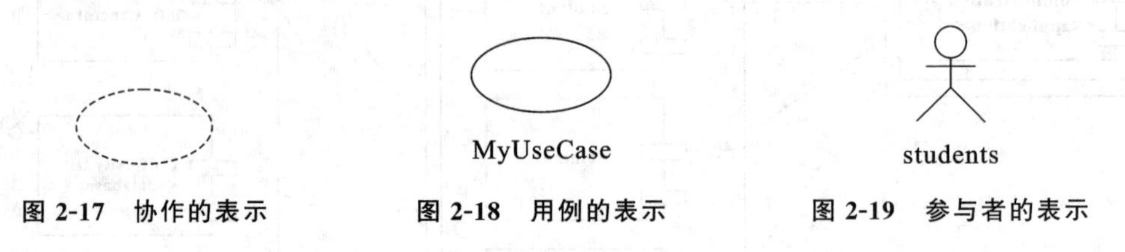

图 2-17　协作的表示　　图 2-18　用例的表示　　图 2-19　参与者的表示

● 组件。组件是实现了一个接口集合的物理上可替换的系统部分,如图 2-20 所示。

● 节点。节点是在运行时存在的一个物理元素,它代表一个可计算的资源,通常占用一些内存和具有处理能力。一个组件集合一般来说位于一个节点,但也可以从一个节点转到另一个节点。节点的表示如图 2-21 所示。

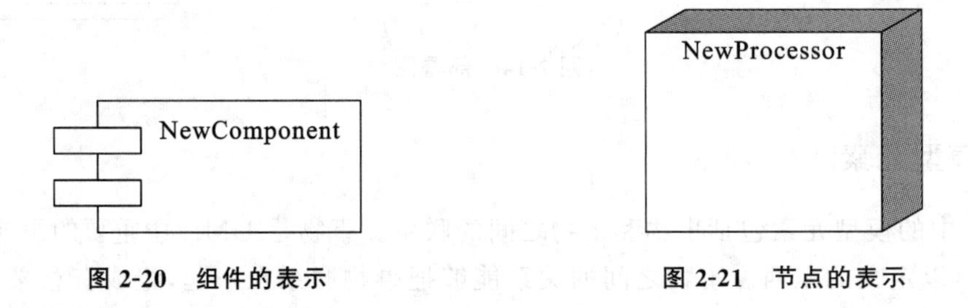

图 2-20　组件的表示　　图 2-21　节点的表示

2）动作事物

动作事物是 UML 模型中的动态部分,它们是模型的动词,代表时间和空间上的动作。交互和状态机是 UML 模型中最基本的两个动态事物元素。

● 交互。交互是一组对象在特定上下文中,为达到某种特定的目的而进行的一系列消息交换组成的动作。在交互中组成动作的对象的每个操作都要详细列出,包括消息、动作次数(消息产生的动作)、连接(对象之间的连接)等。交互的表示如图 2-22 所示。

● 状态机。状态机由一系列对象的状态组成,状态的表示如图 2-23 所示。

3）分组事物

分组事物是 UML 模型中组织的部分,分组事物只有一种,称为包。包的表示如图 2-24 所示。

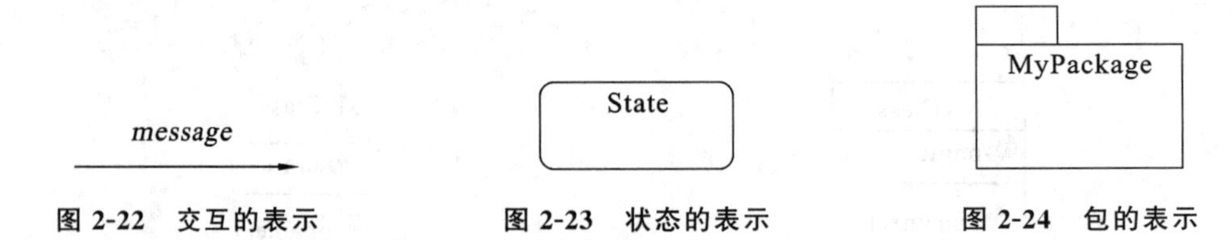

图 2-22　交互的表示　　图 2-23　状态的表示　　图 2-24　包的表示

4）注释事物

注释事物是 UML 模型的解释部分。注释的表示如图 2-25 所示。

2. UML 中的关系

1）关联关系

关联关系连接元素和链接实例，它用连接两个模型元素的实线表示，在关联的两端可以标注关联双方的角色和多重性标记。关联关系的表示如图 2-26 所示。

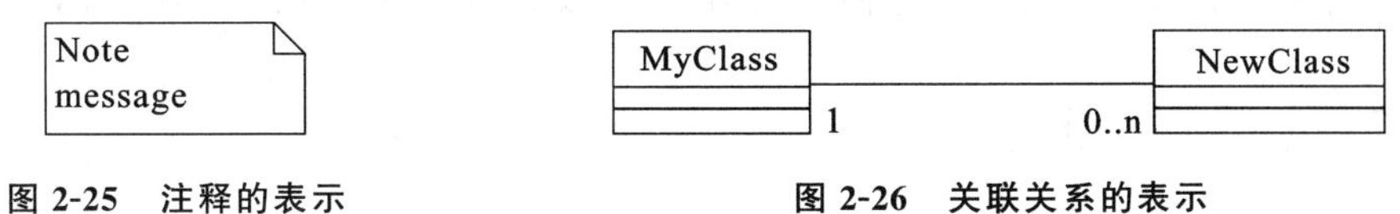

图 2-25　注释的表示　　图 2-26　关联关系的表示

2）依赖关系

依赖关系描述一个元素对另一个元素的依附。依赖关系用源模型指向目标模型的带箭头的虚线来表示。依赖关系的表示如图 2-27 所示。

3）泛化关系

泛化关系也称为继承关系，泛化用一条带空心三角箭头的实线表示，从子类指向父类。泛化关系的表示如图 2-28 所示。

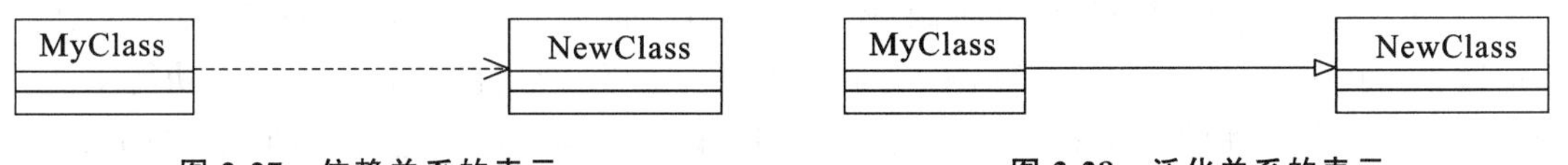

图 2-27　依赖关系的表示　　图 2-28　泛化关系的表示

4）实现关系

实现关系描述一个元素实现另一个元素。图 2-29 中其实有两个实现关系，只是因为在 Rational Rose 中把 class 的 stereotype 设为 Interface 时类是个圆圈，实现它的时候直接使用直线就可以明了。如果没有设置 stereotype 时，依然使用虚线加三角形的形式。实现关系的表示如图 2-29 所示。

5）聚合关系

聚合(aggregation)关系是关联关系的一种特例，是强的关联关系。聚合是整体和个体之间的关系，即 has-a 的关系，此时整体与部分之间是可分离的，它们可以具有各自的生命周期，部分可以属于多个整体对象，也可以为多个整体对象共享。关联关系中两个类是处于相同的层次；而聚合关系中两个类是处于不平等的层次，一个表示整体，一个表示部分。聚合关系的表示如图 2-30 所示。

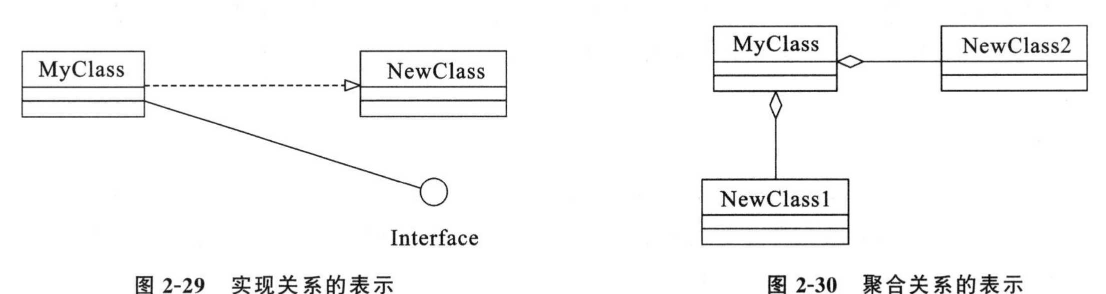

图 2-29　实现关系的表示　　图 2-30　聚合关系的表示

6）组成关系

组成也是关联关系的一种特例，它体现的是一种 contains-a 的关系，这种关系比聚合更

图 2-31 组成关系的表示

强,也称为强聚合。它同样体现整体与部分间的关系,但此时整体与部分是不可分的,整体的生命周期结束也就意味着部分的生命周期结束。其组成与聚合几乎相同,唯一的区别就是“部分”不能脱离“整体”单独存在,也就是说,“部分”的生命期不能比“整体”还要长。组成关系的表示如图 2-31 所示。

2.3 UML 机制

在 UML 中有多种贯穿于整个统一建模语言并且一致应用的公共机制,这些公共机制一般分为通用机制和扩展机制两类。通常,通用机制是指修饰、注释和规格说明,而扩展机制主要是指构造型、标记值和约束。这些公共机制的出现使得对 UML 的详细语义描述变得较为简单。对于系统的建模来说,这些机制尤为重要,如果没有这些公共机制是不可能构建出相对完备的系统。下面将对 UML 的通用机制和扩展机制的内容进行介绍。

2.3.1 通用机制

UML 提供了一些通用的公共机制,使用这些通用的公共机制能够使 UML 在各种图中添加适当的描述信息,从而完善 UML 的语义表达。通常,使用模型元素的基本功能不能够全面地表达需要描述的实际信息,这些通用机制可以有效地帮助表达、进行有效的 UML 建模。UML 提供的这些通用机制贯穿于整个软件建模过程的方方面面。

1. 修饰

在利用 UML 建模时,用户可以将图形修饰附加到 UML 图中的模型元素上。这种修饰(adornment)为图中的模型元素添加了视觉效果。例如,用来将类型与实例分开的技术就是一种修饰。当一个元素代表一种类型的时候,它的名称用粗体字形来显示。当同一元素表示该类型的实例时,这个元素的名称将带一条下划线,并且此名称既可以指定该实例的名称,同时也可以指定这个类型的名称。下面举例说明这种情况:一个 rectangle 类,如果用粗体字显示其名称,则表示一个类;如果其名称带下划线,则表示一个对象。这一规则同样适用于节点。节点符号既可以是用粗体字显示的一种类型,如 Printer,也可以是某个节点类型的一个实例,如John's HP 5MP-Printer。其他的修饰包括关系多重性的规格说明。这里的多重性是指一个数值或者一个范围,用来指明该关系可以涉及已连接类型的实例数目。在 UML 图中,通常将修饰写在相关元素(即使用该修饰来添加信息的元素)的旁边。所有对这些修饰的描述都是与它们所影响到的元素的描述放在一起的,如图 2-32 所示修饰为一个元素符号添加信息。在这个例子中,粗体字和下划线分别指出该符号是表示一个类还是一个对象。

2. 注释

无论一种建模语言的能力有多强大,它也不可能定义所有的信息类型。为了能够为模型添加那些不能够用建模语言来表示的信息,或者为了解释设计说明,UML 为用户提供了注释(comment)这一功能。注释可以被放置在所有图的任意位置上,并且它可以包含任意类型的信息。它的信息类型是不被 UML 解释的一个字符串,它在 UML 图中并没有特别的含义。一般来说,在 UML 图中用一条虚线将注释信息连接到它所解释的,或细化的元素上,如图 2-33 所示的“用户”类的注释示例。另外,如果在图中该注释的意义很明确的话,那么这条虚线并不是必须绘制的。

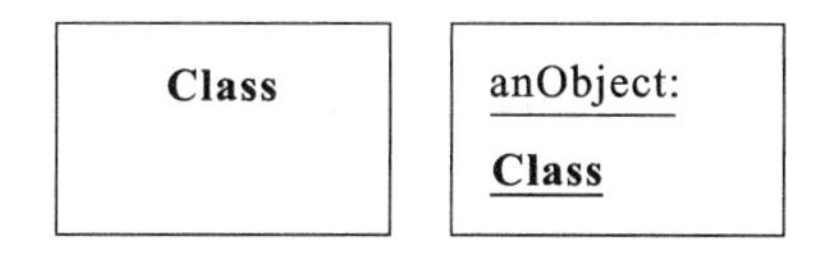

图 2-32 修饰为一个元素符号添加信息

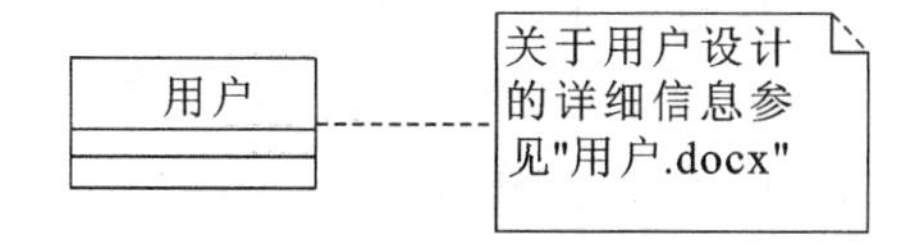

图 2-33 “用户”类的注释示例

注释通常包含建模人员对模型的解释或疑问,作为在稍后某个时间解决某个疑难问题的提醒标志。注释也有助于解释图的各种目标和一般特征。

3. 规格说明

模型元素具有许多特性(property),这些特性用于维护该元素的数据值。特性是用名称和一个称之为标记值(tagged value)的值定义的。标记值是一种特定的类型,如整型或字符串等。UML 中有许多预定义的特性,如 CallConcurrencyKind,这个特性指出一个操作是否能并发地、顺序地或安全地执行。

特性用于添加关于元素实例的附加规格说明(specification),通常这些特性并不在图中显示。一般来说,类是用一些文本来描述的,这些文本非正式的逐条列出这个类的职责和功能。这种类型的规格说明通常不在图中直接显示,而是通过工具来获得。常见的访问方式是双击元素,然后弹出一个规格说明窗口,该窗口显示被双击的元素的所有特性,如图 2-34 所示为一个类的特性的规格说明。

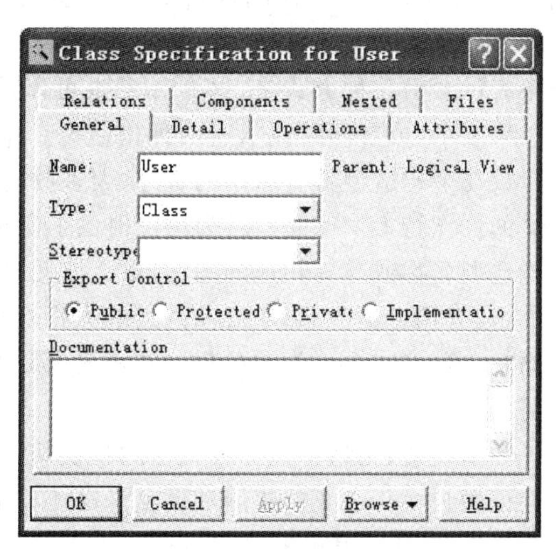

图 2-34 一个类的特性的规格说明

2.3.2 扩展机制

用户可以对 UML 进行扩展或调整,以便使其与一个特定的方法、组织或用户相一致。下面将介绍三种扩展机制,它们分别是构造型(stereotype)、标记值(tagged value)和约束(constraint)。

UML 的扩展机制已经获得巨大成功,它使新模型元素和扩展元素不断增生。用户配置文件(profile)提供用于管理这些扩展元素的机制。当以 MDA 为中心把 UML 扩展到新领域时,为了使其保持一致性,OMG 维护者提供一系列日渐增多的用户配置文件。这些用户配置文件的作用有:①提供用于处理特定软件语言(如 Java 或. NET 等)的标准方式;②提供用于特定业务领域(如健康或保险业务领域等)的必要信息;③提供用于高级概念(如框架、企业级应用体系结构,或者复杂的实时系统等)的机制。

1. 构造型

构造型扩展机制的目的是基于一个已存在的模型元素定义一种新的模型元素。因此,构造型就像是加入了一些额外语义(这些语义在原始元素中是没有的)的一个已存在元素。一个元素的构造型可以用在这个原始元素使用的同一场合。构造型是基于所有种类的元素,如类、节点、组件和包,以及像关联、泛化和依赖这样的关系。UML 中已经预定义了多种构造型，并且这些构造型用于调整一个已存在的模型元素，而不是定义一个新的模型元素。这种策略保持了基本 UML 语言的简单性。

构造型的描述是将构造型名称作为一个字符串，如＜＜StereotypeName＞＞，放置于该元素名称的邻近，如图 2-35 所示。

注意：对于多个构造型来说，可以读作＜＜StereotypeName1，StereotypeName2＞＞。

其中，一对尖括号是必不可少的。构造型也可以拥有与之相连的自己的图形表示，如图标。特定构造型的元素可以以它正常的表示方式显示，即在该元素名称之前放置这个构造型名称，也可以用代表这个构造型的图形图标来表示，或者是这两种方式的一个结合方式。图 2-35 所示的是一个制品构造型（＜＜artifact＞＞），这是 UML 提供的一个标准构造型。类 CustomerManageAction. java 的源代码文件可以当成一个带有构造型＜＜artifact＞＞的类来表示。另一种方式是，这个元素也可以用表示一页纸的制品图标和构造型＜＜source＞＞来表示，或者同时显示这两种构造型。构造型为基本 UML 元素增加附加的语义。只有少数几个构造型具有通用的符号，大多数构造型并没有通用的符号，因为它们是由用户来定义的。支持 UML 的工具为用户提供了实现用户自己的图标的选择权。只要一个元素具有构造型名称或与其相连的图标，那么该元素就被当成指定构造型的一个元素类型被读取。例如，具有构造型＜＜Window＞＞的类将被作为“Window 构造型的类”来读取。这意味着该类是一种 Window 类型的类。在定义 Window 构造型的同时定义了一个 Window 类必须具备的特殊特征。

如前所述，构造型是一种优秀的扩展机制，它有效地防止了 UML 变得过度复杂，同时还允许用户实行必要的扩展和调整。UML 的发展促进了构造型的高速增长。现在，许多构造型都被组织到用户配置文件中。大部分需要的新模型元素在 UML 中都有一个基本原型。因此，构造型可以用于添加必要的语义，以满足定义遗漏的模型元素的需要。

2. 标记值

元素可以有多个包含“名称-值”这样一对信息的特性，这些特性被称为标记值，如图 2-36 所示的 Instrument 类的特性。其中，abstract 是一个预定义的特性，author 和 status 是用户定义的标记值。虽然在 UML 中已经预定义了许多特性，但是用户也可以定义自己的特性，以维护元素的附加信息。任何类型的信息都可以附属到某个元素，包括：特定方法的信息、关于建模过程的管理信息、其他工具使用的信息（如代码生成工具），或者是用户希望将其连接到元素的其他类型的信息等。

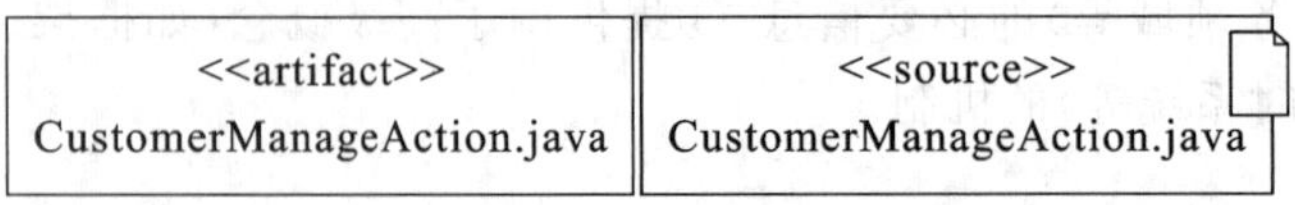

<<artifact>>
CustomerManageAction.java

<<source>>
CustomerManageAction.java

图 2-35 构造型为基本 UML 元素增加附加的语义

Instrument
{abstract}
{author="HEE"}
{status=draft}
value:int
expdate:Date

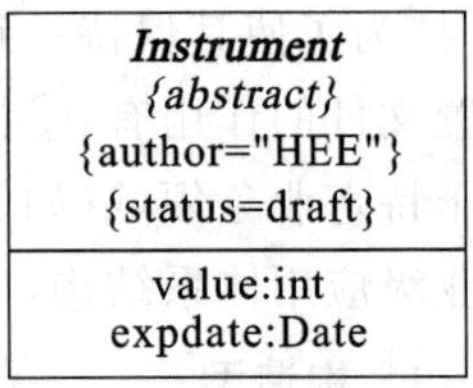

图 2-36 Instrument 类的特性

3. 约束

约束是施加在元素上的限制，这种限制限定了该元素的用法或语义。约束要么在 UML

攻击中声明，并在多个图中反复使用，要么在需要的时候在某个图中定义并应用。

图 2-37 所示为 Senior Citizen Group 类和 Person 类之间的关联关系，指出 Group 可能有与之相关联的 Person。但是，为了表达只有年龄大于 60 岁的 Person 才能加入到 Group，就要定义一个约束，该约束限定加入 Group 对象的仅为那些年龄特性大于 60 的 Person 对象。此定义约束了在该关联关系中应用到哪些人(Person 对象)。如果没有此约束，那么可能会使用户对这个图的理解出现一些误解。最坏的情况下，它可能会导致系统被错误的实现。

Senior 0..1	Person 0..*
Citizen Group	{Person.Age>60}

图 2-37 限定 Person 对象可以加入关联关系的约束

在上述情况下，约束是在使用它的图中直接定义并应用的，但是，它也可以当成一个带有名称和规格说明的约束来定义，如“Senior Citizen”和“Person. Age＞60”，并且在多个图中使用。在 UML 中有许多可以使用的预定义约束。另外，UML 依赖另一种语言来表达约束，这种语言称为对象约束语言(object constraint language，OCL)。UML 并不强制用户使用 OCL，因为可以使用任何语言以任意的形式来表达约束。

2.4 UML 未来发展目标

UML 是在多种面向对象建模方法的基础上发展起来的建模语言，当 UML 的初始版本提出时，其目的并不是为了提出任何新的内容，而是通过高级领域思想领导者们的协作把各种各样的面向对象方法的最好特性添加到一个单独的、与供应商无关的模型化语言和注释中。正因为如此，UML 很快地成为一个广泛的实践标准。随着 1996 年对象管理组织(object management group)对它的采用，UML 成为一个被广泛接受的工业标准。从此，UML 开始被绝大多数的模型工具开发商所采用和支持，并且成为全世界大学和各种各样的专业培训项目中计算机科学和工程课程中必不可少的一部分。

在处理复杂软件时，UML 能够有效地增强对模型建模价值的普遍认识。尽管它是一种非常实用的技术，但是对于大多数开发人员来说，接受它如同接受其他一种开发工具一样，而不是像接受一个有用的小工具那样迅速。其中一个原因是在软件建模的过程中需要使用到软件模式，而软件模式经常会导致不可预知的严重性错误。任何一个模式的实际价值与它的正确性直接成比例。如果一个模式不能把它所表示的软件系统准确地表现出来，那么还不如不用模式，因为它可能会导致错误的结论。那么提高软件价值的关键在于缩小这些模式和它们所模式化的系统之间的差距。这一点使开发人员很难接受。另外仍然有很多人员认为其过于庞大和复杂，人们很难全面、熟练地掌握它，经常使用的只是它的一小部分概念。另外由于一些厂家的原因，它的许多概念仍然不是很清晰，常常使用户感到迷茫。学术界则主要针对它在理论上的缺陷和不足，包括语言体系结构、语法、语义等方面的问题，在 UML 2.0 中提出了新的改进和修订。

在 IBM 的相关网站上，对于 UML 2.0 的新改进包括以下五个方面。

1. 在语言定义方面的精确程度有了很大提高

这是支持自动化高标准需要的结果，此标准是模型驱动开发所必需的。自动化意味着模型(以及后来的模型语言)的不明确和不精密的消除，所以计算机程序能转换并熟练地操纵模型。

2. 一个改良的语言组织

其特性是由模块化决定的，模块化的特点在于它不仅使语言更加容易地被新用户所采用，而且促进了工具之间的相互作用。

3. 重点改进大规模的软件系统的模型性能

一些流行的应用软件表现出将现有的独立应用程序集成到更加复杂的系统中去。这是一种趋势，它可能会继续导致更加复杂的系统。为了支持这种趋势，将更加灵活和新的分等级的性能添加到语言中去，从而支持软件模型在任意复杂的级别中使用。

4. 对特定领域改进的支持

使用 UML 的实践经验证明了其所谓的"扩展"机制的价值。这些机制被统一化后，使得基础语言更加简化和精炼。

5. 全面合并、合理化、清晰化各种不同的模型概念

全面合并、合理化、清晰化各种不同的模型概念，从而导致一种单一化、统一化语言的产生。

虽然在 UML 2.0 中，UML 的建模功能有了很大提高，但是随着软件产业的继续发展，对于软件开发的新挑战的出现，UML 也将面临更多问题，随着这些问题的解决，UML 将继续向前发展。

本章小结

本章介绍了 UML 的起源与发展、定义、特点、作用、模型组成和公共机制内容。UML 是标准化的建模语言，可以作为软件系统开发中的可视化建模工具，用于模型的构建、说明和系统文档建立等方面的工作。UML 定义了许多种图，常用的主要有用例图、类图、对象图、序列图、协作图、状态图、活动图、包图、构件图和部署图等。UML 将不同的图进行组合，利用"4＋1"视图来观察和描述软件系统的体系结构，其中用例图是核心。

习　题　2

1. 填空题

(1) 在 UML 中主要包括的视图为________、________、________、________和________。

(2) UML 图包括：________、________、________、________、序列图、活动图、________、________和________。

(3) 用例视图描述了系统的________与系统进行交互的功能，是________所能观察和使用到的系统功能的模型图。

(4) ________是通过对象的各种状态建立模型来描述对象随时间变化的动态行为，并且它是以独立的对象为中心进行描述的。

(5) ________的主要目的是帮助开发团队以一种可视化的方式理解系统的功能需求，包括基于基本流程的"角色"关系，以及系统内之间的关系。

(6) 在 UML 中定义了四种基本的面向对象的事物，分别是________、________、分组事物和________等。

2. 选择题

(1) UML 图不包括________。

(A) 用例图　　(B) 类图　　(C) 状态图　　(D) 流程图

(2) 下列关于视图的说法不正确的是________。

(A) 用例视图描述了系统的参与者与系统进行交互的功能

(B) 交互视图描述了执行系统功能的各个角色之间相互传递消息的顺序关系

(C) 状态机视图是通过对象的各种状态来建立模型来描述对象随时间变化的动态行为

(D) 构件视图表示运行时的计算资源(如计算机以及它们之间的连接)的物理布置

(3) 构件不包括________。

(A) 源代码构件　　(B) 二进制构件

(C) UML 图　　(D) 可执行构件

(4) 下列关于交互视图说法正确的是________。

(A) 交互视图描述了执行系统功能的各个角色之间相互传递消息的顺序关系,是描绘系统中各个角色或功能交互的模型

(B) 交互视图包含类图和顺序图

(C) 交互视图的主要目的是帮助开发团队以一种可视化的方式理解系统的功能需求

(D) 交互视图是参与者所能观察和使用到的系统功能的模型图

(5) 下列关于对象约束语言的特性,说法不正确的是________。

(A) 对象约束语言不仅是一种查询(query)语言,同时还是一种约束(constraint)语言

(B) 对象约束语言是一种弱类型的语言

(C) 对象约束语言是基于数学的,但是却没有使用相关数学符号的内容

(D) 对象约束语言也是一种声明式(declarative)语言

3. 简答题

(1) 简述 UML 的起源与发展。

(2) 简述 UML 的目标

(3) 静态视图有什么作用?

(4) UML 中的模型元素的关系主要有哪些?

(5) 简述 UML 的公共机制。

第3章 Rational Rose 软件建模工具

UML 为我们提供了优秀的可视化面向对象的建模机制，拥有众多图形元素和各种框图。一个好的软件开发方法需要自动化工具的支持才能适应软件开发过程中复杂多变的要求，这一点对于 UML 尤为重要。

目前，许多 CASE(computer-aided software engineering)工具都在不同程度上提供了对 UML 的支持，UML China 在其网站上(http://www.umlchina.com)整理公布了 UML 相关工具一览表，其中列出的工具不下百种。这些工具各具优势和特色，如商用付费软件 Rose、Enterprise Architect、Together 等功能强大完善，而像 SmartUML 、ArgoUML 等开源工具虽然没有商用付费软件那样强大的功能却胜在物美价廉。在这些工具中，作为经典 CASE 工具的 Rational Rose，虽然 IBM 公司已经推出了它的升级产品 Rational Software Architect，但是在应用中 Rational Rose 仍然占据了市场主导地位。

本章将对 UML 的主流开发工具——Rational Rose 进行介绍，包括其起源与发展、功能与特点、运行环境、软件安装和操作等内容。通过本章的学习希望能够对 Rational Rose 的内容有所了解，以帮助学习 Rational Rose 这种复杂建模工具的使用方法。本章的学习重点是 Rational Rose 的四种视图模型。

3.1 Rational Rose 的起源与发展

Rational Rose 是 Rational 公司出品的一种面向对象的统一建模语言的可视化建模工具，用于可视化建模和公司级水平软件应用的组件构造。Rational Rose 包括了统一建模语言(UML)、OOSE，以及 OMT。其中，统一建模语言(UML)由 Rational 公司的三位世界级面向对象技术专家 Grady Booch、Ivar Jacobson 和 Jim Rumbaugh 通过对早期面向对象研究和设计方法的进一步扩展而得来的，它为可视化建模软件奠定了坚实的理论基础。同时，这样的渊源也使 Rational Rose 击败当前市场上很多基于 UML 可视化建模的工具而得到广泛的应用，如 Microsoft 的 Visio、Oracle 的 Designer，还有 PlayCase 、CA BPWin、CA ERWin、Sybase PowerDesigner 等。

Rational Rose 是一个完全的、具有能满足所有建模环境(如 Web 开发、数据建模、Visual Studio 和C++ 等)灵活性需求的一套解决方案。Rose 允许开发人员、项目经理、系统工程师和分析人员在软件开发周期内在将需求和系统的体系架构转换成代码，消除浪费的消耗，对需求和系统的体系架构进行可视化处理，以及进行理解和精练。通过在软件开发周期内使用同一种建模工具可以确保更快更好的创建满足客户需求的可扩展的、灵活的并且可靠的应用系统。

在 Rational 与 IBM 合并以前，Rational Rose 在发布的每一版本中通常包含以下三种工具。

- Rose Modeler：仅仅用于创建系统模型，但是不支持代码生成和逆向工程。
- Rose Professional：可以创建系统模型，包含了 Rose Modeler 的功能，并且还可以使用一种语言来进行代码生成。
- Rose Enterprise：Rose 的企业版工具，支持前面 Rose 工具的所有功能，并且支持各种语言，包括C++、Java、Ada、CORBA、Visual Basic、COM、Oracle 8 等，还包括对 XML 的支持。

Rational Rose 是一个独立的工具，通过应用程序接口（API）层与市场主导的各种 IDE 结合，来支持各种编程语言和其他实现技术。然而，尽管 Rational Rose 已经取得一定的成功，也推进了 UML 建模实践，但是仍然只有一小部分开发人员按照规定建模。大多数开发人员不想放弃他们的 IDE 而去使用额外的工具，而是希望将可视化建模集成在 IDE 里面。

在 2002 年，Rational 推出了 Rational XDE 软件，并且为当时出现的编程技术 Java 和 Microsoft .NET 提供了一个可扩展的开发环境，把 Rational XDE 看成 Rational Rose 的下一代。严格来说，它并不是新版本的 Rose，而只是名字发生了变化，也未必能够取代 Rose，因为 Rational 只是有目的地限制 Rational XDE 支持一定的 IDE 和实现技术。

通过将 Rational XDE 构造成流行的 IDE 插件，使一些开发人员采用建模和模型驱动开发。Rational XDE 通过支持功能强大的引擎，允许基于模式的开发，也推进了模型驱动开发的发展，另外也使得软件设计层复用达到一个新的高度。后来在其中加入了具体的定制化的能力，为 IBM Rational 的模型驱动架构提供了早期的支持。

2003 年 10 月，Rational 合并到 IBM 之后，将 Rational Rose 和 Rational XDE 产品线加入到一个家族——IBM Rational Rose XDE Developer 中。这样，无论用户倾向于使用独立的建模工具还是一个直接集成在 IDE 中的工具都可以购买工具包，并根据自己的需要进行安装。

IBM Rational Rose 产品的特点之一就是与 Eclipse 前所未有的结合。在 IBM 收购 Rational 软件之前，这两个组织也在同时致力于开发新的、更强大的方法来将模型驱动开发的能力集成到 Eclipse 框架和基于 Eclipse 的 IDE 中。现在该技术是 IBM 开发模型驱动开发工具的基础，不再是简单地与 Eclipse 集成，而是在 Eclipse 之上构建新的模型驱动开发能力。这为 Java 和 C/C++ 的开发提供了前所未有的支持，也为集成其他生命周期的工具提供了全新的能力。

IBM Rational 后来发布了一系列的开发工具，主要可以将这些 Rational 核心产品分为五类，分别是：①需求分析工具；②设计和构建工具；③软件质量保证工具；④软件配置管理工具；⑤过程和项目管理工具。关于这些工具的详细信息以及用途，可以浏览官方站点进行详细了解。其中，在过程和项目管理工具中包含的 IBM Rational Unified Process 产品的前身——Rational 统一过程（Rational unified process，RUP）将在后续章节进行介绍。

3.2 Rational Rose 的功能特点

Rational Rose 是一个设计信息图形化的软件开发工具。它不仅可以用于蓝图的构建，还可以用于平时的沟通和交流，让项目人员和用户等从不同的角度、不同的需求看待系统。Rational Rose 工具主要有以下功能特点。

(1) 较为全面的支持 UML 建模标准。使用 Rational Rose 能建立多种模型和框图，如用例图、类图、序列图、协作图、状态图、活动图、包图、构件图和部署图等。在同一个工程项目中实现业务建模、需求建模、设计建模和数据建模等。

(2) Rational Rose 支持多种语言的代码生成及双向工程，实现代码和模型的相互转换，保证模型和代码的一致性。在正向工程中，Rational Rose 通过对多种程序设计语言（如 C++、Java、Visual Basic、CORBA 等）的有效集成，能够帮助开发人员产生框架代码。在逆向工程中，Rational Rose 可以通过引入历史代码导出模型。Rational Rose 在双向工程中实现模型和代码之间的循环，从而保证模型和代码的一致性，并通过保护开关使得在双向工程中不会丢失或覆盖已经开发的任何代码。

（3）支持关系数据库建模。利用 Rational Rose 进行数据库建模，能够创建并比较对象模型和数据模型，并实现两种模型之间的转化。另外，Rational Rose 还可创建数据库对象，实现从数据库到数据模型的逆向工程。Rational Rose 能为 Oracle、SQL Server、SyBase 等支持标准 DDL 的数据库自动生成数据描述语言。

（4）生成模型文档，支持模型的 Web 发布。Rational Rose 本身提供了直接产生模型文档的功能，但是如果能够利用 Rational 文档生成工具 SoDA 提供的模型文档模板就可以轻松自如地自动生成 OOA 和 OOD 阶段所需的各种重要文档。值得注意的是，无论是 Rational Rose 自身还是 SoDA 所产生的文档均为 Word 文档，并且在 Rational Rose 中可以直接启动 SoDA，而 SoDA 与 Word 是无缝集成的。另外，Rational Rose 的 Internet Web Publisher 能够创建一个基于 Web 的 Rational Rose 模型的 HTML 版本，使人们能够通过浏览器浏览模型。

（5）Rational Rose 提供的控制单元和模型集成功能允许进行团队开发，并对各个开发人员的模型进行比较或合并操作等。Rational Rose 提供了两种方式来支持团队开发：一种是采用 SCM（软件配置管理）的团队开发方式；另一种是没有 SCM 情况下的团队开发方式。这两种方式为用户提供了极大的灵活性，用户可以根据开发的规模和开发人员数目以及资金情况等选择一种方式进行团队开发。Rational Rose 与 ClearCase 和 SourceSafe（微软产品）等 SCM 工具实现了内部集成，只要遵守微软版本控制系统的标准 API-SCC（源代码控制），API 的任何版本控制系统均可以集成到 Rational Rose 中作为配置管理工具。

3.3 Rational Rose 运行环境

（1）最低硬件配置环境：基于 Pentium 的 PC 兼容系统，600 MHz Pentium Ⅲ，512 MB 内存，400 MB 磁盘空间。

（2）版本要求：Windows NT4.0、Service Pack 6a 和 SRP（security rollup package）；Windows 2000 Professional、Service Pack 2 或 Service Pack 3；Windows XP Professional；Windows7/8/10。

（3）数据库环境：IBM DB2 Universal Database 5.x、6.x 和 7.x 以上；IBM DB2 OS390 5.x 和 6.x 以上；MS SQL Server 6.x、7.x 和 2000 以上；Oracle 7.x、8.x 和 9.x 以上；SyBase System 12。为了利用 Rational Rose 对 Oracle 和 DB2 数据库进行反向操作，还必须首先安装 RDMS 客户端。

（4）容量要求：磁盘空间 400MB 以上，每增加一个 Rational Rose 模型，存储空间需增加 1～3 MB。

3.4 Rational Rose 的安装过程

Rational Rose 是商业软件，目前 Rational 公司已经被 IBM 公司并购，建议读者通过购买的方式获取 IBM Rational 公司的正版商业软件，也可以从 IBM 的官方网站（http://www.ibm.com）上下载试用版。

接下来，将介绍 Rational Rose Enterprise Edition 的安装过程。

（1）双击启动 Rational Rose Enterprise Edition 的安装程序，进入安装向导界面，如图 3-1 所示。

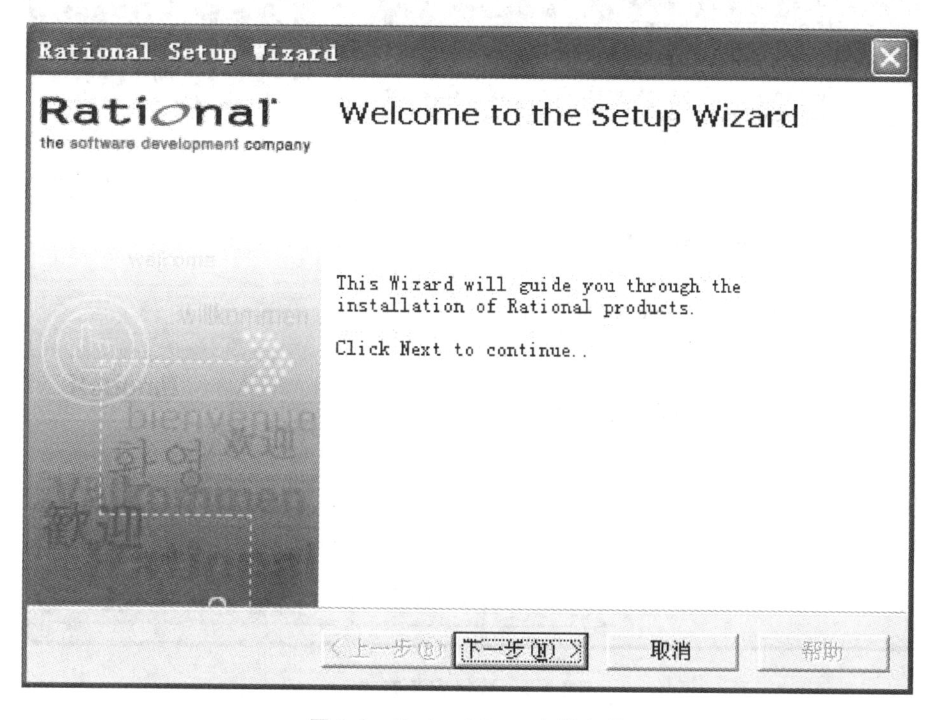

图 3-1 Rational Rose 安装向导

（2）单击【下一步(N)】按钮，进入如图 3-2 所示的界面，此处选择要安装的产品。这里选择第二项，即【Rational Rose Enterprise Edition】。

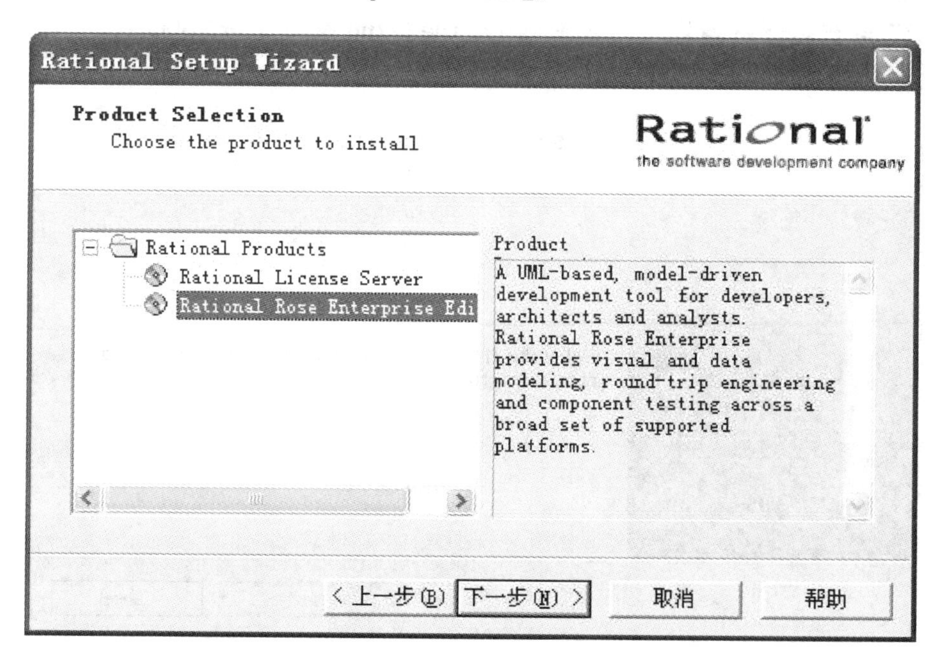

图 3-2 选择要安装的产品

（3）单击【下一步(N)】按钮，进入如图 3-3 所示的界面，选中【Desktop installation from CD image】，即从本地进行安装。

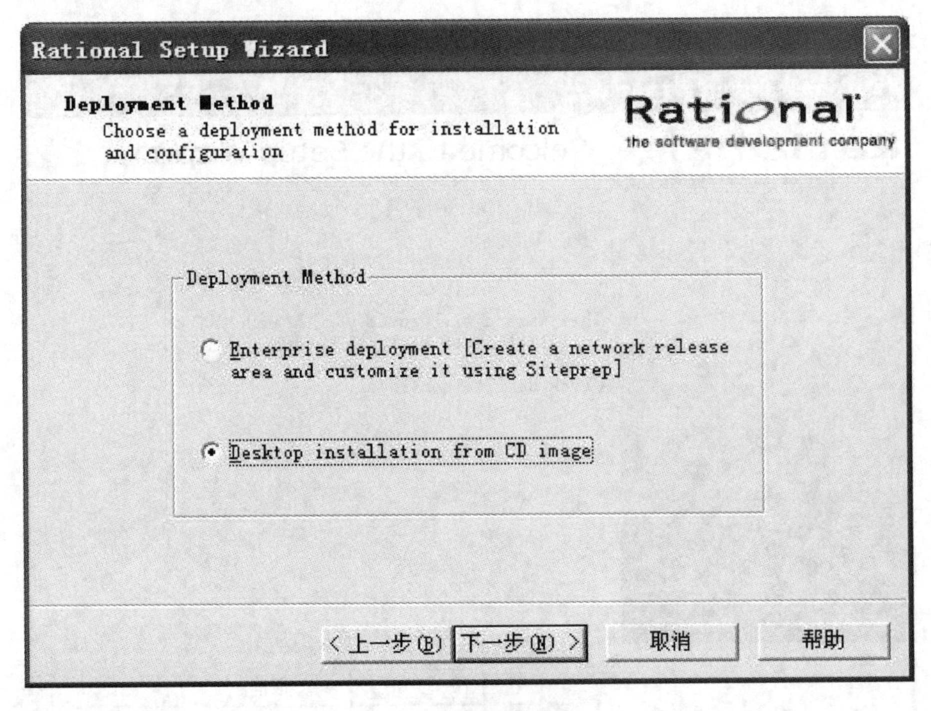

图 3-3　选择安装方式

（4）单击【下一步(N)】按钮，进入安装向导说明界面，如图 3-4 所示。

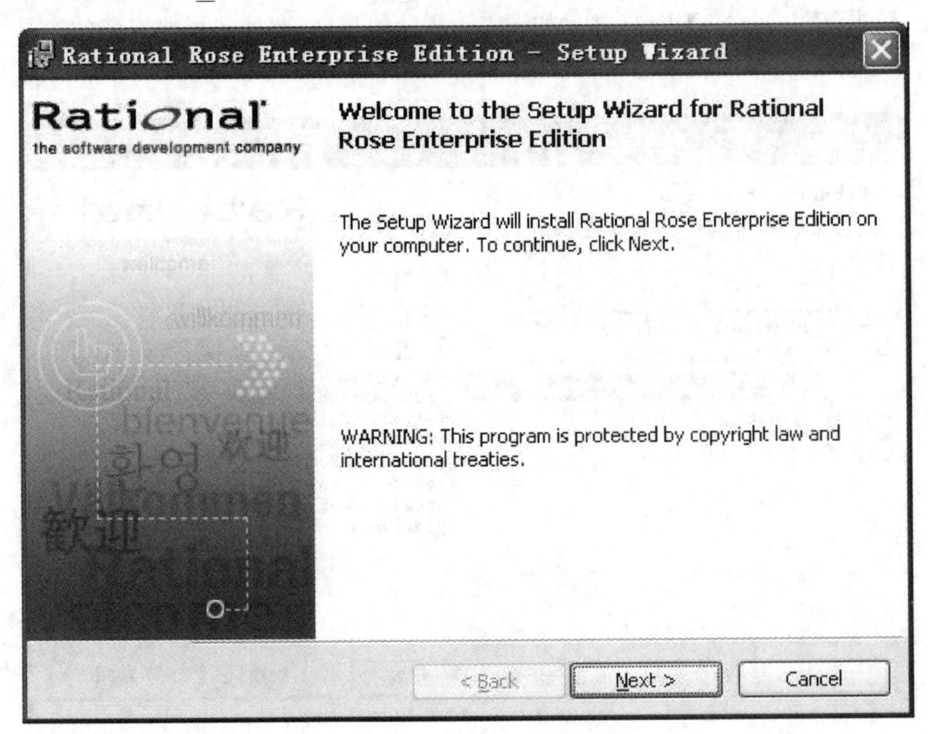

图 3-4　安装向导说明

(5) 单击【Next】按钮，进入版权声明界面，如图 3-5 所示。选中【I accept the terms in the license agreement】单选框。

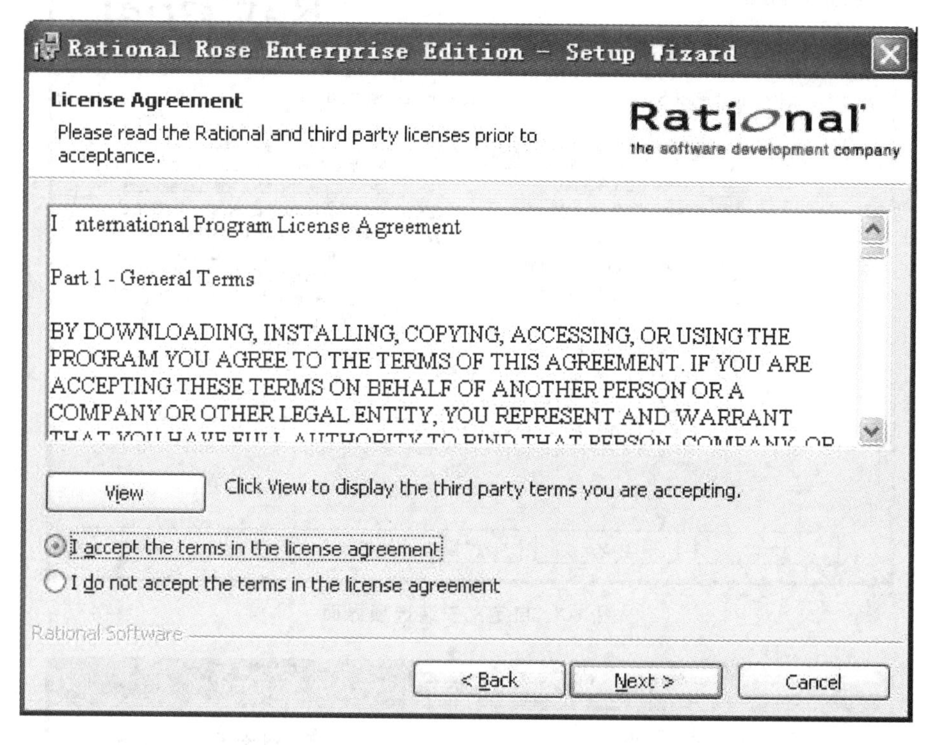

图 3-5　版权声明界面

(6) 单击【Next】按钮，进入设置安装路径界面，如图 3-6 所示。可以单击【Change...】按钮重新选择安装路径。

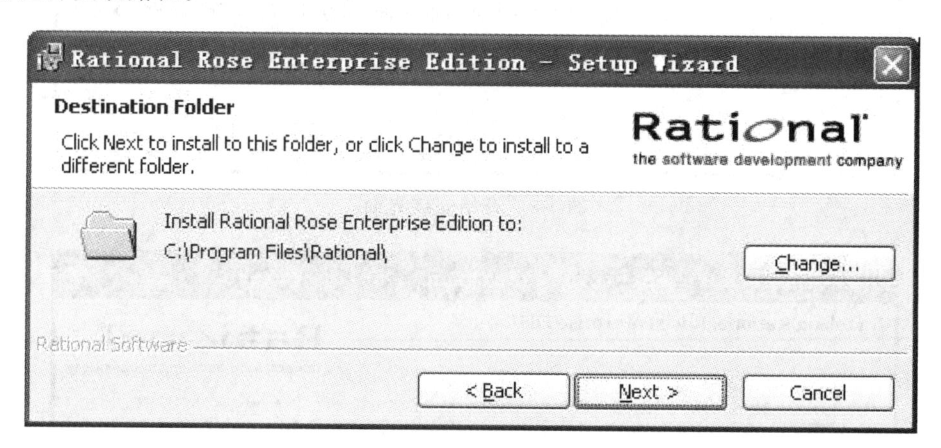

图 3-6　设置安装路径界面

(7) 设置完安装路径之后，单击【Next】按钮，进入自定义安装选项界面，如图 3-7 所示，可以根据实际需要进行选择。

(8) 单击【Next】按钮，进入开始安装界面，如图 3-8 所示。

(9) 单击【Install】按钮，开始复制文件，如图 3-9 所示。

(10) 系统安装完毕，完成安装的界面如图 3-10 所示。

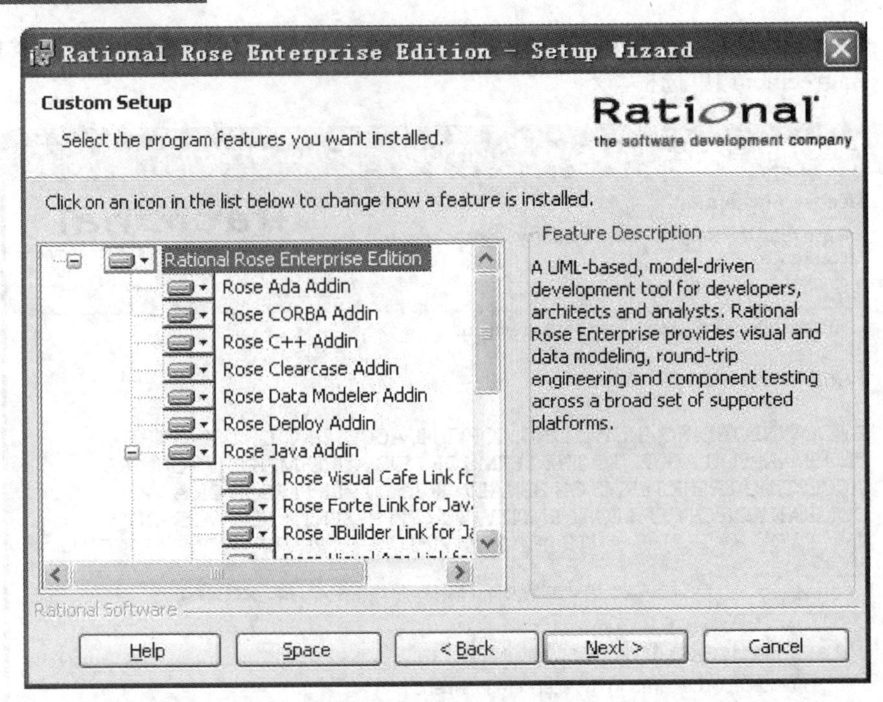

图 3-7　自定义安装选项界面

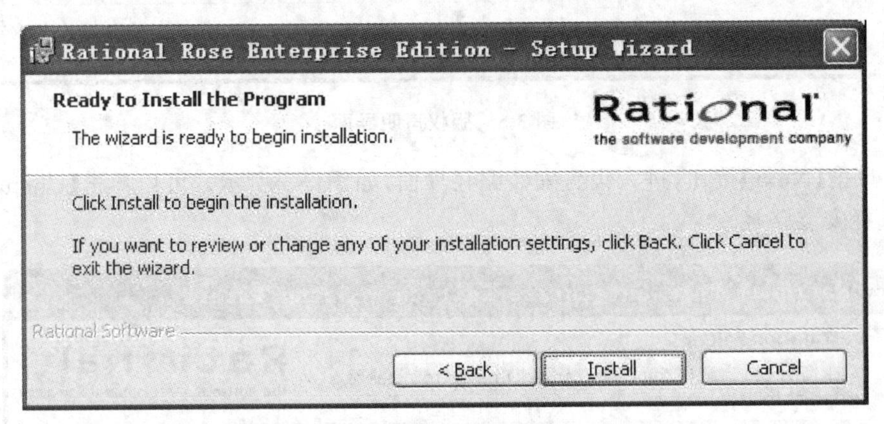

图 3-8　开始安装界面

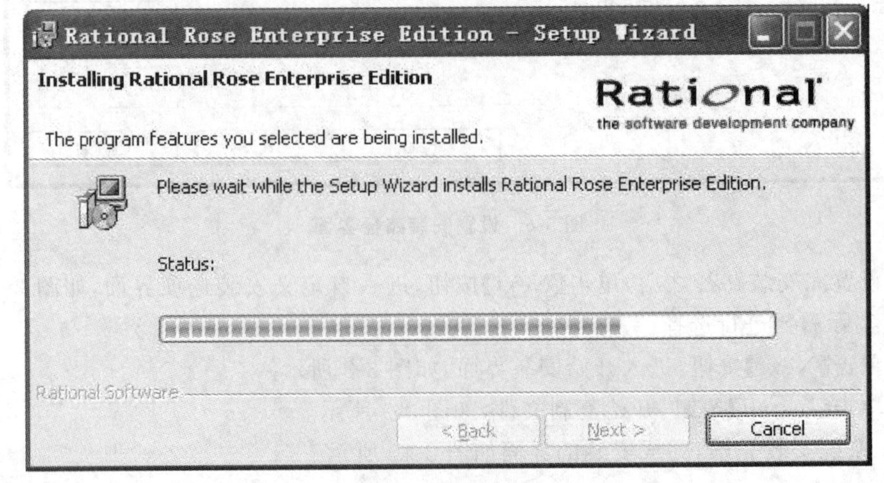

图 3-9　复制文件

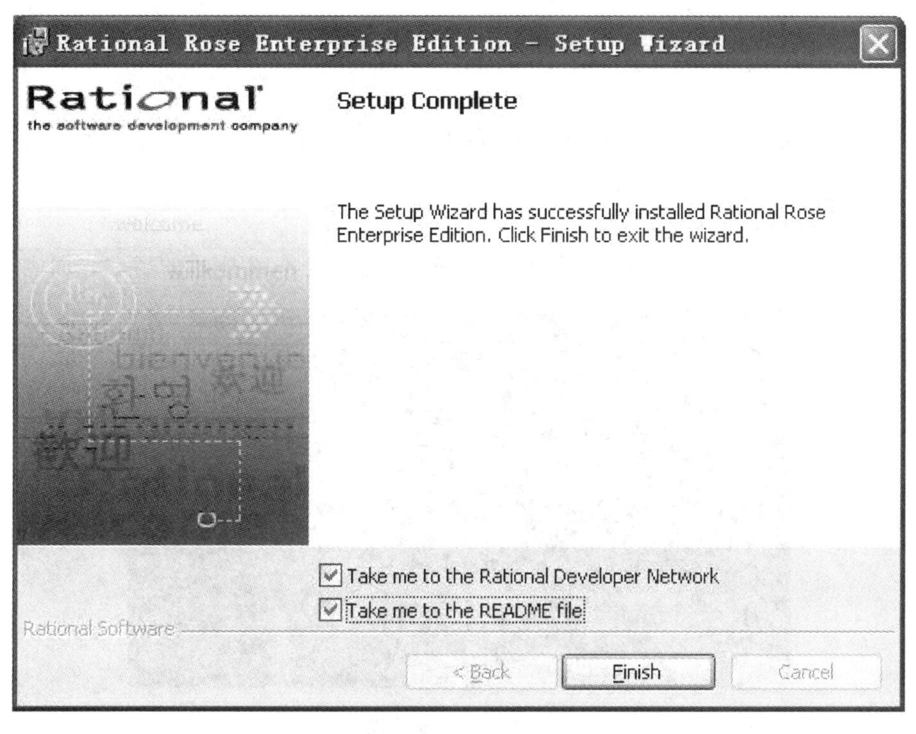

图 3-10　完成安装

（11）单击【Finish】按钮，会弹出注册界面，要求用户对软件进行注册，如图 3-11 所示。系统提供了多种注册方式供用户选择。建议读者购买正版软件，如果是试用版本，则不用注册。

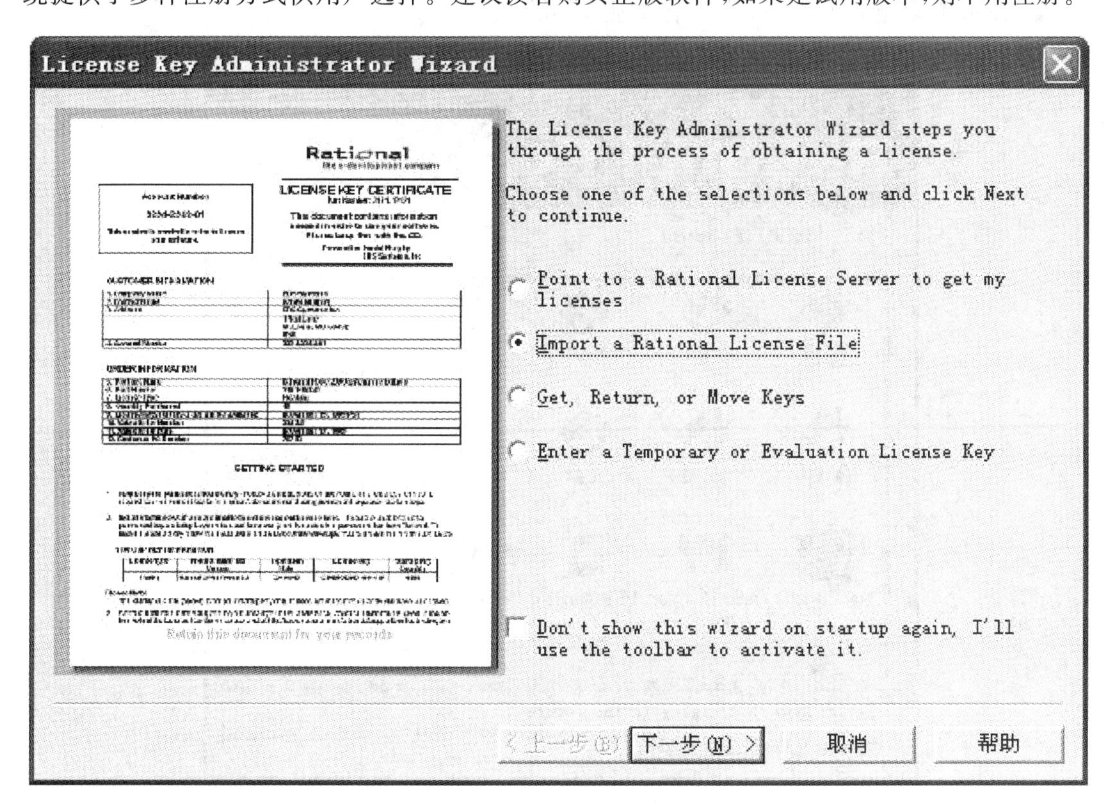

图 3-11　软件注册

3.5 Rational Rose 操作介绍

完成了 Rational Rose Enterprise Edition 的安装之后，下面介绍该软件的基本使用方法。

3.5.1 Rational Rose 的主要界面

启动 Rational Rose Enterprise Edition 之后，出现如图 3-12 所示的启动界面。

图 3-12 启动界面

启动界面消失后，进入 Rational Rose Enterprise Edition 的主界面，首先弹出如图 3-13 所示的对话框，用来设置启动的初始操作，分为【New】(新建模型)、【Existing】(打开现有模型)、【Recent】(最近打开模型)等三个选项卡。

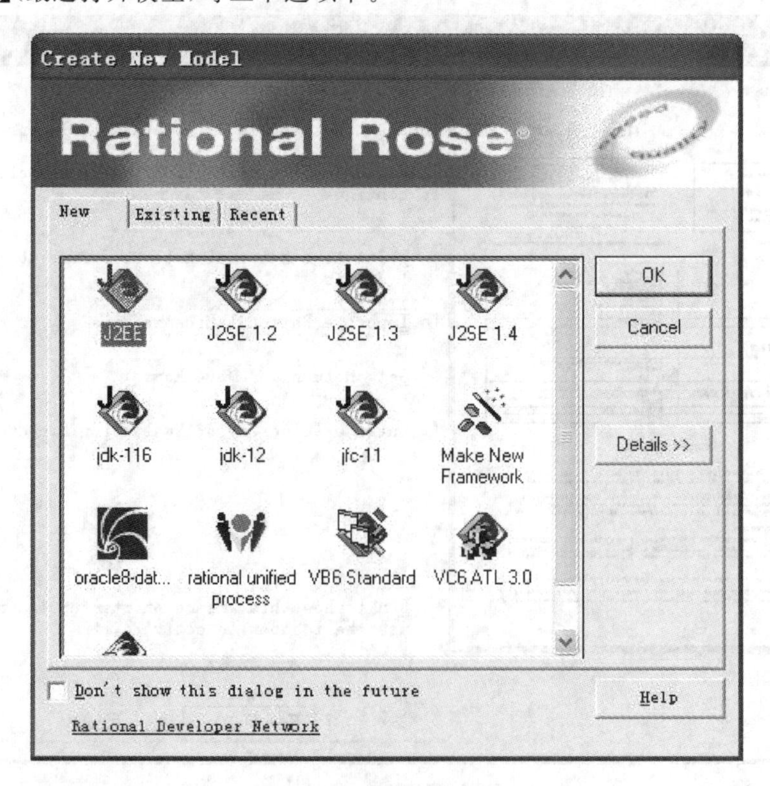

图 3-13 新建模型选项卡

【New】选项卡如图 3-13 所示，其用于选择新建模型时采用的模板。目前 Rational Rose 所支持的模板有 J2EE(Java 2 enterprise edition，Java 2 平台企业版)和 J2SE(Java 2 standard edition，Java 2 平台标准版)的 1.2、1.3 和 1.4 版，JDK(Java development kit，Java 开发工具包)的 1.16 版和 1.2 版，JFC(Java fundamental classes，Java 基础类库)的 1.1 版，Oracle 8-datatype(Oracle 8 的数据类型)，Rational Unified Process(RUP，Rational 统一过程)，VB6 Standard(VB6 标准程序)，VC6ATL(VC6 active templates library，VC6 活动模板库)的 3.0 版，以及 VC6 MFC(VC6 Microsoft fundamental classes，VC6 基础类库)的 3.0 版。

【Existing】选项卡如图 3-14 所示。若想打开一个已经存在的模型，可以浏览对话框左侧的列表，逐级找到要打开的模型文件所在的文件夹，再从右侧的列表中选中该模型文件，单击【Open】按钮或者双击模型图标。如果当前已经有模型存在，Rational Rose 将首先关闭当前的模型。如果当前的模型中包含了未保存过的改动，系统会弹出一个对话框询问是否要保持对当前模型的改动。

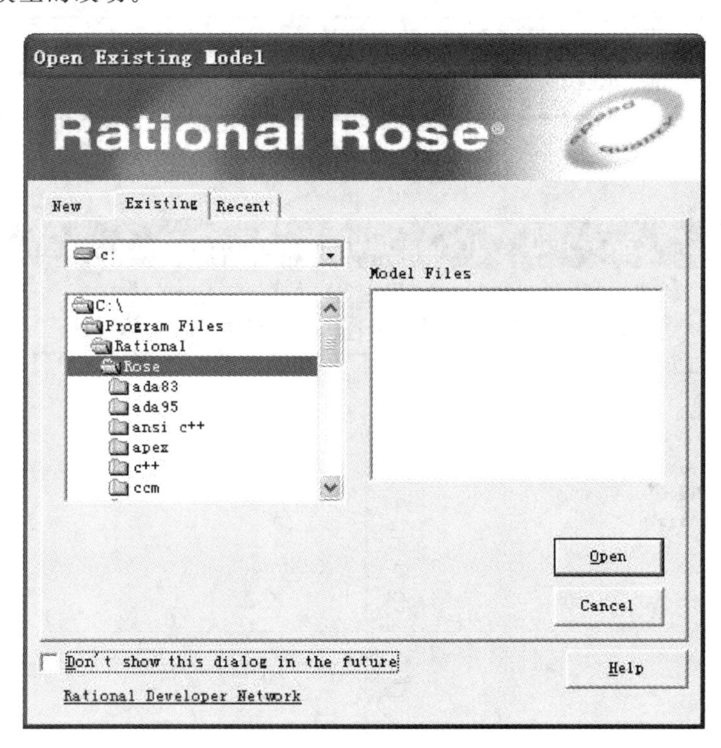

图 3-14 【Existing】选项卡

【Recent】选项卡如图 3-15 所示。其可以用于选择打开一个最近打开过的模型文件。只要找到相应的模型，单击【Open】按钮或者双击图标即可。如果当前已经有模型被打开，在打开新的模型之前，Rational Rose 会先关闭当前的模型。如果当前的模型中有未保存的改动，系统会弹出一个对话框询问是否保存对当前模型的改动。

如果暂时不需要任何模板，只需要新建一个空白的新模型，可点击【Cancel】按钮，此时将弹出 Rational Rose 的主界面，如图 3-16 所示。其主界面由标题栏、菜单栏、工具栏、工作区和状态栏组成。默认的工作区包含四个主要的窗口：Browser 窗口、Diagram 窗口、Document 窗口和 Log 窗口。其中，Browser 窗口用来浏览、创建、删除和修改模型中的模型元素；Diagram 窗口用来显示和创建模型的各种图；Document 窗口则用来显示和书写各个模型元素的文档注释；Log 窗口则用来显示日志记录信息。

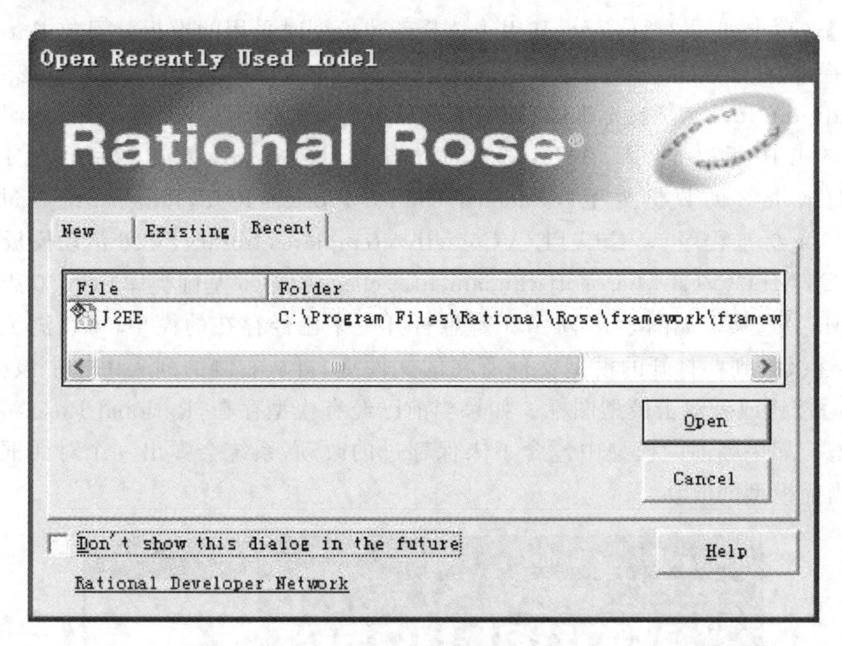

图 3-15 【Recent】选项卡

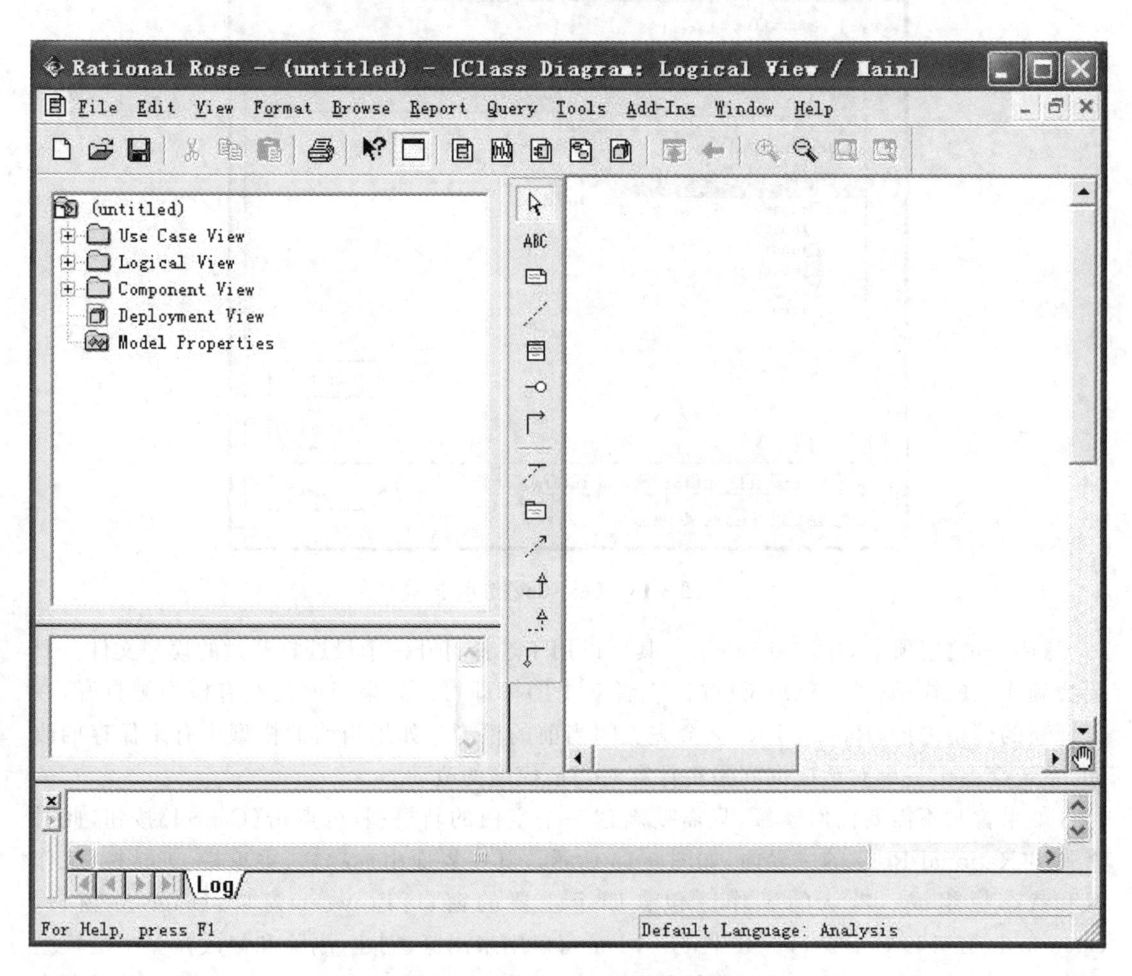

图 3-16 Rational Rose 的主界面

1. 标题栏

标题栏用于显示当前正在编辑的模型名称。由于此时空模型刚新建，还没有保存，故标题栏上显示为 untitled，如图 3-17 所示。

图 3-17　标题栏

2. 菜单栏

菜单栏中包含了所有可以进行的操作，一级菜单共有 11 个，分别是【File】(文件)、【Edit】(编辑)、【View】(视图)、【Format】(格式)、【Browse】(浏览)、【Report】(报告)、【Query】(查询)、【Tools】(工具)、【Add-Ins】(插件)、【Window】(窗口)、【Help】(帮助)，如图 3-18 所示。下面分别进行介绍。

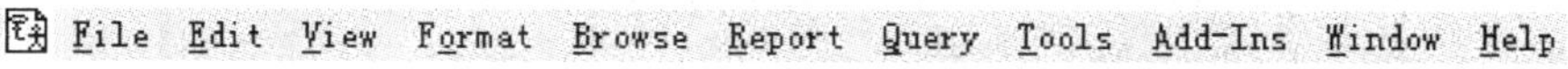

File Edit View Format Browse Report Query Tools Add-Ins Window Help

图 3-18　菜单栏

● 【File】(文件)的下级菜单中包含了关于文件的一些操作选项。

● 【Edit】(编辑)的下级菜单中包含了用来对各种图进行编辑操作的功能，并且其下级菜单中的内容会根据图的不同有所不同，但是会有一些共同的操作选项。

● 【View】(视图)的下级菜单中包含了关于窗口显示的操作选项。

● 【Format】(格式)的下级菜单中包含了关于字体等显示样式的设置选项。

● 【Browse】(浏览)的下级菜单和【Edit】(文件)的下级菜单类似，根据不同的图可以显示不同的内容，但是有一些选项是这些图都能够使用到的。

● 【Report】(报告)的下级菜单中包含了关于模型元素在使用过程中的一些信息。

● 【Query】(查询)的下级菜单中包含了关于一些图的操作信息，在 Sequence Diagram(序列图)、Collaboration Diagram(协作图)和 Deployment Diagram(部署图)中没有"Query"的菜单选项。

● 【Tools】(工具)的下级菜单中包含了各种插件工具的使用。

● 【Add-Ins】(插件)的下级菜单选项中只包含一个，即"Add-In Manager..."，它用于对附加工具插件的管理，标明这些插件是否有效。很多外部的产品都对 Rational Rose 发布了 Add-In 支持，用于对 Rational Rose 的功能进一步扩展，如 Java、Oracle 或者 C# 等，有了这些 Add-In，Rational Rose 就可以进行更多深层次的操作了。例如，在安装了 Java 的相关插件之后，Rational Rose 就可以直接生成 Java 的框架代码，也可以从 Java 代码转化成 Rational Rose 的模型，并进行二者的同步操作。

● 【Window】(窗口)的下级菜单中的内容是对编辑区域窗口的操作选项。

● 【Help】(帮助)的下级菜单中包含了系统的帮助信息选项。

3. 工具栏

在 Rational Rose Enterprise Edition 中，关于工具栏的形式有两种，分别是标准(Standard)工具栏和编辑区工具栏。标准工具栏在任何图中都可以使用，因此在任何图中都会显示，默认的标准工具栏中的内容如图 3-19 所示。

图 3-19　标准(Standard)工具栏

编辑区工具栏是根据不同的图形而设置的具有绘制不同图形元素内容的工具栏，显示的时候位于图形编辑区的左侧。也可以通过【View】(视图)下的【Toolbars】(工具栏)来定制是否显示标准工具栏和编辑区工具栏。要定制工具栏，选择【Tools】/【Options】，然后选择【Toolbars】选项卡，如图 3-20 所示。在【Standard toolbar】复选框中可以选择显示或隐藏标准工具栏；在【Diagram toolbar】复选框中可以选择显示或隐藏编辑区工具栏。

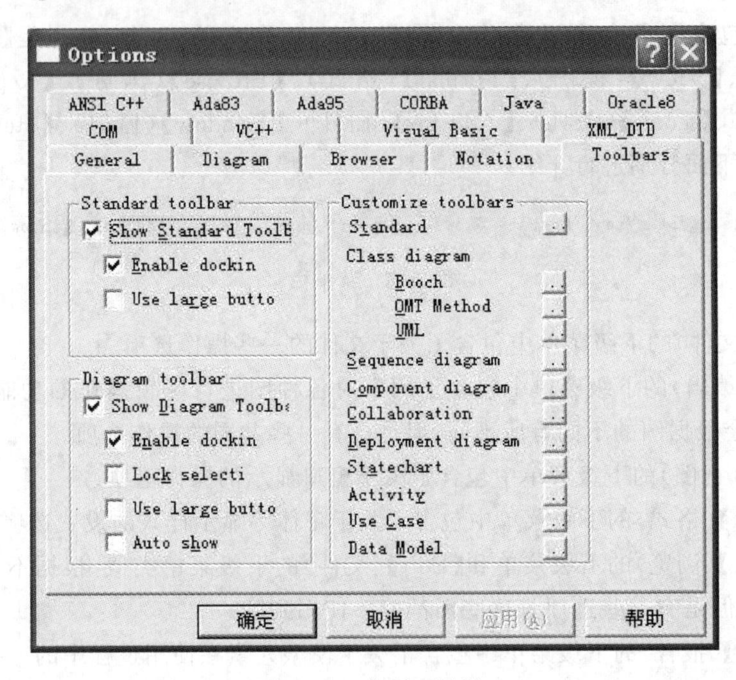

图 3-20　定制工具栏

标准工具栏中包含了最常用的一些操作，用户也可以根据自己的需要自行添加或删除标准工具栏中的按钮。单击图 3-20 中【Customize toolbars】选项组中的【Standard】或者右击标准工具栏，在弹出的右键快捷菜单中选择【Customize】选项，弹出如图 3-21 所示的对话框。在该对话框中选择相应的按钮并单击【添加(A)】或【删除(R)】按钮，即可添加或删除标准工具栏中的按钮。

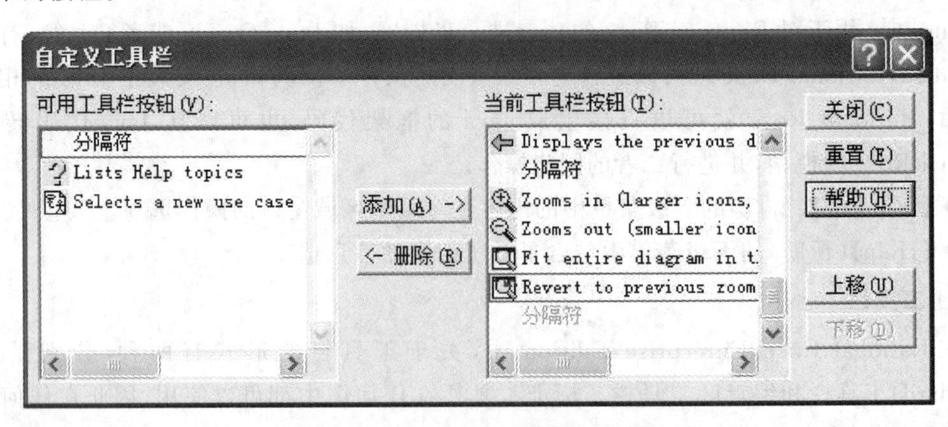

图 3-21　自定义标准工具栏中的按钮

4. 工作区

工作区由四个部分组成,分别是浏览器、文档区、图形编辑区和日志区。在工作区中,可以方便地完成各种 UML 图形的绘制。

1) 浏览器和文档区

浏览器和文档区位于 Rational Rose Enterprise Edition 工作区左侧,其中上方是浏览器,下方是文档区,如图 3-22 所示。

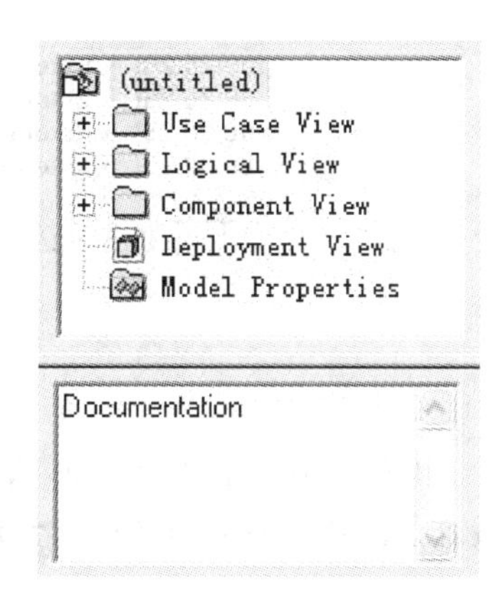

图 3-22　浏览器和文档区

浏览器是层次结构,组成树形视图样式,用于在模型中迅速定位。浏览器可以显示模型中的所有元素,包括用例、关系、类和组件等,每个模型元素可能又包含其他元素。利用浏览器可以进行如下操作:增加模型元素(如参与者、用例、类、组件、图等);浏览现有的模型元素;浏览现有的模型元素之间的关系;移动模型元素;更名模型元素;将模型元素添加到图中;将文件或者 URL 链接到模型元素上;将模型元素组成包;访问模型元素的详细规范;打开各种图等。

浏览器中默认创建了四种视图:Use Case View(用例视图)、Logical View(逻辑视图)、Component View(组件视图)和 Deployment View(部署视图)。在这些视图所在的包或者图下,可以创建不同的模型元素。

要隐藏浏览器可以右击浏览器窗口,在弹出的快捷菜单中选中【Hide】;或者选择【View】/【Browser】命令,Rational Rose Enterprise Edition 就会显示或者隐藏浏览器。

文档区用于为模型元素建立文档,如对浏览器中的每一个参与者写一个简要定义,只要在文档区输入这个定义即可。将文档加入类中时,从文档区输入的所有内容都将显示为产生的代码的注释。当在浏览器或者编辑区中选择不同的模型元素的时候,文档区会自动更新显示所选元素的文档。

2) 图形编辑区

图形编辑区如图 3-23 所示。在图形编辑区中,可以打开模型中的任意一张图,并利用左边的工具栏对图进行浏览和修改。修改图中的模型元素时,Rational Rose Enterprise Edition 会自动更新浏览器。同样,通过浏览器改变元素时,Rational Rose Enterprise Edition 也会自动更新相应的图,这样就可以保证模型的一致性。

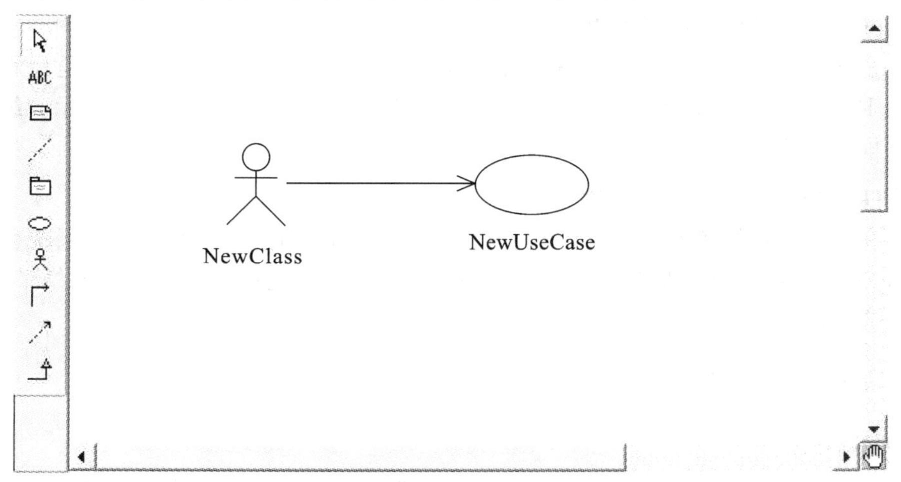

图 3-23　图形编辑区

3）日志区

日志区位于 Rational Rose Enterprise Edition 工作区域的下方，在日志区中记录了对模型的一些重要操作，如图 3-24 所示。

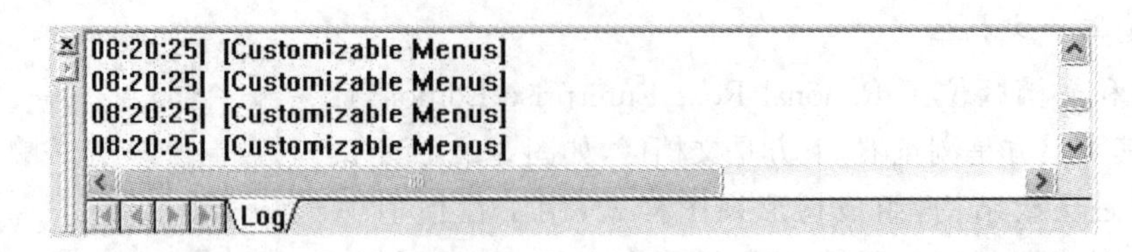

图 3-24　日志区

5. 状态栏

状态栏中记录了对当前信息的提示和当前的一些描述信息，如帮助信息“For Help, press F1”及当前使用的语言“Default Language：Analysis”等信息，如图 3-25 所示。

For Help, press F1　　Default Language: Analysis

图 3-25　状态栏

3.5.2　Rational Rose 的视图

Rational Rose Enterprise Edition 模型中有四个视图：Use Case View（用例视图）、Logical View（逻辑视图）、Component View（组件视图）和 Deployment View（部署视图）。每个视图针对不同的对象，具有不同的作用。下面简要介绍一下这四个视图。

1. Use Case View（用例视图）

用例视图包括系统中的所有参与者、用例和用例图，还可能包括一些序列图或协作图。用例视图是系统中与实现无关的视图，它只关注系统功能的高层形状，而不关注系统的具体实现方法。

2. Logical View（逻辑视图）

逻辑视图关注系统如何实现用例中提出的功能，提供系统的详细图形，描述组件之间如何关联。另外，逻辑视图还包括需要的特定类、类图和状态图。利用这些细节元素，开发人员可以构造系统的详细信息。

3. Component View（组件视图）

组件视图包含模型代码库、可执行文件、运行库和其他组件的信息。组件是代码的实际模块。在 Rational Rose Enterprise Edition 中，组件和组件图在组件视图中显示。组件视图显示代码模块之间的关系。

4. Deployment View（部署视图）

部署视图关注系统的实际配置，可能与系统的逻辑结构有所不同。例如，系统可能使用三层逻辑结构，但部署可能是两层的。部署视图还要处理其他问题，如容错、网络带宽、故障恢复和响应时间等。

3.5.3　使用 Rational Rose 建模

1. 创建模型

Rational Rose 模型文件的扩展名是“. mdl”，要创建模型，可以执行以下操作。

选择【File】/【New】命令，或者单击标准工具栏中的【New】按钮。弹出如图3-13所示的对话框，选择要用的模板，单击【OK】按钮。如果不使用模板，单击【Cancel】按钮。如果选择使用模板，Rational Rose会自动装入此模板的默认包、类和组件。模板提供了每个包中的类和接口，各有其相应的属性和操作。通过创建模板，可以收集类与组件，便于作为基础，用于设计和建立多个系统。如果单击【Cancel】按钮，表示创建一个空项目，用户需要从头开始创建模型。

2. 保存模型

Rational Rose的保存，与其他的应用程序类似。可以通过菜单栏或者工具栏来实现。保存模型包括对模型内容的保存和对在创建模型过程中日志记录的保存。

1）保存模型内容

选择【File】/【Save】命令或者点击标准工具栏的【Save】按钮可以保存系统新建的模型。如果是初次保存的模型会弹出如图3-26所示的对话框，在对话框中找到相应的目录，输入文件名后单击【保存(S)】按钮即可完成保存操作。如果想将模型保存到另一个文件中，选择【File】/【Save As】命令，弹出另存模型的对话框。

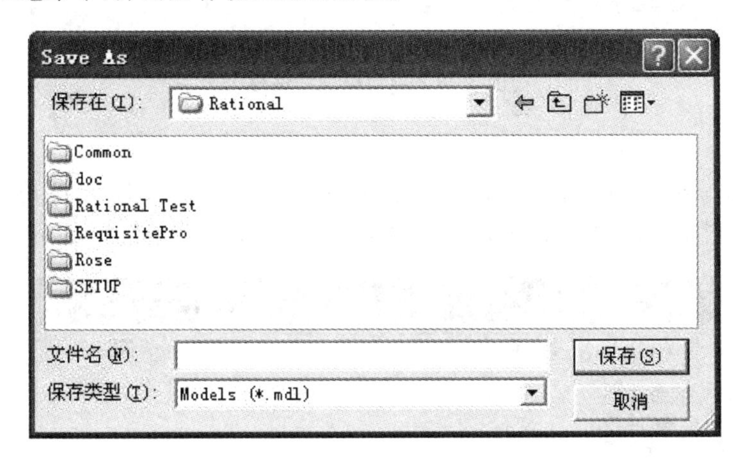

图 3-26　保存模型对话框

2）保存日志

选择【File】/【Save Log As】或者右击日志窗口，在弹出的快捷菜单中选择【Save Log As】来保存，也可以通过选择【AutoSave Log】来保存。系统会弹出一个对话框，让用户选择将日志保存到哪个文件中，如图3-27所示。

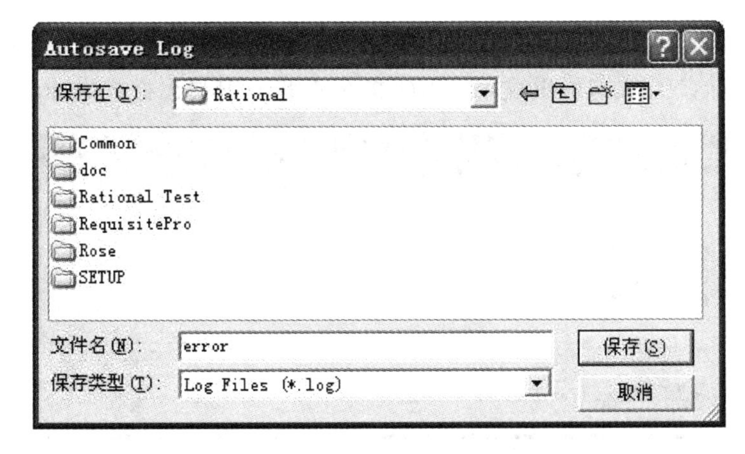

图 3-27　自动保存日志对话框

3. 导出与导入模型

面向对象的一大优势就是重用技术。重用不仅适用于代码，也适用于模型。Rational Rose 支持导出与导入模型和模型元素的操作。

1）导出模型

选择【File】/【Export Model】命令，弹出如图 3-28 所示的对话框，在【文件名(N)】文本框中输入导出文件名即可，其导出格式为.ptl。

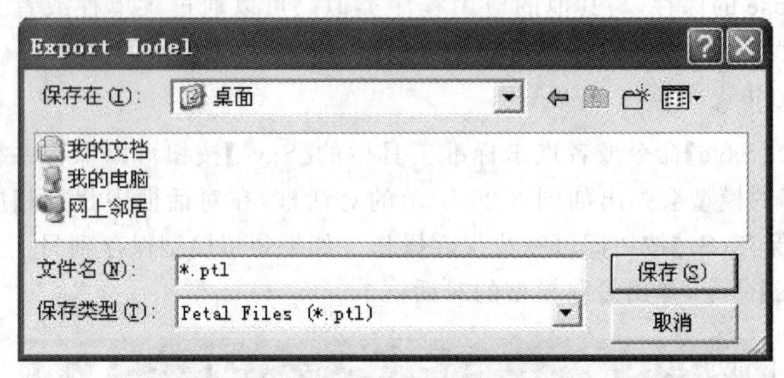

图 3-28 导出模型对话框

2）导出包

从类图中选择要导出的包，选择【File】/【Export<Package>】命令，弹出如图 3-29 所示的对话框，在【文件名(N)】文本框中输入导出文件名即可，其导出格式为.ptl。

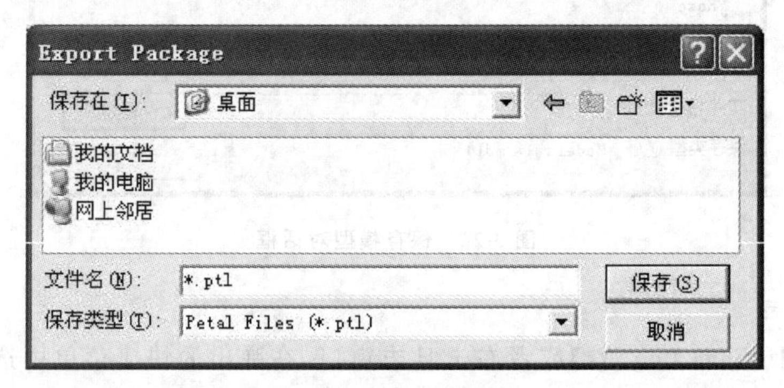

图 3-29 导出包对话框

3）导出类

从类图中选择要导出的类，选择【File】/【Export<Class>】命令，弹出如图 3-30 所示的对话框，在【文件名(N)】文本框中输入导出的文件名即可，其导出格式为.ptl。

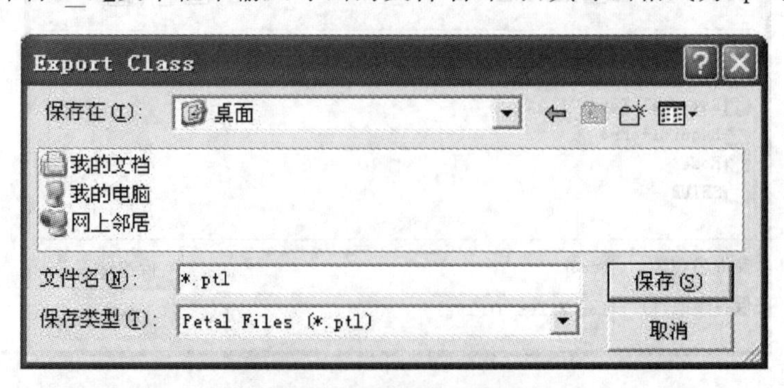

图 3-30 导出类对话框

4）导入模型、包或类

选择【File】/【Import】命令，弹出如图 3-31 所示的对话框，从中选择要导入的文件名，可供选择的文件类型有“. ptl”、“. mdl”、“. cat”和“. sub”等。

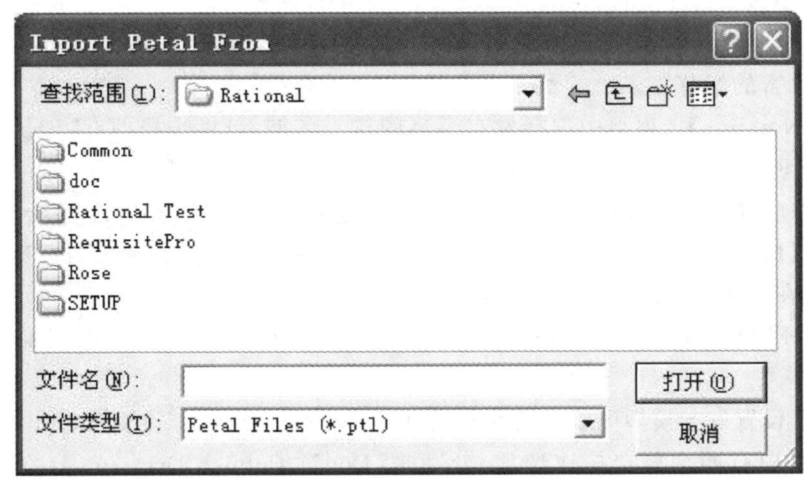

图 3-31　导入对话框

4. 发布模型

Rational Rose 提供了将模型生成相关网页，从而在网络上发布的功能。这样可以方便系统模型的设计人员将系统的模型内容对其他开发人员进行说明，使其他相关人员都能够浏览模型。发布模型的具体步骤如下。

(1) 选择【Tools】/【Web Publisher】命令，弹出如图 3-32 所示的对话框。在弹出的对话框的【Selection】选项组中选择要发布的内容，包括相关模型视图或者包。

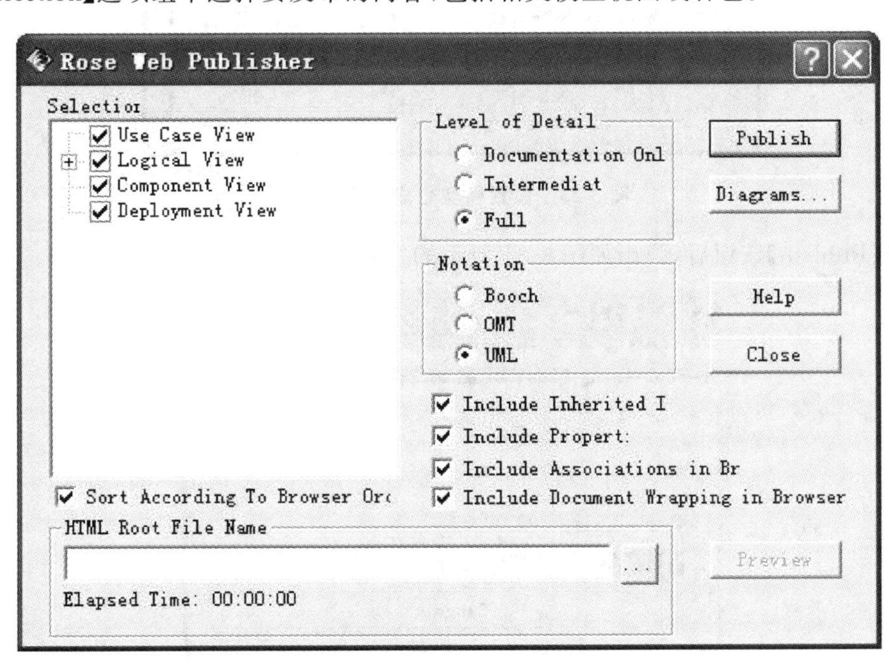

图 3-32　发布模型对话框

在【Level of Detail】选项组中选择要发布的细节级别，包括【Documentation Only】（仅发布文档）、【Intermediate】（中间级别）和【Full】（全部发布）。其具体含义如下。

●【Documentation Only】(仅发布文档)是指在发布模型的时候包含了对模型的一些文档说明,如模型元素的注释等,不包含操作、属性等细节信息。

●【Intermediate】(中间级别)是指在发布的时候允许用户发布在模型元素规范中定义的细节,但是不包括具体的程序语言所表达的一些细节内容。

●【Full】(全部发布)是指将模型元素的所有有用信息全部发布出去,包括模型元素的细节和程序语言的细节等。

(2) 在【Notation】选项组中选择发布模型的符号类型,可供选择的有【Booch】、【OMT】和【UML】三种类型,可以根据实际情况选择合适的标记类型。【Include Inherited Items】(包含继承的项)、【Include Properties】(包含属性)、【Include Associations in Browser】(包含关联链接)和【Include Document Wrapping in Browser】(包含文档说明链接),这四个复选框选项,是选择在发布的时候要包含的内容。

(3) 在【HTML Root File Name】(HTML 根文件名)文本框中设置要发布的网页文件的根文件名称。

如果需要设置发布模型生成的图片格式,可以单击【Diagrams...】按钮,弹出如图 3-33 所示对话框。其中有四个单选按钮选项,分别是【Don't Publish Diagrams】(不发布图片)、【Windows Bitmaps】(BMP 格式)、【Portable Network Graphics】(PNG 格式)和【JPEG】(JPEG 格式)。【Don't Publish Diagrams】(不发布图片)是指不发布图片,仅仅包含文本内容,其他三种指的是发布图片的文件格式。

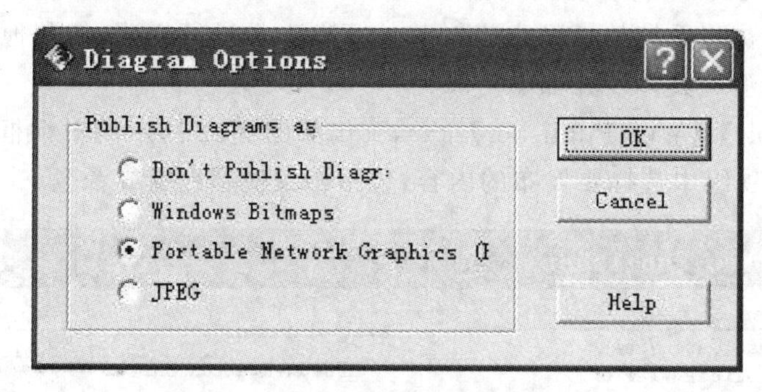

图 3-33 设置模型生成的图片格式

单击【Publish】按钮后,弹出如图 3-34 所示的发布过程窗口。

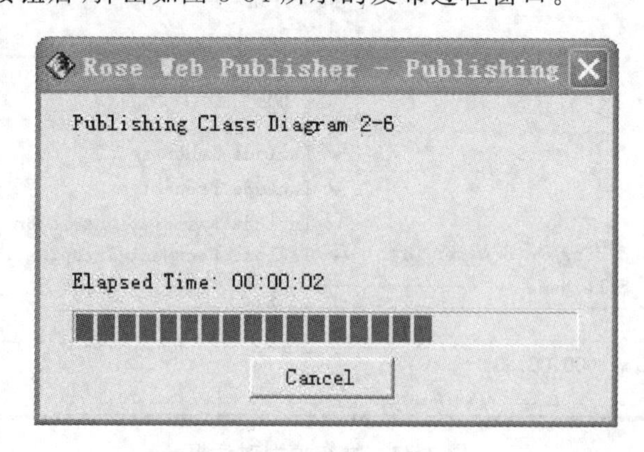

图 3-34 发布过程窗口

Rational Rose 会创建发布模型的所有 Web 页面,发布后的模型 Web 文件如图 3-35 所示。

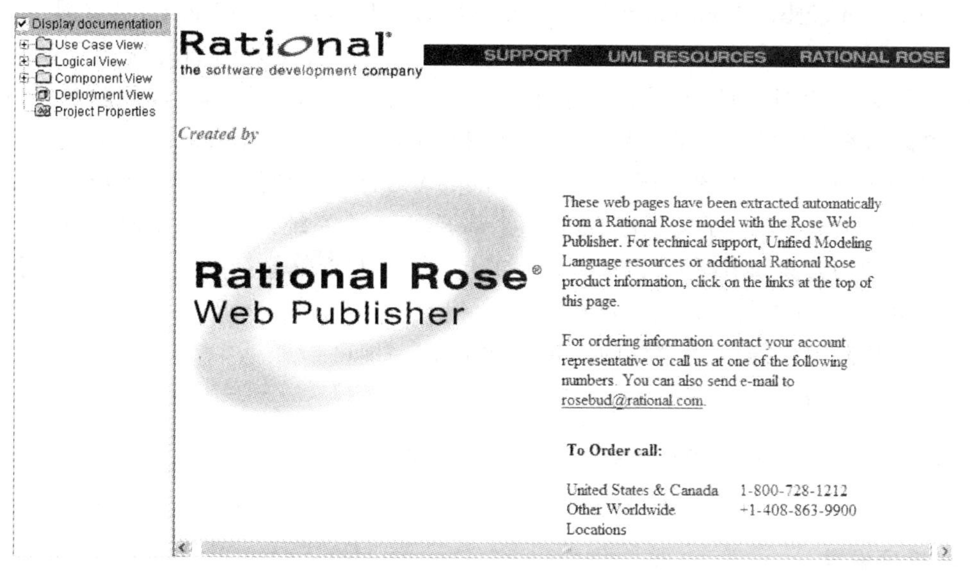

图 3-35 发布后的 Web 页面

5. 使用注释

注释是加进图中的少量文本,可以与图或图中的特定元素联系在一起。如果注释和图中的特定元素相联系,则它将连接到这个元素,如图 3-36 所示。

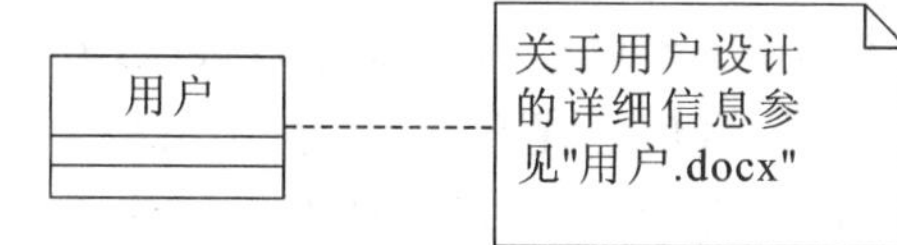

图 3-36 注释

在图中添加注释的具体步骤如下。

(1) 从编辑区的工具栏中选择【Note】图标。

(2) 单击图中任何地方,增加注释。

(3) 从编辑区的工具栏中选择【Anchor Note to Item】按钮,连接注释和特定元素。

如果要在图中删除注释,只要选择这个注释并按【Delete】键或者选择右键菜单中的【Edit】/【Delete】命令即可。

6. 在模型元素中增加文件与 URL

Rational Rose 模型包含着系统的大量信息,但是有些时候某些文档在模型之外,如需求文档、版本声明和测试脚本等,可以将这些文件链接到 Rational Rose 模型中的特定元素。例如,将 Word 文件链接到浏览器窗口之后,只要在浏览器中双击文件名,就可以启动 Word 并装入文件。将 URL 或者文件链接到 Rose 模型中的具体步骤如下:①右击浏览器中的模型元素;②选择【New】/【File】或【New】/【URL】;③在弹出的对话框中选择相应的文件或者 URL。要删除文件或者 URL,只要在浏览器中右击文件名或者 URL,并选择【Delete】即可。

注意:删除操作只删除 Rational Rose 模型与文件之间的链接,而不会从系统中删除文件。

7. 增加和删除图

Rational Rose 模型中可以包含许多图,这些图提供了各方面的信息。Rational Rose 支持下列九种图:Use Case Diagram(用例图)、Class Diagram(类图)、Sequence Diagram(序列图)、Collaboration Diagram(协作图)、Statechart Diagram(状态图)、Activity Diagram(活动图)、

Package Diagram(包图)、Component Diagram(组件图)和 Deployment Diagram(部署图)。

Use Case View(用例视图)通常包括用例图、活动图、序列图和协作图。创建新的 Rational Rose 模型时,用例视图中自动创建"Main"用例图,这个图是不能删除的。Logical View(逻辑视图)通常包括类图、状态图、序列图和协作图。新的 Rational Rose 模型中自动在逻辑视图中增加一个类图"Main"。Component View(组件视图)包含一个或者几个组件图,而 Deployment View(部署视图)包含一个部署图,一个系统只能有一个部署图。

增加新图的方法如下:①右击浏览器中的包;②选择【New】/【<diagram type>】;③输入新图的名字;④双击新图将其打开。

如果要删除图,右击浏览器中的图并选择【Delete】即可。

注意:删除图时并不删除其中的模型元素,如类和用例。

8. 选项设置

选项设置可以通过选择【Tools】/【Options】命令,弹出如图 3-37 所示的选项设置窗口,可在其中进行设置。其中,【General】(全局)选项卡用于设置 Rational Rose 的全局信息;【Diagram】(图)选项卡用于设置 Rational Rose 中有关图的显示等信息;【Browser】(浏览器)选项卡用于设置浏览器的形状;【Notation】(标记)选项卡用于设置使用的标记语言以及默认的语言信息;【Toolbars】(工具栏)用于设置工具栏。其他的选项卡是 Rational Rose 所支持的语言,可以通过对话框设置该语言的相关信息。

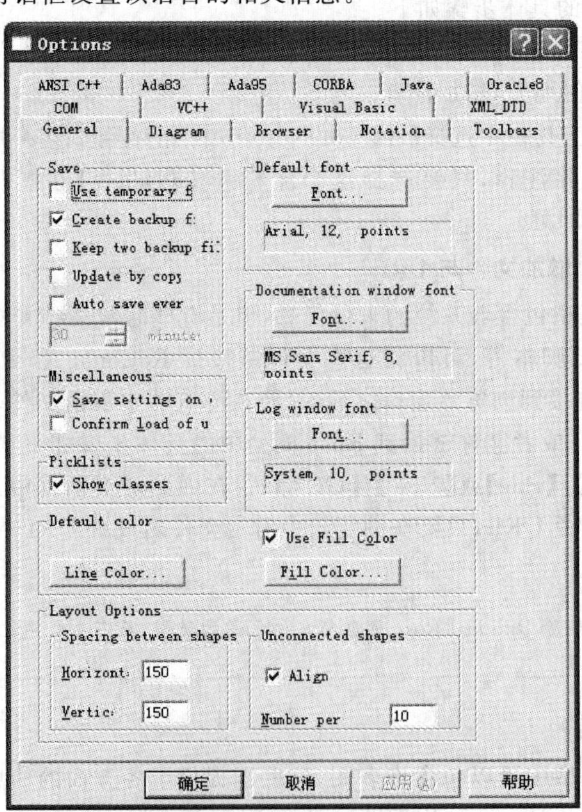

图 3-37 选项设置窗口

接下来，简单介绍一下如何对系统的字体和颜色信息进行设置。

1）字体设置

在全局设置选项卡中，可以设置相关选项组的字体信息，这些选项组包括【Default font】（默认字体）、【Documentation window font】（文档窗口字体）和【Log window font】（日志窗口字体）。单击任意一个【Font ...】（字体）按钮，便会弹出字体设置的对话框，如图 3-38 所示，可以根据自己的需要进行相应的设置。

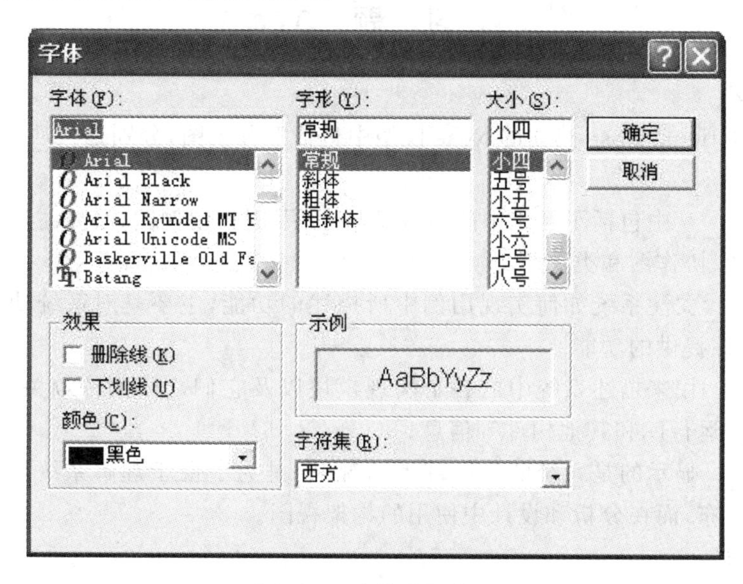

图 3-38　字体设置窗口

2）颜色设置

在全局设置选项卡中，能对颜色进行设置的选项是【Default color】。其中，包含两个进行颜色设置的按钮【Line Color...】（线条颜色）和【Fill Color...】（填充颜色），点击相关按钮，即会弹出颜色设置对话框，可以设置该选项的颜色信息，如图 3-39 所示。

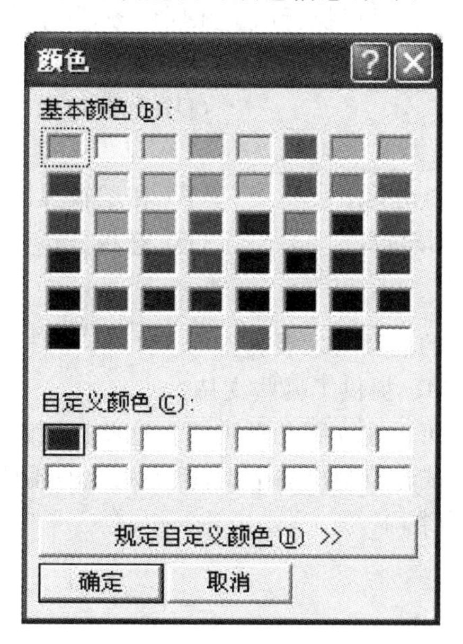

图 3-39　颜色设置

本章小结

本章详细介绍了软件建模工具 Rational Rose,主要内容包括 Rational Rose 的起源与发展、功能特点、运行环境、安装过程及其操作方法等。其中,重点内容是 Rational Rose 工具的安装过程和操作方法,在介绍过程中都配备了详细的图解。希望读者在学习完本章之后,能够独立地安装 Rational Rose,并能掌握该建模软件的基本使用方法和技巧,为后续其他模型的学习打下良好的基础。

习　题　3

1. 填空题

(1) 使用 Rational Rose 建立的 Rose 模型中包括四种视图,分别是________、________、________和________。

(2) 在________中包括了系统中的所有参与者、用例和用例图,必要时还可以在用例视图中添加顺序图、协作图和类图等。

(3) ________关注系统如何实现用例中所描述的功能,主要是对系统功能性需求提供支持,即系统应该提供的功能。

(4) ________用来描述系统中的各个实现模块以及它们之间的依赖关系,包含模型代码库、执行文件、运行库和其他构件等信息。

(5) ________显示的是系统的实际部署情况,它是为了便于理解系统如何在一组处理节点上的物理分布,而在分析和设计中使用的构架视图。

2. 选择题

(1) Rational Rose 的代码生成功能可以针对不同类型的目标语言生成相应的代码。Rational Rose 企业版默认支持的目标语言不包括________。

(A) Java　　(B) CORBA　　(C) Visual Basic　　(D) C#

(2) 下面不是 Rational Rose 中的视图是________。

(A) 用例视图　　(B) 部署视图　　(C) 数据视图　　(D) 逻辑视图

(3) Rational Rose 建模工具可以执行以下几项任务,其中不包括________。

(A) 非一致性检查　　(B) 生成 Delphi 语言代码

(C) 报告功能　　(D) 审查功能

(4) 下列说法不正确的是________。

(A) 在用例视图下可以创建类图　　(B) 在逻辑视图下可以创建构件图

(C) 在逻辑视图下可以创建包　　(D) 在构建试图下可以创建构件

3. 简答题

(1) 简述 Rational Rose 的起源与发展。

(2) Rational Rose 为 UML 提供了哪些支持?

(3) 在 Rational Rose 中可以建立哪几种视图? 这些视图都有哪些作用?

(4) 在 Rational Rose 中试着绘制出一个类,添加相应的属性和方法,将其进行代码生成后查看生成的代码,并分析其结构。

第4章 UML 使用过程

UML 包含着符号和规则,正是它们使得 UML 可以表达面向对象的模型。但是,UML 并没有规定应该如何实现这些工作,也就是说,不是规定过程和方法必须使用 UML 这种建模语言进行工作,而是把 UML 设计为可以由多种过程使用的建模语言,这些过程无论是在范围上,还是在目的上都是不同的。不过,为了成功使用 UML ,必须要有某种合适的过程,尤其是在设计那些需要一个团队共同努力才能完成的大型模型的情况下。这时,团队中每一个人的工作都必须互相配合,并且所有人必须向着一个共同目标而努力。使用一个过程也可以使我们能够更有效地估计工作进度,并且控制和改进工作。另外,一个过程,尤其是在软件工程领域,将会使重用的可能性变得更大,这里的重用既指过程本身,也指系统的各个部分(如模型、组件、结论等)。

过程为我们描述了做什么、如何做、何时做,以及为什么这么做,也即描述了应该按照特定顺序进行处理的许多活动。当一个过程指定的活动全部完成之后,该过程应该为它的客户带来价值。为了达到这个目标,该过程将会消耗人力、计算机、工具、信息等方面的资源。对这些资源的利用存在一定的规则,并且对过程进行描述时,一个重要的部分就是去定义这些规则。相比之下,方法通常也被看成是一组相关的活动,但是它没有明确的目标、资源和规则。在软件工程中,方法和过程都需要一种明确定义的建模语言,以便表达和交流它们产生的结果。在本章中尽管主要使用的是过程,但是在过程和方法二者的术语之间并没有什么重大的区别。本章将主要使用过程的术语。有些过程具有通用的目的,如管理过程、质量过程、制造过程,以及开发过程等。本章将讨论软件开发过程,特别是使用 UML 的软件系统开发过程。

4.1 软件工程过程

为软件工程定义一个过程并不是一件容易的事情。这要求我们不仅要理解支持软件开发的工作的机制,还要掌握那些关于这些工作应该如何实现的知识。当前市场上某些面向对象的方法可以被当成过程来看待。然而,像极限编程(extreme programming,XP)这样的一些重量级方法还没有健壮到能被当成这里所使用的过程来看待。尽管这些方法提供了一套有价值的相互关联的技术,但是通常把它们称为“小型的方法”,而不是称其为软件工程过程。本节的目的是展开对软件工程及过程/方法支持的讨论。

人们总是需要一种关于工作和思考的结构化的方式,这种方式要么是由一个过程指导的显式方式,要么是由思想指导的隐式方式。基于这一点,可以从以下几个方面来审视一个过程。

- 过程上下文,用于描述可以使用该过程的问题域。
- 过程用户,用于描述应该如何采用和使用该过程的那些人。
- 过程步骤,用于描述该过程中将采取的各个步骤(活动)。
- 过程评估,用于描述如何去评估该过程产生的结果(如文档、产品、经验等)。

本章接下来的几节将深入介绍以上各个方面。

4.1.1 过程上下文

一个过程必须描述它的上下文，即可应用该过程的问题域。注意，不要期望能够开发出或选择一个可以处理所有潜在问题的通用过程。重要的是，只要那些在一个指定的问题域内的问题能够被该过程正确地处理就可以了。但是，即使这样也很难实现，因为通常只有等到该过程已经完成之后，问题域才会被人们完整地了解。

问题域是一个由人、权力、政策、文化及其他一些因素组成的组织机构或业务上下文的一部分。业务具有目标，并且那些开发的信息系统都应该支持这些目标。将一个问题域(与信息系统相关的)看成是一个组织机构或一个业务，至少有以下四个方面的原因。

- 信息系统中的效能只能够通过它对该业务所做的贡献的多少来衡量。
- 为了能够开发出信息系统，开发人员必须与该业务内的人员打交道。
- 为了解决问题，必须将问题解决者(过程用户)引入到该业务，并让其了解该业务是如何运转的。
- 当问题解决者被引入到业务时，就会在业务内部的人员与问题解决者之间形成一种人与人之间的关系。

4.1.2 过程用户

用于软件工程的过程必须包括那些指导它的使用的指南，这些指南不应该仅针对这个过程自身，还应该针对使用这个过程的那些人，即已确定的问题解决者。人类具有影响如何思考(包括考虑如何使用类似过程这样的工具)的精神思维。这些精神思维可以按照下列几个方面进行分类。

- 感性的过程(人们如何获得信息)。
- 价值观/道德观。
- 动机和偏见。
- 推理能力。
- 经验。
- 技能和知识集。
- 结构化的能力。
- 角色(在我们的社会和业务中扮演的角色)。
- (在我们脑海中的)模式、模型和框架。

所有这些思维都会影响人对过程描述的解释。例如，即使一个过程给定了一个方向，而对该过程的经验也可能会影响我们构建事物的方式。人们的价值观和道德观可能会限制自身不要采取某些过程步骤，如改组或商议(特别是在用于开发和改进业务的过程中)。因此，一个明确定义的过程必须能够指导它的用户避免那些由于精神思维而引起的误用。

4.1.3 过程步骤

大多数用于软件开发的过程都是至少由三个基本阶段(有些过程可能具有更多的阶段)组成的。这些基本阶段包括：问题陈述、方案设计和实现设计等。

- 问题陈述阶段帮助发现并陈述问题。
- 方案设计阶段详细阐明对问题的一个解决方案。
- 实现设计阶段提出并实现该解决方案，从而(在理想情况下)解决问题。

在一个面向对象的软件工程过程中，以上三步可以很容易地转换为分析、设计和实现。

1. 问题陈述

问题陈述由以下五个通用步骤组成，它们都是用于系统工程的、有明确定义的过程或方法。

(1) 了解所涉及的问题域。

(2) 完成调查研究。

(3) 定义大致轮廓。

(4) 定义问题。

(5) 导出概念系统。

第一步是了解问题域，否则很难去描述该问题域内存在的问题。其中，重要的是要调查问题的本质，以避免出现一个没有包括最重要问题的问题陈述。如果只是根据表面的现象来描述问题的话，就会出现这样的情况。因为各个问题是相互关联的，所以，要捕获那些隐藏在显而易见的问题中的潜在问题，并不是那么容易的事情。问题可以在问题层次结构中描述。例如，一个问题可能是这样的：公司内的后勤保障工作出了问题。但是，这其中潜在的问题可能是处理后勤保障工作的参与者没有足够的这方面知识而造成的。在这种情况下，除非参与者受过培训，否则没有一个信息系统可以帮助他解决问题。这种培训可以借助于信息系统来实现，但是，只有等到真正的问题被发现并被描述之后，才能建立这种软件。

第二步是去完成一次调查研究，是指应该根据上面的第一步所发现的内容来描述当前的问题域。这里再一次强调，上面的第一步是去了解和掌握涉及的问题域，而这一步是将第一步的结果进行总结和文档化。这一步形成的文档就是一份调研报告。

第三步是定义大致轮廓，其中描述了期望的未来问题域。该描述应该列举出希望实现什么目标、为什么希望实现这样的目标，以及希望什么时候实现这样的目标。这种大致轮廓应该列举出用户的系统在哪些方面应该加以改进、这些改进将会给用户带来什么优势，以及用户希望什么时候能够完成这些目标。

第四步是描述如何从当前问题域“走到”所期望的未来问题域。这一步通常需要详细记录每一个步骤，以及为了达到最终目标(期望的未来问题域)必需的一些子目标。例如，这些步骤和子目标可以表达那些对系统增加的或改进的功能，以及如何尽快地实现这些功能。

最后一步是导出概念系统。概念系统是根据人的精神思维确立的系统，如果该系统被设计并被实现的话，相信它会消除当前问题域内那些已经被识别的问题。

2. 方案设计

方案设计通常由以下两个主要的步骤组成。

- 完成一个概念/逻辑设计。
- 绘制一个物理设计。

其中，概念和逻辑设计使用一种建模语言表达概念系统的模型；而物理设计包括了构造系统的非功能性方面，如性能、能力等。概念和逻辑设计的目的是创建一个容易被实现的模型，如用一种面向对象的编程语言去实现；而物理设计的目的是创建一个不仅具有系统的非功能性方面特点，并能够使资源(如计算机、打印机、网络，以及其他资源)得到有效使用的模型。UML 可以很好的为这两步工作。于是，随后的实现设计就比较简单了。

3. 实现设计

实现设计就是实现在方案设计阶段产生的模型。用软件工程的术语来说，就是编程来实现这些模型。实现也就意味着将系统提供给客户，因此这一步也包括系统文档、在线帮助、软件手册、用户培训、旧系统和旧数据的转换部分，以及其他相关的内容。

4.1.4 过程评估

在系统开发过程中，有一项重要的工作是对每一个已经完成的任务进行评估。只有通过评估，开发人员才能从工作中学到经验和教训，才能不断地改进和提高。因此，过程用户、过程自身，以及过程结果都应该不断地被评估，因为很难确定是否已经捕获了真正的问题。另外，在工作过程中，新的问题也许会自己暴露出来。通常，在客户或用户描述了问题域之后，经验丰富的开发人员将会发现他们的描述是否真的捕获了所有的问题（客户的需求）。

无论是在项目开发期间还是在项目开发完成之后，结果都应该被评估，结果可以被看成是项目交付的产品（如系统模型、软件组件等）。因为产品的确定和开发是为了消除在问题域内所发现的那些问题，所以开发人员可以根据这些产品对问题解决的程度来评估它们。简而言之，如果问题域没有经过认真仔细的评估，那么这些产品也不能被评估；并且如果这些产品不能被评估的话，那么客户/用户对最终系统可能不会感到满意。

为了改进工作，过程及过程的用户也需要被评估。对产品的评估，以及过程用户（开发人员）的反映和经验可以帮助实现对过程和用户的评估。其实，重要的是要评估用户实际上是如何使用该过程的。这时，可以询问下面这样的问题。

- 过程用户遵循了所有的过程步骤吗？
- 过程用户遵循了过程的意图吗？
- 产生的结果是所期望的吗？
- 当实现过程时，过程用户亲身经历的是什么问题？

现今，在许多的软件工程过程中，对过程用户的评估并不是在一个正规的基础上实现的。只有通过评估，这个过程才能被调整和改进。没有一个过程是完美的，即使某个过程过去比较完美，但它不会永远都是完美的。

4.2 UML 过程基础

尽管 UML 被认为是属于面向对象建模的语言，但是，当 UML 的设计者们在设计 UML 的时候，他们的脑海中不得不存在某种过程。在 UML 作为一种标准被人们接受后，“The Unified Software Development Process”这一著作很快就出版了，该书由 Ivar Jacbson、Grady Booch、James Rumbaugh 编著。这本著作描述了统一过程（the unified process），并且吸收了多年来人们所进行的与过程相关的工作中获得的宝贵经验。统一过程使用 UML 作为其建模语言，不过任何面向对象的方法或过程都可以使用 UML 。在 UML 设计者们的脑海中，那些使用 UML 的过程的基本特征是：该过程应该是用例驱动的、以体系结构为中心的，并且是迭代和增量软件过程框架。下面，将对这些特征分别进行详细介绍。

4.2.1 用例驱动系统

在 UML 中，用例捕获了系统的功能性需求，它们“驱动”系统随后的所有工作产品的开发工作。从而，用例被实现，应确保所有的功能在系统中都被实现了，同时可以验证和测试系统。因为用例包含了对系统功能的描述，所以它们将影响所有的阶段和所有的视图，如图 4-1 所示。在系统需求捕获期间，用例被用来表示所需的功能，并让客户根据这些用例对系统的功能需求进行确认；在分析阶段和设计阶段，在 UML 模型中必须实现这些用例，以演示那些系统需求能够满足并能合理地实现；在实现阶段，这些用例必须在代码中实现；最后在测试阶段，使用这些用例去验证系统，这时，它们又成为测试案例的基础。

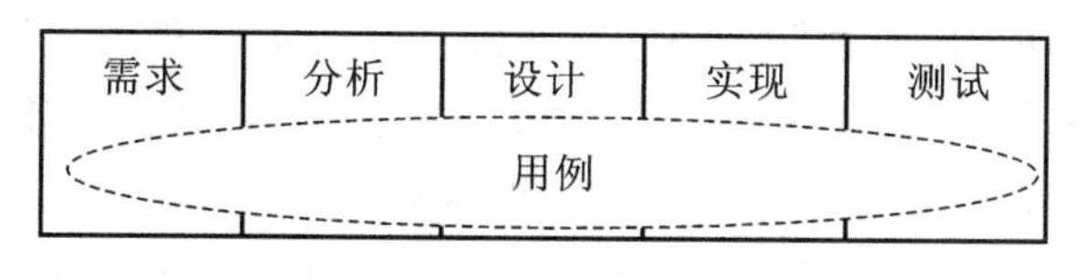

图 4-1　用例支配整个开发过程

对于用例作为支配地位概念的那些过程，如统一过程(unified process)，也规定了它的工作应该是围绕这些用例而组织起来的。当使该过程适应于一个可能是由系统非功能需求驱动的总体体系结构时，设计人员通过用例来设计该系统用例。接着，实现人员以同一思路建立这个系统。系统的增量式建立也是用支持的用例来定义和验证的。在项目管理学中，过程计划、监控并超越本书中所描述的这些以建模为中心的活动，此时，用例通过过程定义所有的活动，并把过程链接在一起。

4.2.2　以体系结构为中心的方法

一个使用 UML 的过程是以体系结构为中心的。这个特征意味着开发人员应该认识到一个具有明确定义的基本系统体系结构的重要性，并且应该努力在该过程的早期阶段就建立一个这样的体系结构。系统体系结构是通过建模语言的不同视图反映出来的，并且通常要通过几个迭代的过程才能被开发出来。在项目的早期阶段就应定义系统的基本体系结构，这一点非常重要。接着，用原型法实现系统的体系结构，并对其进行评估。最后，在项目的开发过程中进一步精化系统的体系结构，如图 4-2 所示。

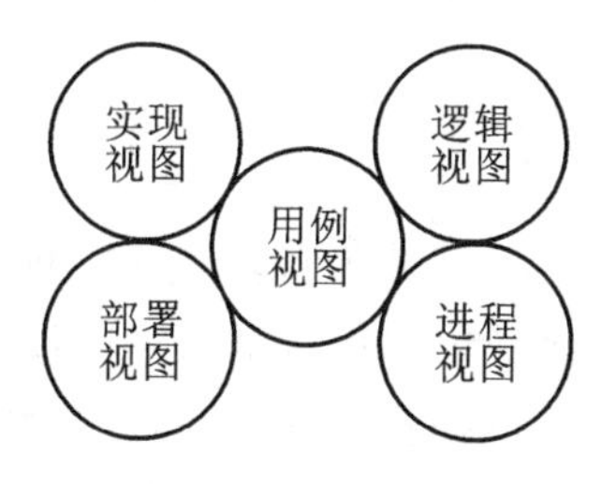

图 4-2　反映系统体系结构的 UML 视图

体系结构就像是一张系统地图，它定义了系统的不同部分，包括这些部分之间的关系和交互、它们之间的通信机制，以及如何增加或修改各个部分的总体规则。一个优秀的体系结构既关注系统的功能性方面，同时也关注系统的非功能性方面。特别重要的是，应定义一个可以允许修改的系统，该系统很直观，人们能够很容易地理解它，并且该系统允许重用(既可以在本系统内重用，也可以在本系统之外的其他系统中重用)。

创建一个优秀体系结构的一个重要的方面就是在逻辑上将系统划分为多个子系统，其中，各个不同子系统之间的依赖关系应非常简单和明了。这些依赖关系通常应该是客户-服务器类型，其中一个包知道另一个包，但是反之则不然(如果它们之间存在相互依赖的关系的话，那么它们将非常难以维护或分开)。这些包通常也是用层次结构来组织的，不同的层处理的是同一件事情，但是各层是在不同的抽象层次上进行处理的(一个业务对象层可以位于一个永久处理层的上方，按照顺序，后者又位于 SQL 语句生成层的上方等)。

4.2.3　迭代方法

当使用 UML 进行建模时，最好利用多个较小的迭代来实现最终的模型。也就是说，不要试图一次定义一个模型或图的所有细节，而是应该通过一系列有序的步骤逐步实现，每一次迭代都添加一些新的信息或细节。接着，从理论上或在一个工作原型中对每一次迭代进行评估,并且产生用于下一个迭代的输入。于是,使用迭代的过程就会不断地提供反馈信息,这些信息用于改进过程自身,同时也改进最终的产品。

迭代会对系统开发的每一阶段(如需求、分析、设计、实现和测试等)执行合适的次数。读者可能会认为迭代是下面这样一个过程:开发团队收集一些需求,接着进行一些分析,然后进行一些设计,并随后进行实现和测试。这种小型瀑布思想如图 4-3 所示。但是这种方法没有考虑到一个事实:团队成员可能是分工明确的,每人负责专门的任务(如需求分析师、设计人员,以及其他人员等)。并且这种方法也没有正确地考虑到早期的迭代过程更多的是关注需求活动,而后来的迭代过程关注的是系统的实现活动。

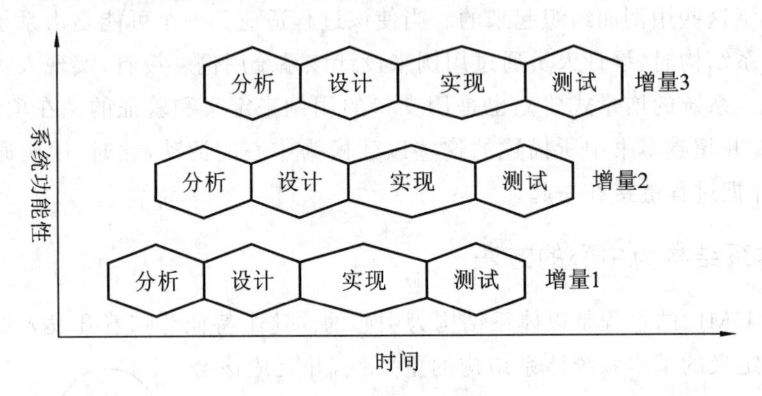

图 4-3　小型瀑布思想的迭代

尽管事实确实是这样的:需求必须为分析供应原料,分析必须为设计供应原料,并按照这条线依次进行下去。但是,每一次迭代并不是真的需要按照前后紧接的方式来执行与这些阶段相关联的活动,这些活动的执行不是一种“停止这个活动,再开始那个活动”这种模式。图 4-4 显示了随着时间推移的一组概念上的迭代过程,以及该团队可能会执行这些阶段的方式。在最初的那次迭代之后的每一次迭代过程中,那些储备的输入将允许与任意特定阶段相关的那些活动立即启动。例如,在第二次迭代中,基于一些在第一次迭代后期收集的需求,分析活动会立即启动。需求收集从第二次迭代开始也将继续进行,但是这些需求中的有些可能要等到第三次迭代才会被分析。小型瀑布思想适用于表达这些开发阶段中存在的依赖关系。不过,它不适用于表达这些任务是如何贯穿整个项目来执行的。

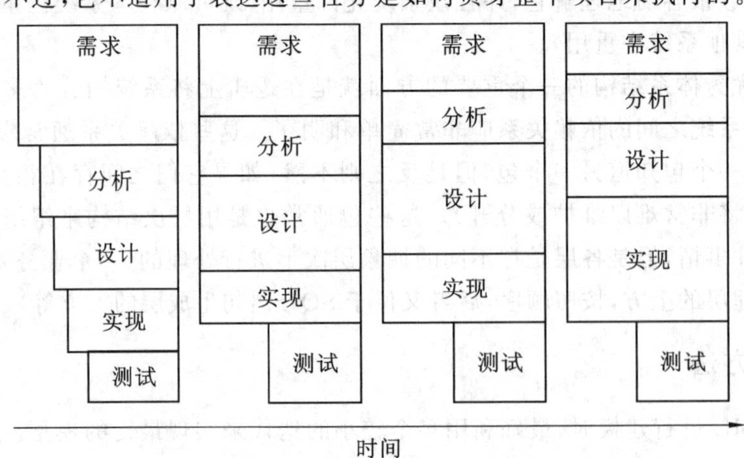

图 4-4　一个更真实的迭代视图

4.2.4 增量方法

每一次迭代都应该产生一个可执行的结果，该结果能够被测试来检验前面的进展。一次增量是系统进展过程中的一步，有时称之为系统的一个版本。当采取迭代式和增量式开发时，开发过程是基于多个步骤定义的。每个步骤都被“交付”，并且根据该步骤技术的、经济的，以及过程的价值来评估此步骤。当交付系统时，并不是意味着将该软件发送给客户，在大多数情况下，这是在系统开发过程中的一个中间发布版本。但是，当交付时，开发团队应该将当前状态下的系统分发给负责检验该进展的人。因此，在每一次迭代的最后都有一些适当的测试活动，这是必要的(参见图 4-3 和图 4-4)。

早期的迭代应该围绕产生一些支持体系结构的增量式版本和解决风险的内容来组织。当开发人员在决定一个早期迭代中包括的内容时，应该将焦点聚集于那些将会对系统体系结构产生最大影响，或为系统带来最高风险的活动。尽管系统的体系结构必须根据它对系统功能需求的支持能力来检验，但是，早期的那些增量式版本并不必提供重要的终端用户功能。在项目开发过程中，早期的迭代应该处理那些比较重大的问题，而不应该将它们推迟到以后才处理。早期的迭代也可以是那些经过深思熟虑后得到的原型，如果它们不能产生期望的结果，可以抛弃它们不用。

后期迭代是基于系统体系结构的基线建造的，它添加了终端用户的功能。尽管早期迭代是通过贯穿一些用例的线索的实现来展示的，但在这些后期迭代中，其交付的关键单元是一个完全支持一组已选取的用例的系统。

人们将会对交付的这种增量式版本进行测试和评估，一般来说，在这种评估过程中也会涉及软件团队。在此评估过程中，会提出以下问题。

● 该系统具有哪些在当前步骤必须包括的功能？并且这些功能是按照期望的那样进行运转的吗？

● 该系统满足非功能性的属性(如令用户满意的性能、可靠性，以及友好的用户界面)吗？

● 减轻了什么风险，同时又出现哪些新的风险？

● 这一步是在预算的时间内开发的吗？并且符合资源预算——这一步是在经济约束内开发的吗？

● 在此步骤期间，在该过程/方法中存在哪些问题吗？必须阐明该过程/方法，或者必须采取某些行动，如代替或增加新的资源？

还可以增加其他的问题。重要的是，应该使用这些步骤去评估整个开发过程——产品的功能性方面和非功能性方面，以及软件团队的过程和工作。在每一个步骤之后，都应该采取一些动作去纠正所有出现的问题，并且可以将每一步的经验应用到下一步。每当开发人员识别出一个问题时，该问题并不是必定要导致一些显著的动作。它可能只是简单地指出开发人员过度乐观了，做出了不正确的估算，并且这些就是增量过程失败的原因。在项目开发过程中，以上这些步骤的目的在于调整产品和过程，使其达到令人满意的结果。

迭代式和增量式开发的反对者们通常声称这种方法使得人们难以制定计划，并且妨碍人们制定长期规划。但是，与瀑布式模型方法相比，迭代式和增量式开发更经济、更具有推测性，并且当开发人员正确地实现了这种开发方式时，就创建了总体软件开发的一个自我改善的过程。

4.3 传统的面向对象过程

本节的内容主要着眼于当开发人员使用面向对象方法时一般都会执行的那些活动，就像图 4-5 中所示的那样。这并不是试图去创建一种新的方法，也不是去详细地捕获某种特殊的方法，而是对在面向对象方法中通常都会执行的活动的一个通用描述。这些面向对象方法中的模型是围绕需求、分析、设计、实现，以及部署来组织的，通常把它们称为阶段。

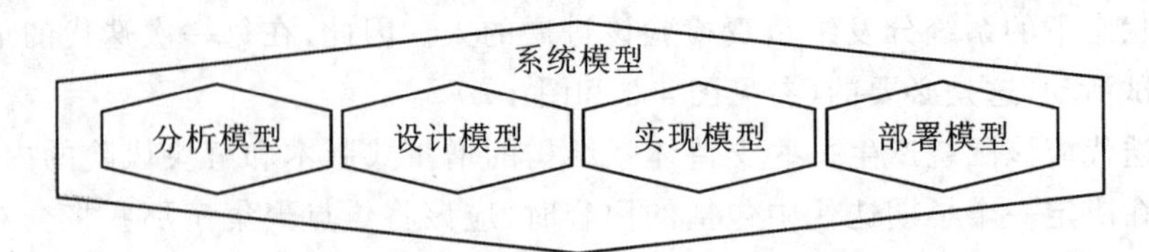

图 4-5　在一个传统的过程/方法中的阶段和模型

每一个阶段都会产生它自己的由一些图组成的模型。通过向需求模型中添加一些新功能，并且依次也向其他模型添加这些相同的新功能，有可能为系统引入这些新功能。除了这些阶段的内容以外，还有其他一些活动贯穿于整个项目，这些活动包括检查和复审、项目计划、质量评估，以及其他一些活动。过程也可以包含那些介绍如何执行这些纵向步骤的描述。

4.3.1 需求

需求阶段中，系统客户和系统提供者之间会产生一个协议。其中，客户可能包括为该系统出资的实际客户、该系统的未来用户，或者其他具有管理需求权力的人。实际客户可能是一个与系统提供者在同一个组织的用户，也可能是另一个公司的用户，如果是后一种情况，那么这时会编写一份详细的基于需求文档的业务合同。尽管通常不可能在这样的一个文档中定义所有的事情，但是还是应该尽可能地细化系统需求。当在这些需求制品中不可能再进一步细化时，这时所产生的文档应该表达了这样的一种意图或思想：当在客户和系统提供者之间发生冲突时，可以援引文档中的内容作为证据。一般来说，需求阶段是与业务建模集成的，在业务建模中，业务资源、规划、目标，以及活动等都被建模。

需求活动利用用例、业务过程，或纯文本来描述系统必须具备的那些功能。此时，开发人员是从系统外部来审视系统的，并不深入研究在技术上如何实现这些事情。并且，在进行需求活动时，实际的工作是由客户和系统提供者之间的讨论和协商组成的。

需求阶段会产生一份客户和系统提供者都表示同意的规格说明。并且，如果已经使用用例去捕获系统的功能需求了，那么在此文档中也应包括这些用例。

在需求活动中创建的 UML 图包括用例图、一些简单的类图，另外，或许还有一些状态图或者活动图。其中，活动图可能用于明确说明一个特定用例的内部结构，或者用于显示这些用例是如何在业务流中相互关联的。

4.3.2 分析

分析活动将产生问题域的模型，这些模型包括：类、对象，以及根据“真实世界”中各实体之间的关系进行创建的交互模型。分析活动没有任何技术或实现细节，并且因为它是对将要解决的问题的确切陈述，所以分析阶段应该包含一个理想的模型。另外，分析阶段还涉及获取那些与问题域有关的必备知识。

在分析阶段中，典型的活动包括以下几种。

● 从需求规格说明、用例、业务过程的模型、术语目录、已有系统的描述，以及与用户还有任何其他对系统感兴趣的当事人进行的协商中获取问题域知识。这是一个调研活动。

● 在集体讨论会议中发现适当的类的候选物。当该会议结束时，将对这些候选类进行一次决定性的复审，并且会因为多种原因，从该候选类列表中删除一些类。这些原因可能包括：①这些候选物是函数；②它们是使用不同名称的重复类；③它们不具有类的特征；④它们不属于问题域；⑤它们不能以具体的方式来定义等。通常，系统中的类的列表在整个开发过程中会不断改变，因为新的经验会导致开发人员加入新的类或删除已有的类。

● 用例分析使用一组试探式方法把用例的实现职责分配给一些被构造型化为＜＜entity＞＞、＜＜boundary＞＞和＜＜control＞＞的类。

● 各个类之间的静态关系，根据关联关系、聚合关系、泛化关系，以及依赖关系进行建模。类图被用来建立各种类、类的规格说明，以及它们之间的关系的文档。

● 使用状态图、序列图、协作图，以及活动图来描述类的对象之间的行为和协作。一般来说，作为用例分析的部分内容，用例的场景是在序列图或协作图中被建模的。

● 当所有的图都已经开发出来后（通常是经过多次迭代工作，其中经过不断的修改），就可以通过“纸上谈兵”的方式运行系统，以验证总体模型。同时，将整个模型提交给问题域专家，并与这些专家一起就这些模型进行讨论。建模人员会“播放”场景，并询问这些专家，这是否是解决该问题的一种理想模型。

● 可以建立基本用户界面的原型，并不必要非常详细。总体结构（包括多个窗口之间的导航以及那些主要窗口中的基本内容）用原型实现、测试，并与用户的代表们进行讨论。

分析文档由一个描述系统中待处理的问题域的模型，连同那些提供必要功能的问题域类的必要行为一起组成。分析文档应该描述一个“理想的”系统，而不必考虑技术环境及其细节。

在分析阶段中创建的 UML 图是类图、序列图、协作图、状态图和活动图，它们关注的焦点是要处理的那个问题域，而不是一种特定的技术解决方案。

4.3.3 设计

设计是对分析产生的结果进行展开和调整。在设计时，那些来自于分析结果的类、关系，以及协作都用新的元素来补充，现在，关注的焦点是在计算机上如何实现这个系统。这时要考虑每一件事情从技术上说应该如何运转的所有细节，以及实现环境的限制。分析阶段产生的结果将延续到设计科目，并作为系统的中心内容进行维护。为了维护它们的基本特性和行为，应该避免篡改那些业务对象，除非在绝对必要的情况下才应该那么做。相反，这些业务对象应该被嵌入到一个技术基础结构中，在那里，技术类帮助这些业务对象成为永久类，进行相互通信并在用户界面中展现，以及其他类型的行为。通过将业务对象从技术基础结构中分离出来，可以更容易地改变或更新这些类中的任意一个类。在设计中，尽管必须创建新的图和模型以显示技术解决方案，但是它所使用的图的类型与分析阶段是相同的。

一个详细的设计活动应该包括所有类的规格说明，其中应该包括这些类的那些必需的实现属性、它们的详细接口，以及操作的描述（以伪代码或纯文本方式来描述）。应该尽量地细化这些规格说明，从而与模型中的各种图一起为开发人员提供编写代码所需要的信息。

4.3.4 实现

实现活动就是实际的代码编制工作。如果前面的设计活动已经正确地实现了设计工作,并且过程足够的细致,那么代码的编制应该是一项比较简单的任务。实现阶段包括制定最终的设计决定,以及将那些设计图和规格说明转换为所选择的编程语言的语法。另外,设计阶段也涉及实际的开发过程,如反复地进行编译、连接和调试。

这些实现工作是由编程规则支持的,这些规则试图使不同开发人员开发的代码标准化,避免在语言中出现危险的或不合适的设计。在此活动期间,要遵循代码检查或复审、正式的或非正式的以及有用的标准,并且要改进代码的总体质量。

4.3.5 测试

测试活动的目标是发现代码中的错误。因此,通常认为发现错误是一种成功,而不是一种失败。一次测试工作由许多测试用例组成,通过它们检查测试部分的各个不同方面。每一个测试用例告诉我们做什么、使用什么数据,以及期望的结果是什么。当实施测试时,将测试结果(包括那些偏离于计划的测试用例的任何结果)记录在一个测试结果记录中。通常,偏离指出了系统中的错误。错误在测试报告中被记录并描述,根据此报告,将指派应负相关责任的开发人员为系统的下一版本去纠正这些错误。这些错误可以是系统功能方面的(如一个功能被遗漏了或是不正确的)、非功能方面的(如系统的性能太慢了),或者是逻辑上的(如用户认为某个用户界面细节不符合逻辑)。

如今,测试过程变得越来越自动化。测试通常既包括那些提供详细说明并实现测试支持的工具,同时也包括对整个测试过程的管理。在一个迭代过程中,自动化的回归测试是关键。

在测试阶段也会使用那些在需求分析期间创建的用例图,目的是为了验证系统,检查其是否具备正确的功能。一般来说,在分析和设计阶段中创建的那些部署图、序列图,以及协作图都会被当成集成测试的基础来使用。测试人员可以使用 UML 中的状态图、活动图以及用例图来表示他们的测试模型的各个方面。

4.4 Rational 统一过程

三位著名的 UML 领域专家:Grady Booch、Ivar Jacobson 和 James Rumbaugh 在他们合作编撰的最初的 UML 教科书中,基于在 Rational 软件公司的一个过程组内完成的那些工作,介绍了统一软件开发过程。其更常见的称呼是统一过程(the unified process),它正成为使用 UML 开发复杂系统时的一个首要过程。这三位专家每人都已经有了自己的过程,而这个统一过程是把他们各自过程的最好特征合成在一起,并添加了一些更为业界所认知的那些最佳准则。

Rational 软件公司(Rational software corporation)已经创建了这个过程的一个商标版本,称为 Rational 统一过程(Rational unified process)。它被当成一个具有一些制品模板和大量信息的产品来出售。本文按照 Grady Booch、Ivar Jacobson 和 James Rumbaugh 在他们的原文中所描述的那样来介绍这个过程。统一过程是一个真正的用于开发的宏过程,该过程既针对管理人员,又针对技术人员。虽然像需求、分析、设计、实现和测试这样的宏过程活动依然存在,但是统一过程却将它们放置于一个用于生产商业软件的更大的框架中。

4.4.1 生命周期

统一过程的生命周期管理了产品的生命，即从概念到开发完成。这一生命周期由多个周期组成，每一个周期产生一个发布产品或产品的一个版本。每一个周期又由多个阶段组成，并且每一个阶段又由多个迭代组成。图 4-6 显示了统一过程的这些阶段是如何跨越一个发布周期来实施的。

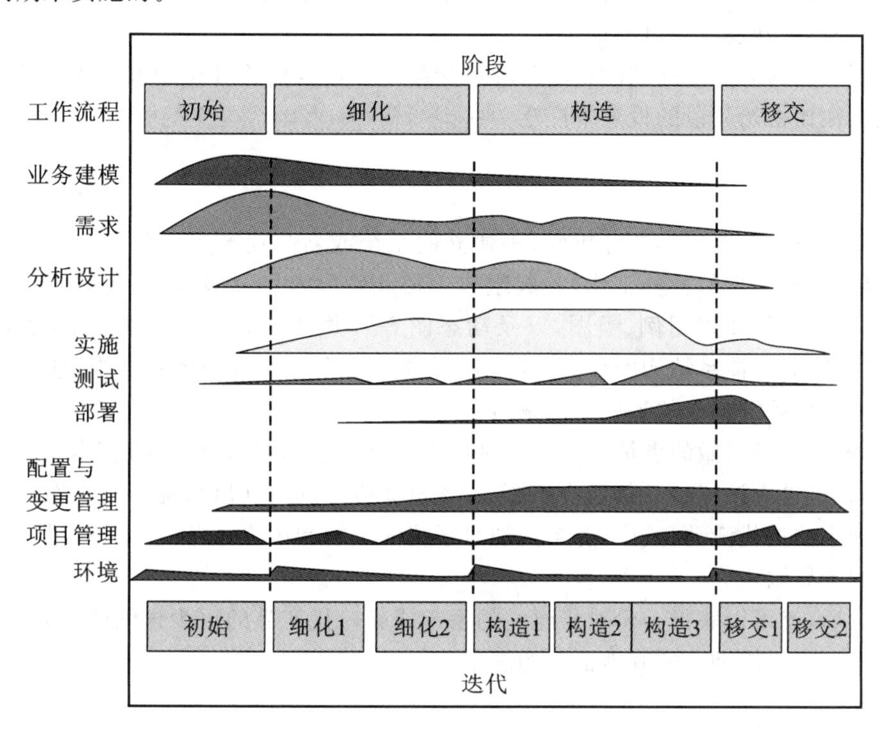

图 4-6　统一过程的生命周期

在每一代产品周期中执行的阶段是从一个宏观的观点——管理来看待的。这些工作流程包括那些在面向对象软件开发中出现的活动：需求、分析、设计、实现和测试，这些活动是在该宏观过程内以一种迭代的方式来执行。

统一过程的每一个周期包括以下阶段。

● 初始。制定一个业务案例并定义该项目的范围和目标。

● 细化。建立一个合理的体系结构基础并捕获详细的需求。为整个项目制定计划，并通过基本功能和体系结构的定义增强该计划。

● 构造。通过一系列迭代活动，详细地开发产品。这涉及更多的分析和设计，以及实际的编程工作。

● 移交。将系统交付给最终用户（包括市场、包装、支持、文档编制，以及培训这些活动）。

4.4.2 初始

初始阶段是指创建产品设想的那段时期。如果是在第一个周期，那么初始阶段包含关于建立产品的所有基本思想相关的事项，如系统的功能、性能和其他非功能性方面的特性，以及使用的技术等。在第二个及以后的周期中，初始阶段是指对那些为了改进和增强该产品的思想而进行明确阐述的那段时期。

初始阶段的意图是产生一个计划，该计划是关于在此周期中应该建立哪些事物，随后进行一次研究，决定是否可以建立这些事物，以及应该如何建立它们(项目的可行性)。初始阶段也应该包含一个基本的问题域分析和对体系结构的想法。一般来说，在用例中应该描述那些最主要的功能和参与者。根据估算的开发成本、市场潜力、风险分析，以及那些具有竞争性的产品，该计划也必须包括关于该产品的业务论据。

当计划制定完毕后，就可以把它提交给决策者，后者会基于该产品、技术分析和业务论据，做出是否继续开发该项目的决定。

一个新产品的第一个周期的初始阶段可能会花费相当长的时间，但是，新一代产品所具有的功能往往比初始阶段的设想要广泛一些。

4.4.3 细化

细化阶段由一个更详细的分析(对将建立的系统或新一代产品的分析)，以及一个计划(详细列出了将要实现的各种工作)一起组成。在此阶段，对系统功能和问题域都要进行进一步细致的分析(如使用用例、类图，以及动态图等)，并且定义一个基本的系统体系结构。此时，不仅要建立该体系结构的模型，通常还要建立一个可执行的体系结构，这个体系结构可以由若干个体系结构上的重要用例来检验。

接下来，此阶段要做的事情是拟定一份项目计划，该计划包括资源的总体预算和开发进度安排。同时，也应该拟定一份初步的草案，该草案应该逐项列出系统开发工作应该如何被分解为各个小的迭代活动，其中，各个活动对系统的影响和风险是开发人员对早期迭代活动进行估计的主导因素。

在此之后，就可以获得一份对将建立的系统或新一代产品的更为详细的计划，并且做出是否继续进行当前周期中的其他活动的决定。

4.4.4 构造

构造阶段是当成一系列迭代活动来实现的，在前面的初始阶段和细化阶段只是定义了一个基本的系统体系结构，而在构造阶段将对该体系结构进行精华和细化处理。这说明，在此时对早期阶段形成的体系结构和思想进行一些改变是允许的。

构造阶段主要的活动通常就是编制代码，但是测试规格说明和实际的测试工作也占了构造阶段的大部分内容。此时也要求对那些在早期阶段未详细说明的需求进行额外的细化，并且还要求继续对分析和设计模型进行精炼。另一个重要的构造活动是编写系统的文档，这既包括系统的开发文档，又包括系统的使用文档。

构造阶段在完成它的最后一次迭代活动之后，将会把一个已构造的系统，连同系统的开发文档和用户文档一起交付给用户。

4.4.5 移交

移交阶段是向最终用户交付产品。这一阶段的过程为：从开发团队得到系统产品，并将它投入到实际的使用中。移交阶段包括这一过程中所涉及的所有事项，主要如下。

- 市场。确定那些潜在的用户，并将产品销售给他们。
- 包装。为产品制作一个非常具有吸引力的包装。
- 安装。为所有的环境定义正确的安装步骤。
- 配置。定义该系统的所有可能的配置。

● 培训。编写教程素材,并制定为最终用户实施培训的计划。

● 支持。组织产品的相关支持,目的是为了让用户可以获取对他们提出的问题的解答,并且使他们的问题得到处理。

● 维护。组织对问题报告的处理,通常会把该报告转化为一份系统错误报告,后者必定会导致对系统的错误更正,从而更新系统。

在移交阶段,通过来自于市场、安装、配置,以及支持活动的各种素材,将会进一步扩展或补充在构造阶段编写的用户手册。这些活动也是以迭代的方式执行的,其中,市场和支持活动提供的素材会被不断地改进,并且会发布已对错误进行更正后的系统的新版本。

4.4.6 统一过程与传统过程的比较

尽管统一过程定义了在它的产品发展周期中具有的不同阶段,但是它也存在那些通常在面向对象开发中所进行的活动。不过,这些活动是以迭代的方式进行的。传统活动的一个映射将会从根本上代替下列阶段中进行的活动。

● 初始。由项目计划、分析,以及在一个较高层次上进行的体系结构的设计组成。在初始阶段,它的关注焦点是创建产品的一个设想,而不是指定系统的任何细节。

● 细化。由项目计划、分析、体系结构设计,以及详细设计工作组成。在此阶段,将细化初始阶段产生的系统设想,并且为该系统的实际实现创建基础。

● 构造。由体系结构设计、详细设计、实现和测试组成。这是实际的构造工作:构造出该系统的最终细节,通过编程实现该系统,并将其集成到该系统的当前发展阶段的一个产品中,最后对其进行测试。

● 移交。由实现、集成,以及以一种交付的格式进行的测试组成,包括对已报告的错误的更正维护和系统维护版本的发布。这一阶段也包括那些在面向对象软件工程方法中通常不被描述的活动,如市场、包装及培训。

统一过程的一个非常积极的方面是:开发过程的迭代本质是非常清晰可见的。该过程的另一个优点是:生命周期为管理人员呈现了系统的一个视图(初始阶段、细化阶段、构造阶段和移交阶段),同时为技术人员提供了另一个视图,该视图是从一系列迭代的观点来描述的,这些迭代活动包括需求、分析、设计、实现和测试等。

4.5 过程工具

理想情况下,在开发过程中使用的工具应支持建模语言和编程语言,同时也应支持过程。如今大多数工具在很大程度上还是基于对一种编程语言的支持,不过业内人士正在构造新的工具以支持像 UML 这样的可视化建模语言。事实上,某些建模工具在建造模型和创建代码之间的界线比较模糊。但是,尽管如此,对过程的支持在大多数工具中仍是缺失的,这是因为定义一种所有人都能够使用的通用过程要比定义一种通用编程语言和建模语言要困难得多。

如果要在工具中提供对一个过程的支持,那么要正视下列这些特征。

● 对该过程的每一个阶段的认知。这个工具应该知道该过程的各个阶段,而且如果这个工具将会在该过程的多个阶段中使用,那么就应该调整它的行为,并且提供对当前正在使用它的阶段的支持。

● 在线帮助和指南支持。这个工具应该能够提供在线支持,为用户列举将在当前阶段执行的一系列活动，同时提供如何进行这些活动的指南。

● 提供对迭代开发的支持。该工具应能够迭代地进行工作，这里是指该工具应支持一系列的迭代活动。在一个建模工具中，这可能意味着它应支持代码生成和对已修改代码的逆向工程。

● 团队开发的支持。该工具应支持团队协作，允许团队中的每一个成员进行自己的工作，而不干扰其他人。

● 通用的系统库。该工具应该能够与其他工具共享一个通用的系统库，这样所有的工具就有了正在创建的系统的一个共享的全局映像。

● 与其他工具的集成。该工具应能够很方便的与其他工具集成在一起。这种集成可能需要跨阶段的覆盖，如一个设计工具可能需要具有到需求的后向链接和到测试的前向链接。

当然，也有一些工具具有一些非常特殊的任务，并且仅一个阶段或在一个活动中涉及它们。在这种情况下，该工具并不需要具备这里描述的所有能力，但是，它应该支持使用它的阶段或活动能够正常的执行。例如，重复迭代该阶段，用来自于前一阶段的输入检查一致性，以及其他活动等。图 4-7 显示了在开发过程中通常都会涉及的工具，分别介绍如下。

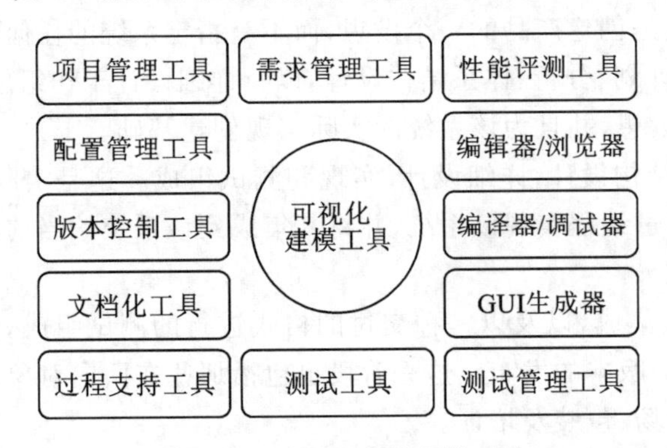

图 4-7　开发过程中使用的工具

● 需求管理工具。利用这些工具提供的支持可以捕获和描述系统的需求，并把它们相互联系起来，以及与其他制品相互联系起来。

● 可视化建模工具。这些工具用来创建支持需求、分析、设计，以及实现模型的 UML 图。

● GUI 生成器。这些工具用于建立和实现用户界面的原型，并将它们部署到系统中。

● 语言环境。包括编辑器、编译器，以及用于所选的编程语言的调试器等。

● 测试工具。支持不同的测试，并且支持对测试过程的管理。

● 配置和变更管理。用于处理产品的不同配置和版本的工具，包括提供对由几个不同的开发人员同时进行的开发工作的支持。

● 文档编制工具。支持对开发的产品或用户手册的自动的或简易的文档编制工作。对于那些功能强大的需求、分析和设计模型来说，可以从该模型中以报告的形式产生各种文档，而不需要手工编写这些文档。

● 性能评测和度量工具。产生该应用的一个可计量的视图，以支持项目的质量，并提供关于系统性能的见解。

● 项目管理工具。帮助项目管理人员制定计划，并追溯开发过程。

读者可以发现，这些工具可以很自然的与本章所描述的阶段密切合作。阶段是把所有开发过程内的各种活动和制品组织起来的关键方式。

本章小结

本章讨论了使用 UML 的软件系统开发过程。其主要内容包括软件工程过程、UML 过程基础、传统的面向对象过程、Rational 统一过程和过程工具。其中，对 Rational 统一过程进行了详细的介绍，它是典型的使用 UML 的软件系统开发过程，由三位著名的 UML 领域专家：Grady Booch、Ivar Jacobson 和 James Rumbaugh 在他们合作编撰的 UML 教科书中所提出，并成为业界知名的软件系统开发过程。然后将统一过程与传统的面向对象过程进行了比较，并对二者的各自特点进行了分析。最后利用一小节介绍了软件开发过程中使用的一些工具，它们都以可视化建模工具所创建的各种 UML 模型为中心而发挥作用。希望读者在学习完本章之后，能够加深对使用 UML 的软件系统开发过程的基本理论和方法的认识。

习 题 4

1. 什么是软件工程过程，包含哪些主要内容？
2. 如何理解用例驱动？
3. 简述 Rational 统一过程的起源。
4. 如何理解 Rational 统一过程的生命周期？
5. 软件开发过程中会使用哪些工具，请列举并说明。

第5章 用例图

在软件系统的分析与设计中,需要准确描述系统的需求,但是长期以来,无论何种软件开发方法,都是使用自然语言来描述系统的需求。这种描述方式没有统一的格式,随意性较大,对不同的软件开发人员容易造成理解上的差异。1992年,Jacobson提出了用例(use case)的概念和可视化表示方法——用例图。用例图主要用于为系统的功能需求建模,有利于开发人员以一种可视化的方式理解系统的功能需求。对整个软件系统的开发过程而言,用例图是至关重要的,它的正确性直接影响到用户对最终产品的满意程度。本章将详细介绍用例图的基本理论和实际操作,通过本章学习,读者能够从整体上理解用例图并掌握用例图的设计方法。

5.1 用例图概述

用例图是一种描述用例的可视化工具,它用简洁的图形符号表示系统需求建模过程中出现的各种对象。

5.1.1 用例图UML定义

用例图是指由参与者(actor)、用例(use case)以及它们之间的关系(relationship)构成的用于描述系统功能的UML模型。其中,用例和参与者之间的对应关系又称为通信关联(communication association),它表示参与者使用了系统中的哪些用例。用例图是从软件需求分析到最终实现的第一步,它显示了系统的用户和用户希望提供的功能,有利于用户和软件开发人员之间的沟通。

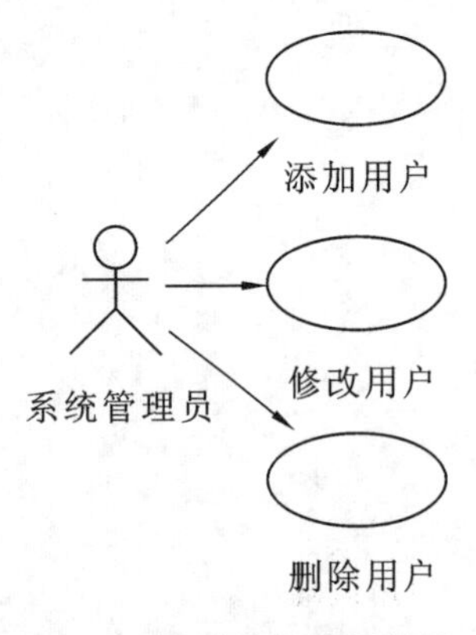

图5-1 系统管理员用例图

要在用例图上显示某个用例,可绘制一个椭圆,然后将用例的名称放在椭圆的中心或者椭圆下方中间的位置。要在用例图上绘制一个参与者,可绘制一个人形符号。参与者和用例之间的关系使用带箭头或者不带箭头的线段来表示,箭头表示在这一关系中哪一方是对话的主动发起者,箭头所指方向是对话的被动接受者;如果不想强调对话中的主动与被动关系,可以使用不带箭头的线段。如图5-1所示为某个系统的系统管理员用例图。

注意:在参与者和用例之间的信息流是默认存在的(用例本身描述的就是参与者和系统之间的对话),并且信息流是双向的,它与箭头所指的方向毫无关系。

进行用例建模时,所创建的用例图数量是由系统的复杂度决定的。一个简单的系统通常只需要一个用例图就可以描述清楚所有的问题。但是对于复杂的系统,一个用例图显然是不够的,这时就需要用多个用例图来共同描述。但是一个系统的用例图也不应当过多,有人曾问过Ivar Jacobson博士,一个系统需求有多少个用例?Ivar Jacobson的回答是20个。

当然 Ivar Jacobson 的意思是最好将用例的数量控制在几十个,这样比较容易管理用例模型的复杂度。对于复杂的大中型系统,用例模型中的参与者和用例会明显增多,这样的系统通常需要几张甚至几十张用例图来描述。为了有效管理由于规模上升而造成的复杂度,对于复杂的系统还会使用包(package),包是 UML 中最常用的管理模型复杂度的机制。

在用例建模中,为了能更清楚地描述用例或者参与者,常使用到注释,如图 5-2 所示为对参与者进行注释。

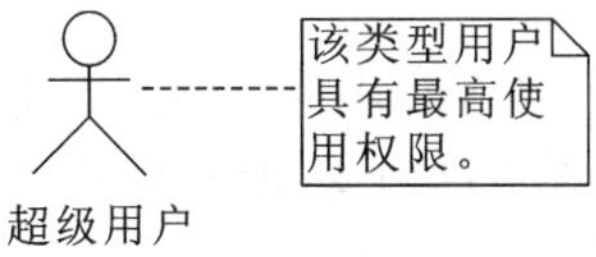

超级用户

该类型用户具有最高使用权限。

图 5-2　系统管理员的注释

> **注意**:不管是包还是注释,都不是用例图的基本组成要素,不过在用例建模过程中可能会用到这两种要素。

5.1.2　用例图的作用

用例图是需求分析中的产物,其主要作用是描述参与者和用例之间的关系,帮助开发人员能够可视化了解系统的功能。借助于用例图,系统用户、系统分析人员、系统设计人员、领域专家能够以可视化的方式对问题进行探讨,减少了许多交流上的障碍,便于对问题达成共识。

在用例图方法出现之前,传统的需求表述方式是“软件需求规约”(software requirement specification,SRS)。传统的软件需求规约基本上采用功能分解的方式来描述系统功能。这种表述方式的特点是:先将系统功能分解到各个系统的功能模块中,再通过描述每个系统模块的功能来达到描述整个系统功能的目的。但是,采用 SRS 方法来描述系统需求有如下两方面的弊端。

(1) 非常容易混淆需求和设计的界限,在这样的表述中往往包含了部分设计的内容,由此导致一个需求分析可以包含部分概要设计。因此在有些公司的开发流程中将这种需求称为“内部需求”,而对应于用户的原始要求则被称之为“外部需求”。

(2) 这种方法分割了各项系统功能的应用环境。通过这种表述形式很难理解这些功能项是如何相互关联来实现一个完整的系统服务的,故在传统的 SRS 文档中,需要大量的文字来描述系统的整体结构及各功能之间的关系,而描述中所用的专业术语又不利于与用户交流,达不到预期的效果。

与传统的 SRS 方法相比,用例图可以可视化表达系统的需求,具有直观、规范等优点,克服了纯文字性说明的不足。而且,用例图方法是完全从外部来定义系统功能的,它把需求和设计完全分离开来。不用关心系统内部是如何完成各种功能的,系统就好像一个黑箱子。用例图采用可视化的方式描述了系统外部的使用者(抽象为参与者)和使用者使用系统时,系统为这些使用者提供的一系列服务(抽象为用例),并清晰地描述了参与者和参与者之间的泛化关系、用例和用例之间的包含关系(还包括泛化关系、扩展关系)以及用例和参与者之间的关联关系,因此从用例图种可以得到对于被定义系统的一个总体印象。

在面向对象的分析设计方法中,用例图可以用于描述系统的功能性需求。另外,用例还定义了系统功能的使用环境与上下文,每一个用例都描述了一个完整的系统服务。用例方法比传统的“软件需求规约”更易于被用户所理解和接受,可以作为开发人员和用户之间针对系统需求进行沟通的一个有效手段。

5.2 用例图的组成元素

UML 中的用例图描述了一组用例、参与者及它们之间的关系，因此基本的用例图包括三个方面内容，即参与者(actor)、用例(use case)和它们之间的关系(relationship)。

5.2.1 参与者

1. 定义

参与者是指与该系统打交道的人或者其他系统，换句话说，就是使用该系统的人或者事物。“与该系统打交道”意味着参与者向该系统发送消息或者从该系统接收消息，或者与该系统交换消息。

注意：参与者可以是人，也可以是其他系统。例如，与该系统连接的另一台计算机，或者与该系统通信的某种硬件设备。

参与者是一个类型，而不是一个实例。参与者代表的是一个角色(role)，而不是系统的单个用户。实际上，同一个人可以是系统中不同的参与者，这主要依赖这个人在系统中所扮演的角色而定。另外，每个参与者都有一个名称，并且此名称应反映该参与者的角色，而不应反映该参与者的一个特定实例，同时，它也不应反映该参与者的功能。

参与者与系统之间的通信是通过相互发送和接收消息实现的，这种消息的发送和接收与面向对象编程中的内容很相似。用例总是由某个参与者发送消息而启动的，有时称之为“激励(stimulus)”。当执行一个用例时，这个用例可能会向一个或多个参与者发送一些消息。这些消息除了可能会发送给初始启动这个用例的那个参与者以外，也可能会发送给系统中其他参与者。

另外，参与者也分为主动参与者和被动参与者。主动参与者(active actor)是指该参与者负责初始启动用例；而被动参与者(passive actor)是指该参与者永远不会初始启动用例，而只是参与系统中的一个或多个用例而已。

UML 中的参与者是带有构造型＜＜actor＞＞的类别，并且这个参与者的名称反映出了该参与者所扮演的角色。参与者既可以具有属性，又可以具有行为。参与者类拥有一个标准的构造型图标：“小人”符号，参与者的名称标在该符号的下方，如图 5-3 所示。

Actor

图 5-3 参与者图标

2. 确定参与者

通过确定系统的所有参与者，可以建立那些有兴趣使用系统或者与系统打交道的实体。随后，就有可能站在这些参与者的立场，试着确定参与者对系统的种种需求和参与者需要的各种用例。可以通过回答下列几个问题来确定系统的参与者。

- 谁将使用本系统的主要功能？
- 谁将需要本系统的支持以完成他们的日常工作？
- 谁将需要维护、管理并维持本系统处于工作状态？
- 本系统需要处理哪些硬件设备？
- 本系统需要与其他哪些系统打交道？

注意：这个问题可以划分为两种情况：一种是主动与本系统打交道的系统，另一种是本系统将要连接的系统。这些系统既包括其他计算机系统，也包括本系统运行时所在计算机上的其他应用程序。

● 谁或什么系统对本系统产生的结果感兴趣？

作为确定不同参与者的一种方法，可以对当前系统的用户进行调研，询问他们：当他们利用该系统完成他们的日常工作时，他们所扮演的都有哪些不同的角色。同一个用户在不同时期可能会扮演几个不同的角色。

5.2.2 用例

1. 定义

一个用例代表了参与者所需要的一个完整功能。UML 中的用例定义是"系统执行的一组动作序列，这些动作可以产生一个可观察的结果，这个结果往往对系统的一个或者多个参与者，或其他投资者来说是有一定价值的"。这些动作会涉及与多个参与者（包括用户或其他系统）的通信，以及在系统内部执行的那些计算和任务。用例具有以下特征。

● 用例总是由一个参与者启动。用例总是由一个参与者来执行，此参与者必须直接或间接地命令该系统去执行这个用例。有时候，此参与者可能没有意识到启动了一个用例。

● 用例为参与者提供某种结果值。用例必须向用户将交付某种具体的结果值，这个结果值并不必须是显著易见的，但是它必须是可辨别的。

● 用例是完整的。用例必须是一个完整的描述，一个常见做法是将用例分解为一些较小的用例，这些小用例实现的其实就是用编程语言编写的相互调用的函数。即使用例与参与者之间已经发生了多次通信（如用户对话框），但是也只有等到产生了最终结果值，这个用例才算是完整的。

UML 中通常用一个椭圆符号来表示用例，用例名称书写在椭圆下方，如图 5-4 所示。每一个用例在其所属的包里都有唯一的名字，该名字是一个字符串，包括简单名和路径名。用例的路径名就是在用例名前面加上用例所属的包的名字，如图 5-5 所示为带路径名的用例。用例是根据它所执行的实例来命名的，如 Signing Insurance Policy、Updating Register 等，并且用例名可以包括任意数目的字母、数字和除冒号外的大多数标点符号。用例的名字可以换行，但应易于理解，往往是一个能准确描述功能的动词短语或者动名词组。

图 5-4 用例符号

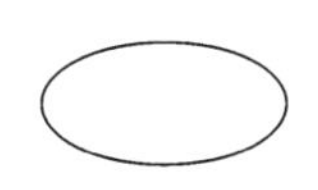

图 5-5 带路径名的用例

用例通过关联（association）与参与者相连，这种关联有时也称之为通信关联（communication association）。这些关联显示该用例与哪些参与者进行通信，这其中也包括初始启动该用例执行的参与者。通常，关联应该是一种二元关系，暗示参与者与系统之间存在某种对话。另外，用例允许在关联的端点使用多重性（如一个参与者与用例的一个或多个实例通信）。

用例是类别（特别是一个行为类别），而不是实例。用例描述系统的总体功能，包括在用例执行期间可能发生的那些交互、错误和异常。用例的实例通常称为场景（scenario），并且它代表了系统的一条特定执行路径。用例代表一组动作序列,可以在活动图中进一步为这些动作建模。例如,用例 Signing Insurance 的一个场景实例可能就是“John Doe 这个人通过电话联系本系统,并为他刚刚购买的 Toyota Corolla 汽车签订一份汽车保险单”。

2. 发现用例

发现用例这一过程是以先前已定义的那些参与者作为开始而进行的。其方法是:对每一个已确定的参与者,询问以下问题。

- 该参与者要求本系统提供哪些功能? 该参与者需要做什么?
- 该参与者需要读取、创建、销毁、修改或存储本系统中的某种信息吗?
- 需要通知该参与者本系统中发生的事件吗? 或者该参与者需要向本系统通知某种事件吗?
- 是否存在影响系统的外部事件?
- 本系统需要的输入/输出是什么? 从哪里获取这些输入,系统的结果输出到哪里?

> **注意**:一个用例总是必须至少与一个参与者相连接。如果某个用例没有与任何一个参与者相连,那么就不能知道该用例中所描述的功能的受益人,从而不能测试这个系统。

用例图的主要目的就是帮助人们了解系统功能,便于开发人员与用户之间的交流,所以确定用例的一个很重要的标准就是用例应当易于理解。对于同一个系统,不同的人对于参与者和用例可能会有不同的抽象,这就要求在多种方案中选出最好的一个。

3. 用例的粒度

用例的粒度是指用例所包含的系统服务或功能单元的多少。用例的粒度越大,用例包含的功能越多,反之则包含的功能越少。

在对用例建模时,很多人都会对自己系统所需要的用例个数产生疑惑。对同一个系统的描述,不同的人可能会产生不同的用例模型。如果用例的粒度较小,那么得到的用例数目就会较多。反之,如果用例的粒度较大,那么得到的用例数目就会较少。如果用例数目过多会造成用例模型规模过大和设计困难大幅提高;如果用例数目过少会造成用例的粒度太大,不便于进一步的充分分析。

如图 5-6 所示为某个系统中管理员维护用户信息的用例。管理员通常进行的具体维护操作有:添加用户信息、修改用户信息,删除用户信息等。

一般可以根据具体的操作将其抽象成三个用例,如图 5-7 所示,它描述的系统需求与单个用例是完全相同的。

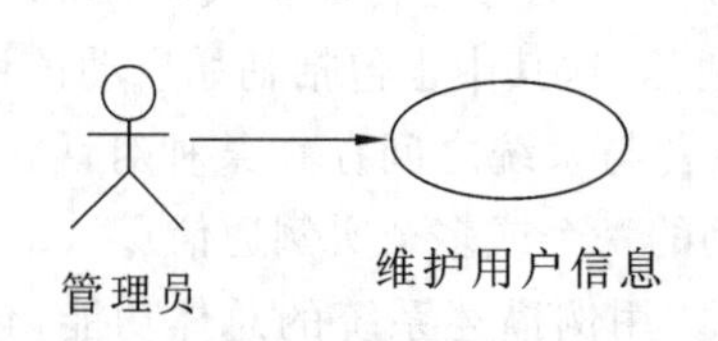

图 5-6 管理员维护用户信息的用例

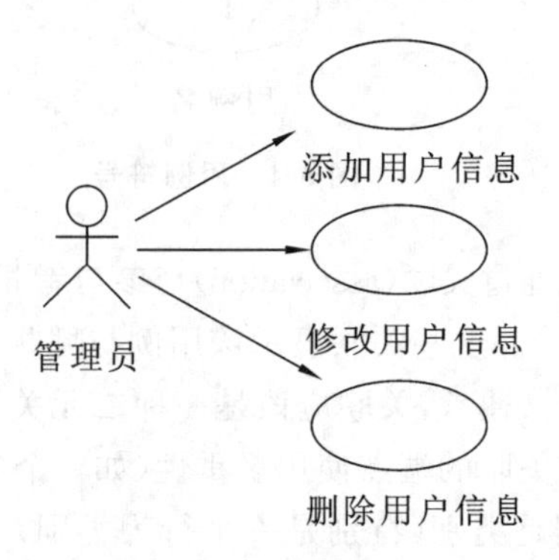

图 5-7 细化后的管理员用例

当大致确定用例数量后，就可以很容易地确定用例粒度的大小。对于比较简单的系统，因为系统的复杂度一般比较低，所以可以将较复杂的用例分解成多个用例。对于比较复杂的系统，为了控制其建模的复杂度，可以将复杂度适当地移向用例内部，让一个用例包含较多的需求信息量。

用例的粒度对于用例模型来说是很重要的，它不但决定了用例模型的复杂度，而且也决定了每一个用例内部的复杂度。在确定用例粒度时应该根据每个系统的具体情况，具体问题具体分析，在尽可能保证整个用例模型的易理解性的前提下决定用例的粒度大小和用例数目。

4. 用例描述

用例可以用图形表示，也可以用文字描述，或者用其他方法表示。通常图形化的用例本身不能提供该用例所具有的全部信息，因此还必须用文字来描述那些不可能在图形上反映的信息。用例的描述其实是一个关于角色和系统如何交互的规格说明，该规格说明应清晰明了，没有二义性。描述用例时，应着重描述系统从外界来看有什么样的行为，而不管该行为在系统内部是如何具体实现的。一般情况下，用例的描述应该包括以下几个方面。

● 简要说明：对用例的作用和目的的简要描述。

● 事件流：事件流包括基本流和备选流。基本流描述的是用例的基本流程，是指用例正常运行时的场景。

● 用例场景：同一个用例在实际执行的时候会有很多不同的情况发生，称之为用例场景，也可以说用例场景就是用例的实例。

● 特殊需求：特殊需求指的是一个用例的非功能性需求和设计约束。特殊需求通常是非功能性需求，包括可靠性、性能、可用性和可扩展性等。例如，法律或法规方面的需求、应用程序标准和所构建系统的质量属性等。

● 前置条件：执行用例之前系统必须所处的状态。例如，前置条件是要求用户有访问的权限或是要求某个用例必须已经执行完毕。

● 后置条件：用例执行完毕后系统可能处于的一组状态。例如，要求在某个用例执行完后，必须执行另一个用例。

需要强调的是，描述用例的文字一定要清楚，前后一致。避免使用复杂的容易引起误解的句子，方便用户理解和验证用例。用例描述可以使用如表 5-1 所示的用例模板来实现。

表 5-1 用例描述说明模板

描述项	描述内容
用例编号	按照某种顺序给出的用例序号，在用例图中编号必须唯一
用例名称	用简洁准确的方式给用例命名
用例目标	用例何时开始。此用例处理什么问题。用例何时结束
参与者	用例的参与者名称
前提条件	用例开始之前必须满足的条件，但并不是所有用例都有前提条件
事后条件	用例执行完毕后必须为真的条件
主事件流	执行用例的具体步骤，一般是指用例的正常流程
其他事件流	用例主事件流的变体或错误流，一般是指非正常流程

5.2.3 关系

用例图中的关系,用来表示不同模型元素之间的相互联系。通常关系描述主要存在于参与者之间、参与者与用例之间以及用例之间这三种情形之中。下面依次介绍不同模型元素之间关系的表示。

1. 参与者之间的关系

一般情况下,参与者之间的关系主要描述为泛化关系(继承关系),这种关系具有典型的泛化关系语义:子参与者可以处理父参与者所做的事情,并且还能处理其他的事情。如果系统中存在几个参与者,则它们既作为它们角色的部分,同时也扮演一个更一般化的角色,那么此时就用一种泛化关系来描述它们。这种情况通常发生在一般角色的行为是在一个参与者超类中描述的场合。特殊化的参与者继承了这个超类的行为,并且接着以某种方式扩展此行为。参与者之间的泛化关系用一条带有空心箭头的实线表示,该箭头指向扮演一般角色的超类,如图 5-8 所示。

在需求分析中经常碰到用户权限问题。例如,对一个员工信息管理系统来说,普通员工有权限进行一些常规操作,而人事经理在常规操作之外还有权限进行人事管理,其用例图如图 5-9 所示。

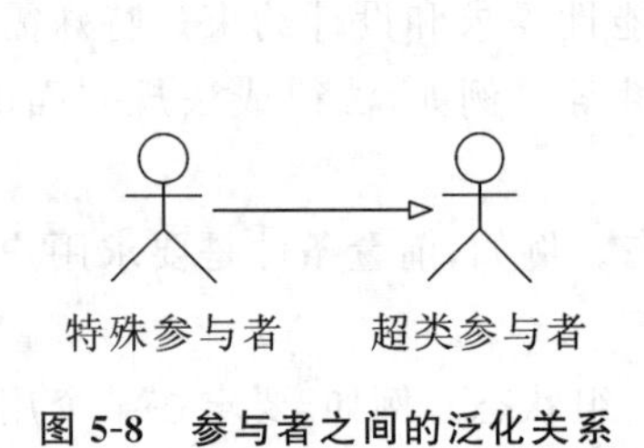

图 5-8 参与者之间的泛化关系

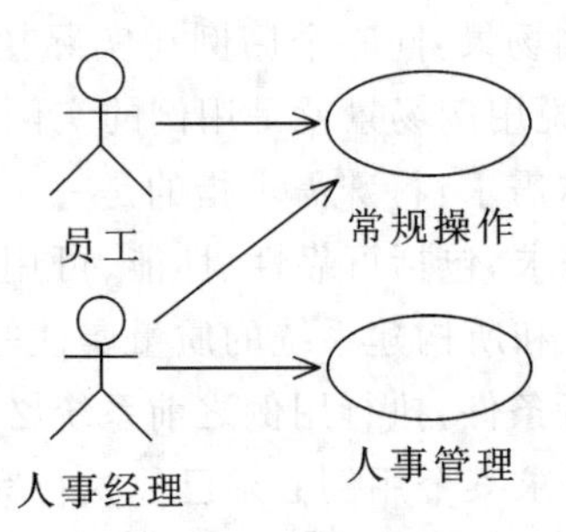

图 5-9 员工信息管理用例图

在这个例子中很明显可以看出人事经理是一个特殊的员工,他拥有普通员工所拥有的全部权限,此外他还有自己独有的权限。因此可以把普通员工和人事经理之间的关系抽象成泛化关系。如图 5-10 所示,员工是超类(父类),人事经理是子类,通过泛化关系可以有效减少用例图中通信关联的个数,简化用例模型,从而便于理解。

2. 参与者和用例之间的关系

参与者和用例之间的对应关系又称为通信关联(communication association),它表示了参与者使用了系统中的哪些用例。如图 5-11 所示,参与者和用例之间的关系使用带箭头或者不带箭头的线段来描述,箭头表示在这一关系中哪一方是对话的主动发起者,箭头所指方是对话的被动接受者;如果不想强调对话中的主动与被动关系,可以使用不带箭头的线段。这些关联显示该用例与哪些参与者进行了通信,这其中也包括初始启动该用例执行的那个参与者。通常,关联应该是一种二元关系,暗示参与者与系统之间存在某种对话。另外,用例允许在关联的端点使用多重性,如一个参与者与用例的一个或多个实例通信。

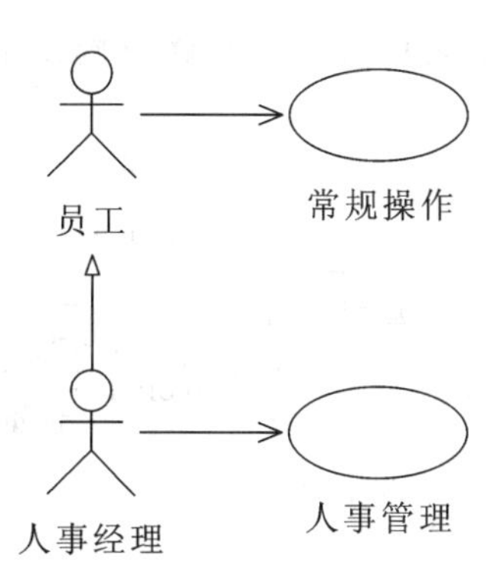

图 5-10　泛化后的员工信息管理用例图

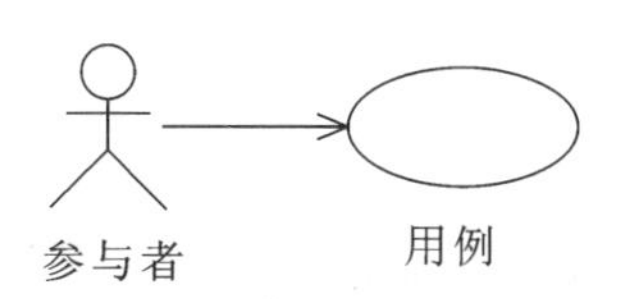

图 5-11　参与者和用例之间的关系表示

3. 用例之间的关系

用例之间存在三种关系，即包含关系（include）、扩展关系（extend）和泛化关系（generalization）。这三种关系都是从现有的用例中抽取出公共信息，再通过不同的方法来重用这部分公共信息。这三种关系的定义具体如下。

- 包含关系。这种关系指出一个用例包含另一用例中定义的行为。此外，包含关系是两个用例之间的一种直接关系，意味着那个被包含用例的行为被插入到基用例的行为中。这个基用例依赖着被包含用例的外部可见行为，而被包含的用例是基用例执行时必不可少的内容。
- 扩展关系。这种关系明确指出，某个用例的行为可能是由另一个用例进行扩增的。扩展关系发生在被扩展用例中定义的一个或多个特定的扩展点处。但是应注意的是：被扩展用例的定义独立于扩展用例。一般来说，当有条件地对另一用例中定义的行为增加一些额外的行为时，就需要使用用例的扩展关系。
- 泛化关系。其遵从与其他允许使用泛化关系的 UML 元素相同的语义，用例泛化关系是一种从子用例到父用例的关系，明确指出了子用例怎样才能特化父用例的所有行为和特征。

下面对这三种关系，分别进行详细的介绍。

1）包含关系

包含关系中，用例可以简单地包含其他用例所具有的行为，并把它所包含的用例行为作为自身行为的一部分。在 UML 中，用例之间的包含关系通过带有构造性型＜＜include＞＞的依赖关系（一条带有箭头的虚线）来显示，箭头由基础用例（Base）指向被包含用例（Inclusion），如图 5-12 所示。包含关系代表着基础用例会用到被包含用例，也就是将被包含用例的事件流插入到基础用例的事件流中。

在处理包含关系时，具体的做法就是把几个用例的公共部分单独抽象出来成为一个新的用例。主要有以下两种情况需要用到包含关系。

- 多个用例用到相同的一段行为，则可以把这段共同的行为单独抽象成为一个用例，然后让其他用例来包含这一用例。
- 某一个用例的功能过多、事件流过于复杂时，也可以把某一段事件流抽象成为一个被包含的用例，以达到简化描述的目的。

例如，前面提到的员工信息管理系统中，系统的管理员要对用户信息进行维护操作，包括添加用户信息、修改用户信息和删除用户信息。其中，添加用户信息和修改用户信息以后都要对新添加的用户信息和修改的用户信息进行预览，用来检查添加和修改操作是否正确完成，其用例图如图 5-13 所示。

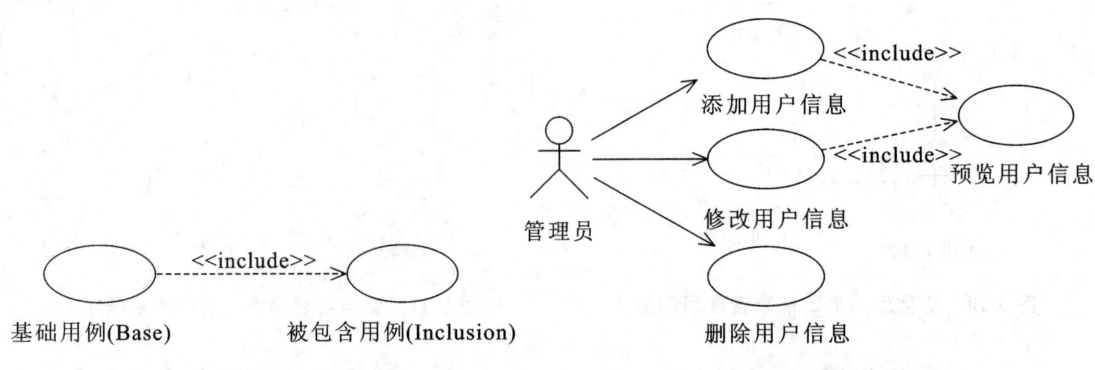

图 5-12　包含关系使用规范

图 5-13　用例包含关系示例

这个例子就是把添加用户信息和修改用户信息都会用的一段行为抽象出来，成为一个新的用例——预览用户信息，而原有的两个用例都会包含这个新抽象出来的用例。如果以后需要对预览用户信息用例进行修改，则不会影响到添加和修改用户信息这两个用例。而且，由于是一个用例，不会发生同一段行为在不同用例中描述不一致的情况，通过这个用例可以看出包含关系的两个优点，具体如下。

- 提高了用例模型的可维护性，当需要对公共需求进行修改时，只需要修改一个用例而不必修改所有与其有关的用例。
- 不但可以避免在多个用例中重复描述同一段行为，还可以避免在多个用例中对同一段行为描述的不一致。

2）扩展关系

在一定条件下，把新的行为加入到已有的用例中，由这个新的行为所定义的新用例称为扩展用例(Extension)，原有的用例称为基础用例(Base)，从扩展用例到基础用例的关系就是扩展关系。一个基础用例可以拥有一个或者多个扩展用例，这些扩展用例可以一起使用。在 UML 中，扩展关系是用一条从扩展用例指向基础用例的虚线箭头来表示的，并在虚线箭头上标有构造型＜＜extend＞＞，如图 5-14 所示。

下面介绍一个具体的例子，如图 5-15 所示图书馆管理系统用例图的部分内容。在该例中，基础用例是“还书”，扩展用例是“缴纳罚金”。在大多数情况下，只需要执行“还书”用例即可。但是如果借书超期或者书籍损坏，读者就要缴纳一定的罚金，这时就不能执行用例的常规操作。如果去修改“还书”用例，必然会增加系统的复杂性。因此，可以在基础用例“还书”中增加扩展点，特定条件是超期或者书籍损坏，如果满足特定条件，就执行扩展用例“缴纳罚金”，这样显然能使系统更容易被理解。

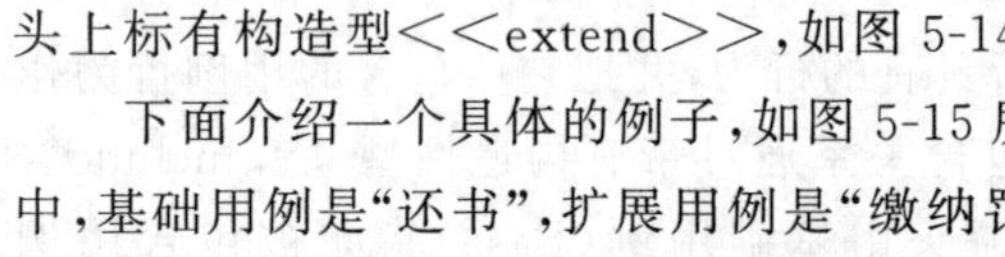

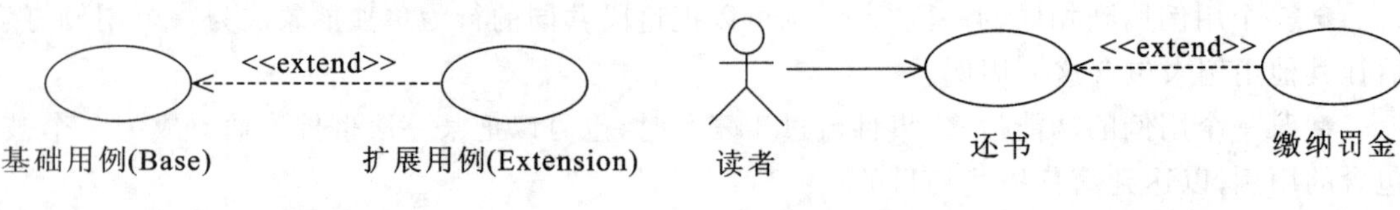

图 5-14　扩展关系使用规范

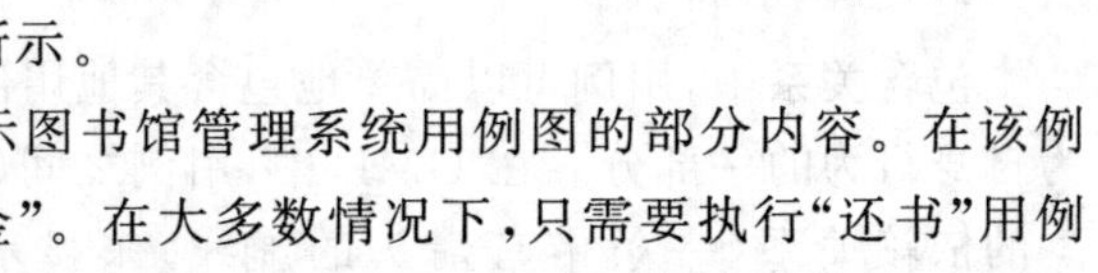

图 5-15　用例扩展关系示例

扩展关系通常被用来处理异常或者构建灵活的系统框架。使用扩展关系可以降低系统的复杂度，有利于系统的扩展，提高系统的性能。扩展关系还可以用于处理基础用例中的那些不易描述的问题，使系统显得更加清晰，便于理解。

3）泛化关系

用例的泛化是指一个父用例可以被特化形成多个子用例，而父用例和子用例之间的关系就是泛化关系。在用例的泛化关系中，子用例继承了父用例所有的结构、行为和关系，子用例是父用例的一种特殊形式。此外，子用例还可以添加、覆盖和改变继承的行为。在UML 中，用例的泛化关系通过一个从子用例指向父用例的三角箭头来表示，如图 5-16 所示。

当发现系统中有两个或者多个用例在行为、结构和目的方面存在共性时，就可以使用泛化关系。这时可以用一个新的用例来描述这些共有部分，这个新的用例就是父用例。如图 5-17 所示为火车订票系统的用例图，预定火车票有两种方式，一种是通过电话预定，另一种是通过网上预定。在这里，电话订票和网上订票都是订票的一种特殊方式，因此"订票"为父用例，"电话订票"和"网上订票"为子用例。

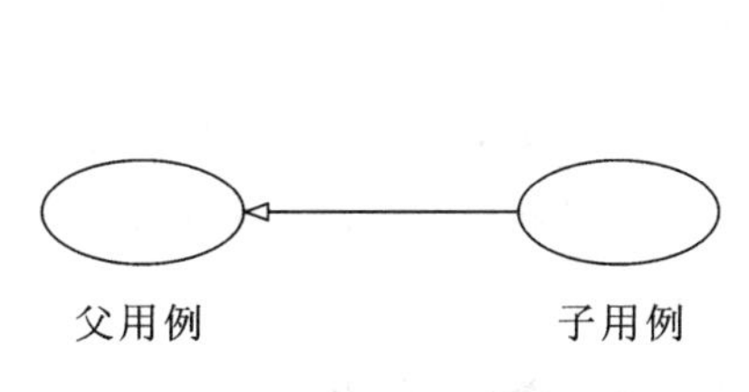

图 5-16　泛化关系使用规范

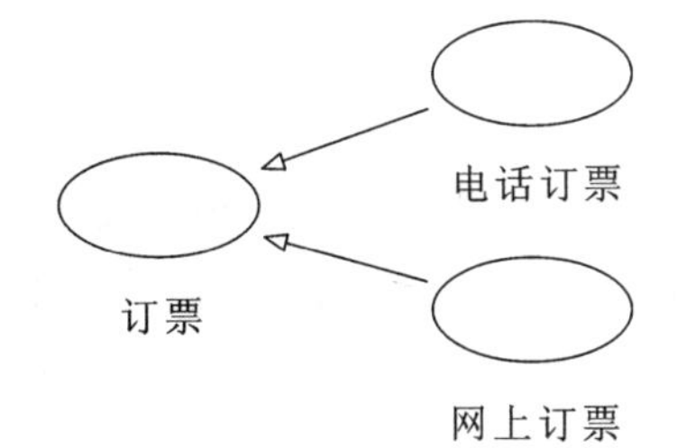

图 5-17　用例泛化关系示例

5.3　使用 Rational Rose 建立用例图的方法

Rational Rose 是一种面向对象的统一建模语言的可视化建模工具，下面介绍如何使用 Rational Rose 绘制用例图。为了描述方便，介绍过程中用到的一些命名信息来自图书馆管理系统中的部分对象。

1. 创建参与者

1）创建和保存工程

启动 Rational Rose 后，在菜单栏中选择【File】/【New】命令，可以创建一个模型，选择【File】/【Save】（或【Save As】）命令可以保存工程为"Library"，如图 5-18 所示。

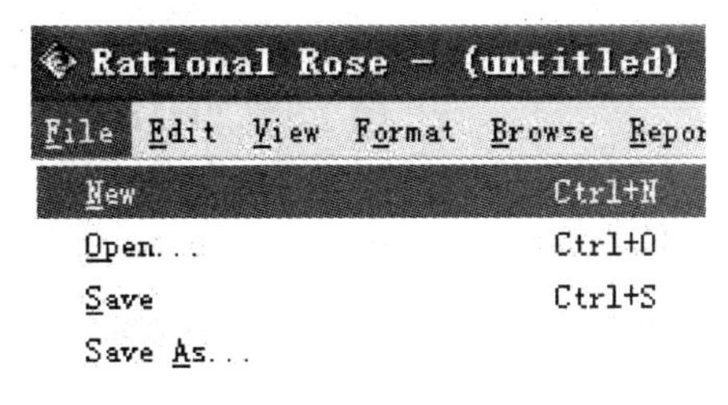

图 5-18　新建工程

2）创建用例图

在 Rational Rose 左侧视图区域树型列表中右击【Use Case View】，在弹出的快捷菜单中选择【New】/【Use Case Diagram】命令，新建一个用例图，如图 5-19 所示。

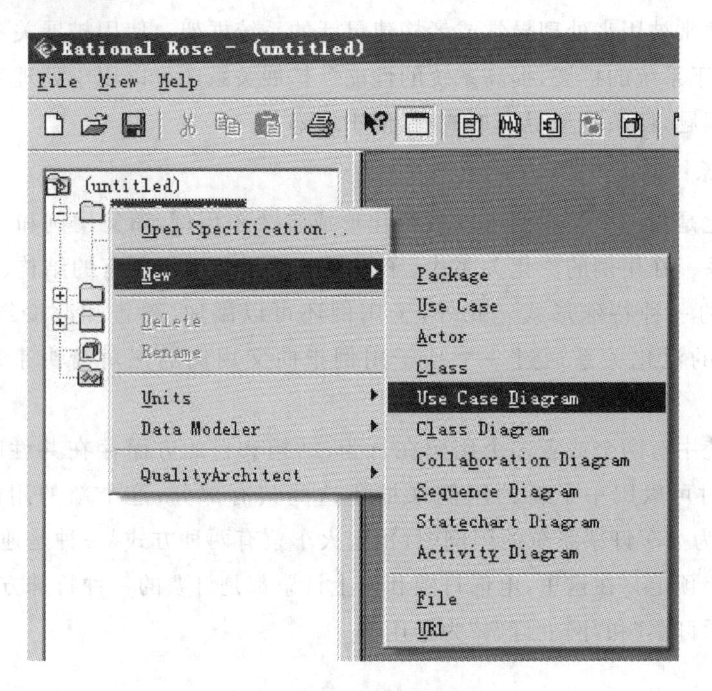

图 5-19 创建用例图

新建用例图默认名称为【NewDiagram】，可以更改其名称，更改方法是右击【NewDiagram】，在弹出的快捷菜单中选择【Rename】，然后输入用例图的新名称即可，如图5-20所示，在此可将用例图名称改为【Library UseCase】。

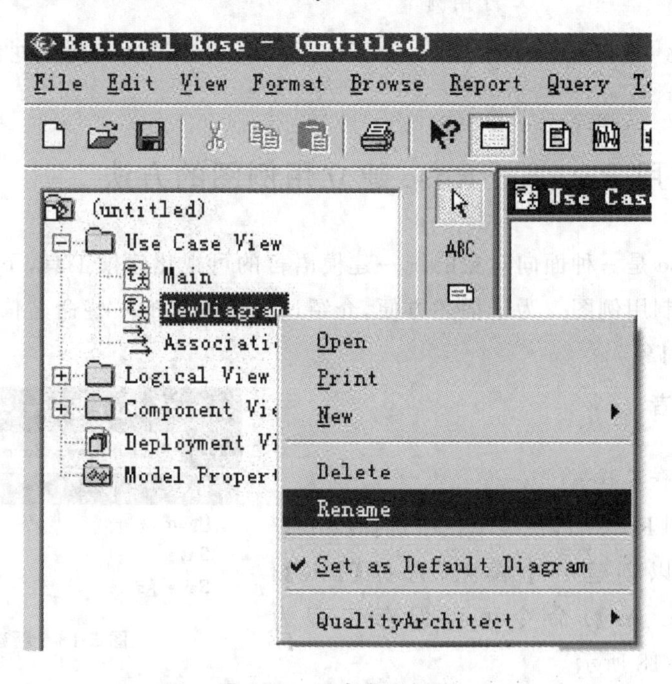

图 5-20 重命名用例图

双击该用例图，在 Rational Rose 窗口内右侧出现用例图工具栏和用例图的编辑区域。其中，用例图工具栏上的按钮名称及功能，详见表 5-2。

表 5-2 用例图工具栏按钮

按 钮	按钮名称	说 明
	Selection Tool	选择工具
ABC	Text Box	文本框
	Note	注释
	Anchor Note to Item	将图中的元素与注释连接
	Package	包
	Actor	参与者
	Use Case	用例
	Unidirectional Association	单向关联关系
	Dependency or instantiates	依赖关系或实例化(包含和扩展关系)
	Generalization	泛化关系
	Association	关联关系

3）新建参与者

在编辑区工具栏中单击“Actor”按钮，如图 5-21 所示，然后将光标停放在编辑区任意位置，光标会变成十字形状，在需要的位置再次单击鼠标即可在编辑区中绘制出参与者的图示。新建的参与者默认名称为【NewClass】，可将其名称根据具体情况进行修改。简便的修改方法是直接在【NewClass】处键入参与者的新名称；稍复杂的修改方法是双击该参与者打开参与者属性对话框，或者右击该参与者，在弹出的快捷菜单中选择【Open Specification】也可以打开参与者属性对话框，如图 5-22 所示，在其中进行参与者名称的修改，同时还可以进行其他方面更为详细的设置。

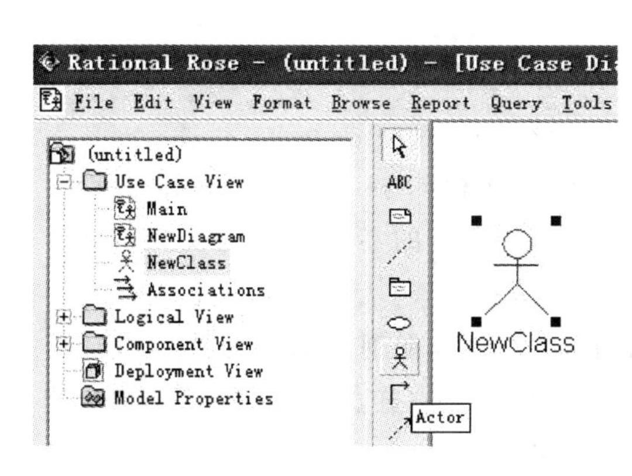

图 5-21 新建参与者

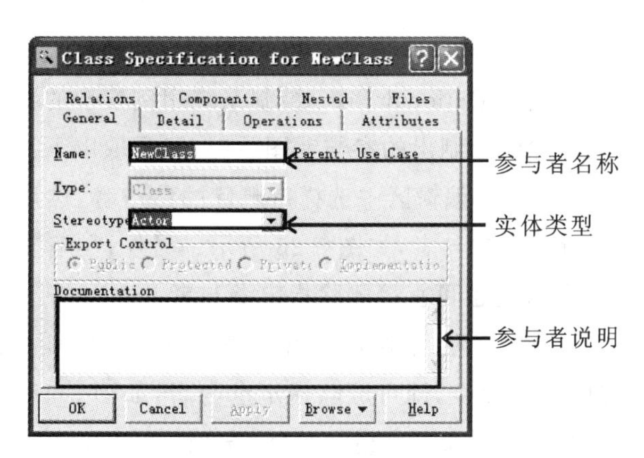

图 5-22 参与者属性对话框

4) 自定义绘图工具栏

绘图工具栏中给出了常用的绘图工具,如果用户有更丰富的需求,可根据实际情况自定义该工具栏。自定义绘图工具栏的方法是右击绘图工具栏的任意位置,在弹出的快捷菜单中选择【Customize…】,如图 5-23 所示。

然后在弹出的【自定义工具栏】对话框中【可用工具栏按钮(V)】中,选取需要添加的工具,单击【添加(A)】按钮,确认无误后关闭该对话框即可,如图 5-24 所示。

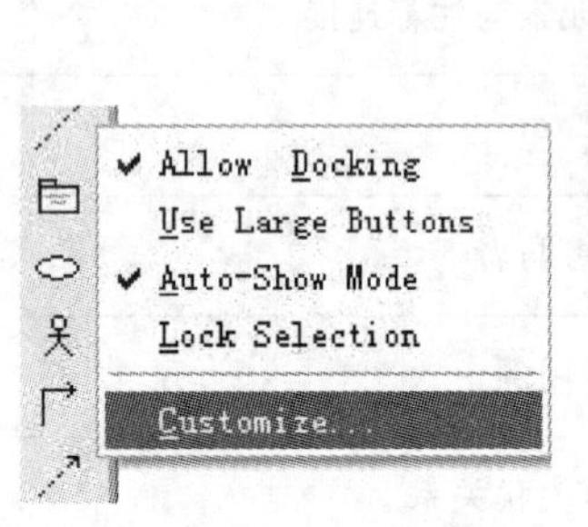

图 5-23　自定义绘图工具栏

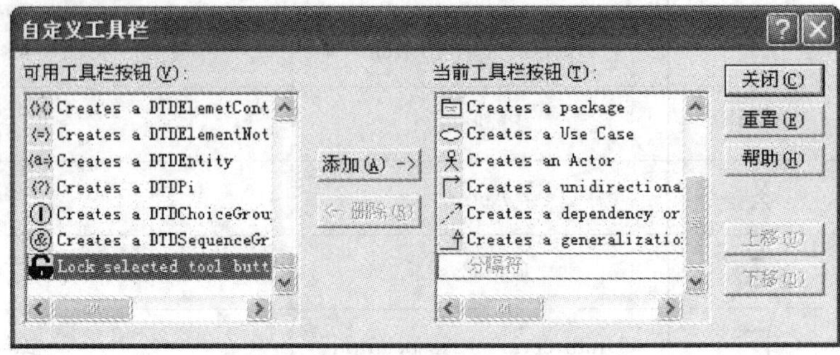

图 5-24　添加自定义工具

5) 绘制多个参与者的快捷方法

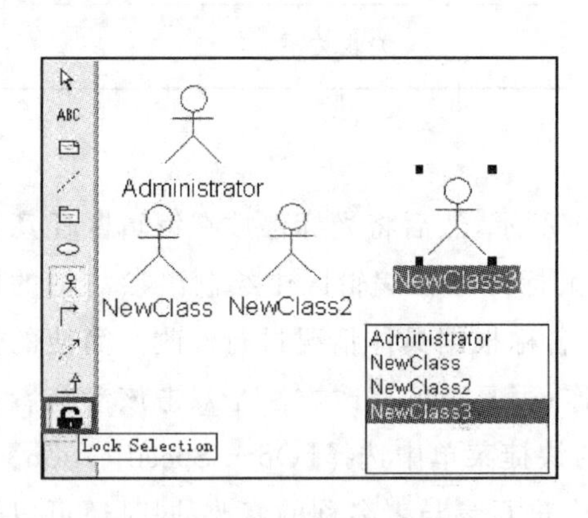

图 5-25　锁定选择

如果系统用例图中有多个参与者,按照前面介绍的方法绘制相关图示就需要做很多重复劳动,显得相当麻烦。其实可以选择更快捷的方法来完成多个参与者的绘制,首先选择绘图工具栏中【🔓】"锁定选择"按钮,然后选择"参与者"按钮,此时光标会变成十字形状,接着在编辑区中任意位置多次单击鼠标,即可绘制出多个参与者图示,再次单击【🔓】"锁定选择"按钮即可取消锁定,如图 5-25 所示。此方法同样适用于其他图示。

6) 删除用例模型中的参与者

使用 Rational Rose 绘制系统用例模型的参与者,由于操作不当或需求发生变化可能需要删除已绘制出的参与者图示时,可采取以下几种方法来删除。

(1) 在编辑区中选择待删除的参与者,然后选择【Edit】/【Delete from Model】命令即可删除指定参与者,如图 5-26 所示。另外,在编辑区中选择待删除的参与者后,直接按"Ctrl+D"组合键也可直接删除指定参与者。

(2) 在左侧浏览器窗口的树型结构中右击待删除对象,在弹出的快捷菜单中选择【Delete】命令,即可删除指定参与者,如图 5-27 所示。另外,在浏览器窗口的树型结构中选择待删除对象后,直接按"Delete"键也可直接删除指定参与者。

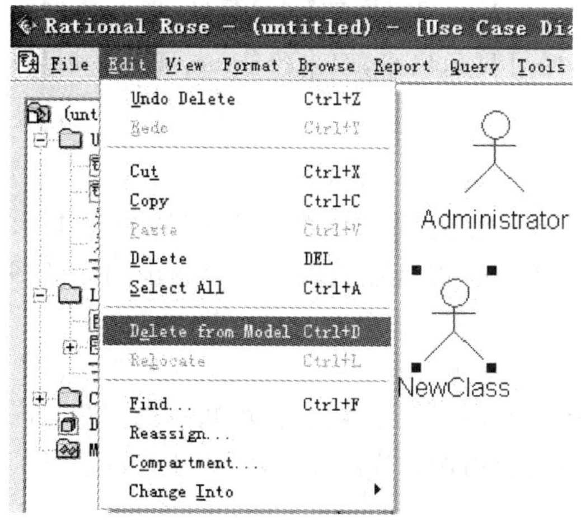

图 5-26　彻底删除【NewClass】参与者

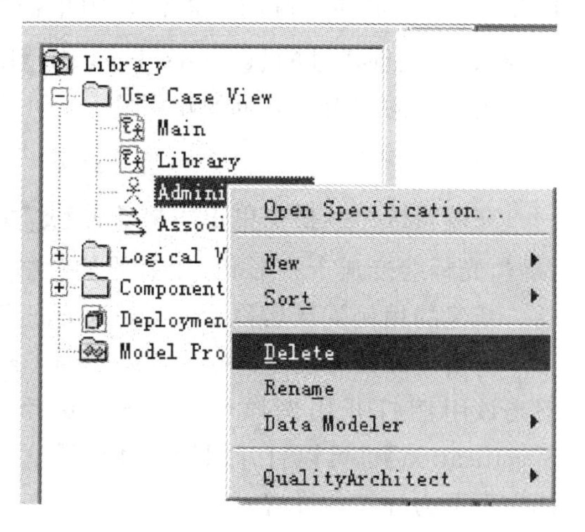

图 5-27　彻底删除【Administrator】参与者

(3) 在编辑区中右击待删除的参与者，在弹出的快捷菜单中选择【Edit】/【Delete】命令，可以将指定参与者从编辑区中删除，但该参与者在用例模型中仍然存在，即在浏览器窗口树型结构中该参与者仍然显示，如图 5-28 所示。另外，在编辑区中选择待删除的参与者后，直接按“Delete”键也可得到相同效果。

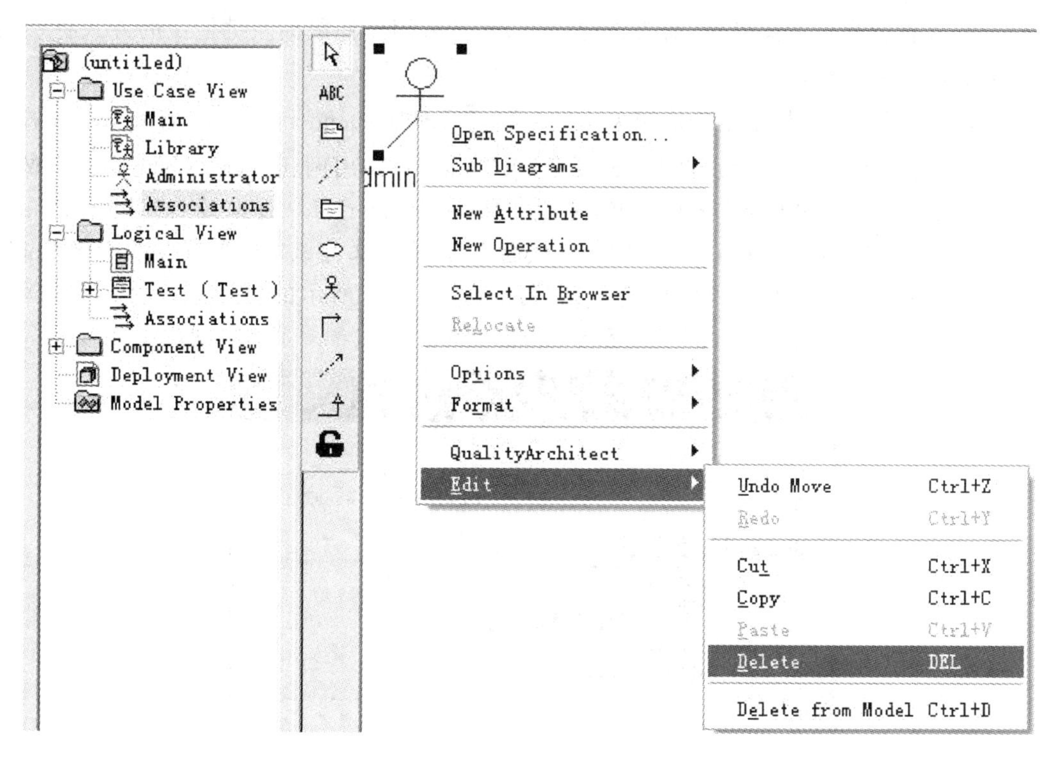

图 5-28　编辑区中删除参与者

2. 创建用例

1) 打开工程和用例图

启动 Rational Rose 后，在菜单栏中选择【File】/【Open】命令，可以打开已有工程

【Library】,然后在左侧浏览器窗口中单击【Use Case View】前面的【+】符号,展开树型结构,此时已经创建过的【Library UseCase】用例图便可显示出来,双击【Library UseCase】打开该用例图的编辑区即可创建用例。

2)创建用例

在编辑区工具栏中单击用例符号【⬭】即“Use Case”,然后将光标停放在编辑区任意位置,光标会变成十字形状,在需要的位置再次单击鼠标即可在编辑区中绘制出用例的图示。新建的用例默认名称为“NewUseCase”,可将其名称根据具体情况进行修改。

简便的修改方法是直接在【NewUseCase】处键入用例的新名称。稍复杂的修改方法是双击该用例打开用例属性对话框,或者右击该用例,在弹出的快捷菜单中选择【Open Specification】也可以打开用例属性对话框,在其中进行用例名称的修改,同时还可以进行其他方面更为详细的设置。

3. 创建关系

1)打开工程和用例图

按照前面一步介绍的方法,打开【Library】工程和【Library UseCase】用例图。

2)创建用例模型中的关系

在编辑区工具栏中单击关联关系符号【╱】即【Association】,然后将光标停放在编辑区任意位置,光标会变成箭头形状,箭头方向向上,此时采用按住鼠标左键拖曳的方式将参与者和用例连接起来便可。

继续在编辑区工具栏中单击依赖关系符号【↗】即“Dependency or instantiates”,采用按住鼠标左键拖曳的方式,分别将Reserve Book(预订图书)用例、Cancel Reservation(取消预订)用例、Query BookInfo(查询图书)用例、Query ReaderInfo(查询读者)用例、Renew Book(续借图书)用例和Login(注册)用例连接起来,注意箭头应该指向被包含的用例Login(注册)。然后双击在图中出现的依赖关系,打开如图5-29所示的对话框,在该对话框中【Stereotype】栏对应的下拉列表中选择【include】,便可完成包含关系的绘制。

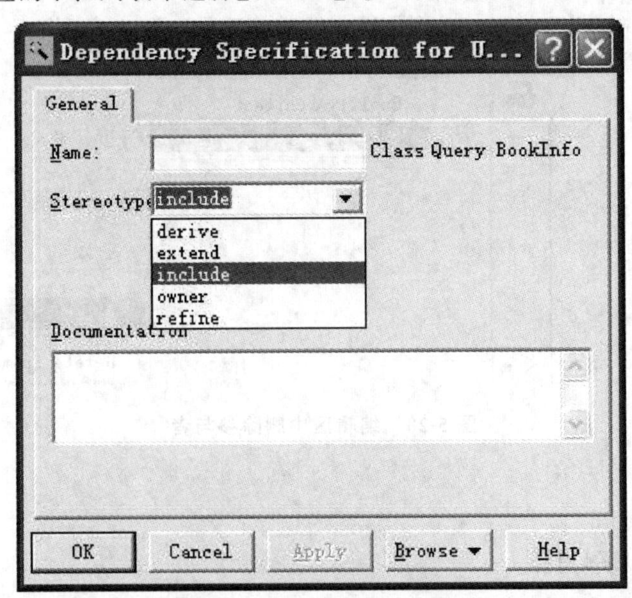

图 5-29 依赖关系属性对话框

最后在编辑区工具栏中单击依赖关系符号【 】即“Dependency or instantiates”，采用按住鼠标左键拖曳的方式，将 Return Book(还书)用例和 Fine(罚款)用例连接起来，注意箭头应指向基本用例 Return Book(还书)。接下来双击两个用例之间的依赖关系，在图 5-29 所示的对话框中【Stereotype】栏对应的下拉列表里选择【extend】，便可完成扩展关系的绘制。

4. 绘图中的错误提示

(1) 以绘制关联关系即使用【 】为例，如果在操作过程中出现如图 5-30 所示的错误提示对话框，则说明操作有误。该错误提示的含义为：为非法关联，关联关系只能用来连接类(用例图中的参与者可以看成类)或用例。出现这个错误是因为，在绘制参与者和用例间的关联关系时，关系的起始端和终止端不是参与者和用例，或者是因为在绘制关系时起始点和终止点位置选择则不够准确。

(2) 以添加注释即使用【 】为例，如果在操作过程中出现如图 5-31 所示的错误提示对话框，则同样说明操作有误。该错误提示的含义为：为非法注释，必须与注释连接。出现这个错误是因为，在添加注释时，连线的起始端或终止端不是注释，或者是因为注释的起始点和终止点位置选择则不够准确。

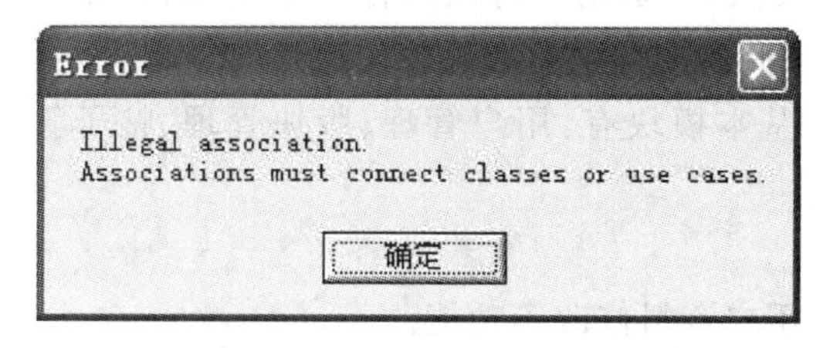

图 5-30　错误提示 1

图 5-31　错误提示 2

(3) 以添加依赖关系即使用【 】为例，如果在操作过程中出现如图 5-32 所示的错误提示对话框，则同样说明操作有误。该错误提示的含义为：非法的依赖关系，对象流或实例化。出现这个错误是因为，在绘制用例间的扩展关系或包含关系时，关系的起始端和终止端不是用例，或者是因为在绘制关系时起始点和终止点位置选择不够准确。

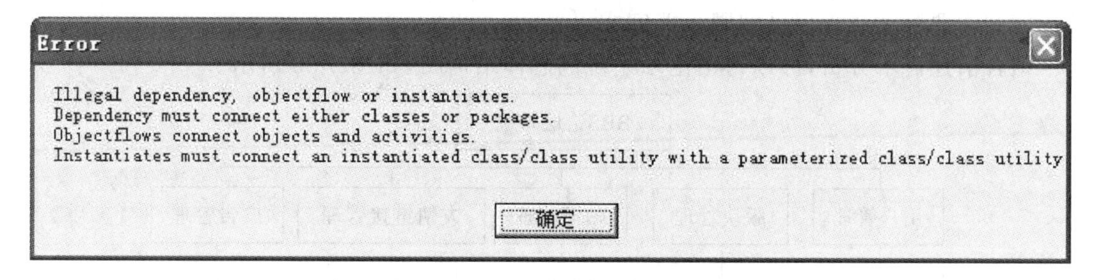

图 5-32　错误提示 3

 5.4　用例图建模案例分析

为了加深对用例图建模的理解，本节先给出用例图的一般建模步骤，然后通过一个实际的系统用例图——“BBS 论坛系统”来讲解用例图的分析与设计过程。

5.4.1 用例图建模步骤

用例图是一种描述参与者、用例及其之间关系的可视化工具，它用简单的图形元素来准确表达用户与系统之间的交互情况和系统所能提供的服务。建立用例图通常可按以下步骤进行。

(1) 确定系统的边界和范围，明确系统外部的参与者。

(2) 确定每一个参与者所期望的系统行为。

(3) 把这些系统行为作为系统的用例。

(4) 把公共的系统行为分解为新的用例，供其他用例引用，把变更的行为分解为扩展用例。

(5) 细化用例图。解决用例图的重复与冲突问题，简化用例中的对话序列。高层次的用例可以分解为若干下属子系统中的用例。

(6) 为每一个用例编写用例描述说明。

5.4.2 BBS 论坛系统用例图

1. 系统需求描述

BBS(bulletin board system，电子公告牌系统)俗称论坛系统，是互联网上一种交互性极强、网友喜闻乐见的信息服务形式。根据相应的权限，论坛用户可以进行浏览信息、发布信息、回复信息、管理信息等操作，从而加强不同用户间的文化交流和思想沟通。

经过调查分析，最终确定"BBS 论坛系统"的基本模块有：用户管理、版块管理、帖子管理、友情链接管理、广告管理等。

其中，各基本模块的功能简单说明如下。

(1) 用户管理主要包括用户注册、用户登录、用户资料修改等功能。

(2) 版块管理主要包括增加版块、编辑版块、删除版块等功能。

(3) 帖子管理主要包括发布帖子、回复帖子、浏览帖子、转移帖子、编辑帖子、删除帖子、帖子加精、帖子置顶等功能。

(4) 友情链接管理主要包括增加链接、修改链接、删除链接等功能。

(5) 广告管理主要包括放置广告、删除广告等功能。

另外，需要说明的是，以上各项功能中有些功能只需要普通用户权限就能够完成，而有些功能则需要版主或管理员权限才能完成。

结合前述需求分析，可以得出论坛系统的总体结构图，如图 5-33 所示。

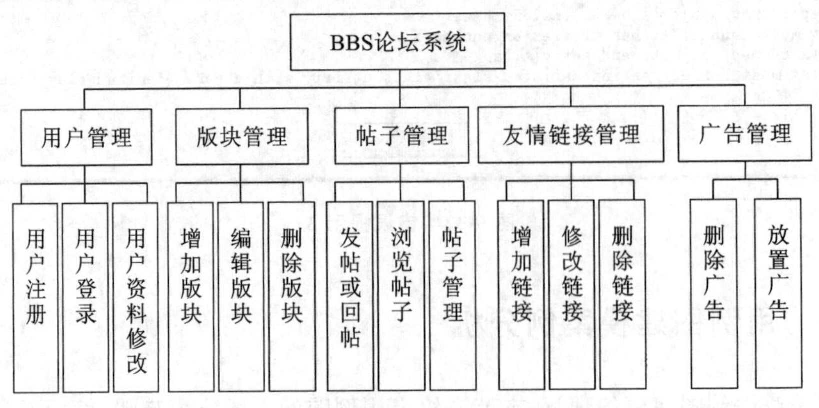

图 5-33 "BBS 论坛系统"总体结构图

2. 识别系统参与者

遵循识别参与者的方法，可以初步分析出“BBS论坛系统”中的主要参与者有：AnonymousUser（匿名用户）、Member（注册用户）、Editor（版主）、Administrator（管理员），如图5-34所示。

图5-34 “BBS论坛系统”的参与者

- AnonymousUser（匿名用户）：通过使用系统进行帖子搜索、帖子浏览等。
- Member（注册用户）：通过使用系统进行帖子搜索、帖子浏览、帖子发布、帖子回复、帖子编辑以及个人信息修改等。
- Editor（版主）：除拥有普通用户的职责外，还可以通过使用系统进行版块管理、公告发布等。
- Administrator（管理员）：除拥有普通用户的职责外，还可以通过使用系统进行用户管理、帖子管理、版块管理、公告管理等。

3. 识别系统用例

针对分析出的系统主要参与者（匿名用户、注册用户、版主、管理员）的功能需求，可以初步确定“BBS论坛系统”中主要用例包括：Search Article（搜索帖子）、Browse Article（浏览帖子）、Register（注册）、Login（登录）、Issue Article（发布帖子）、Reply Article（回复帖子）、Modify Article（修改帖子）、Modify Info（修改资料），Displace Article（转移帖子）、Delete Article（删除帖子）、Place Peak（帖子置顶）、Extract Article（帖子加精）、Add Edition（增加版块）、Modify Edition（修改版块）、Delete Edition（删除版块）、Add Link（增加链接）、Modify Link（修改链接）、Delete Link（删除链接）、Add Advertise（增加广告）、Delete Advertise（删除广告）等。

综合对“BBS论坛系统”中参与者和相关系统功能的分析，将该系统的全部用例说明如下，详见表5-3所示。

表5-3 “BBS论坛系统”用例说明

用例名称	功能描述	输入内容	输出内容
Search Article	根据需要搜索帖子	搜索条件	符合搜索条件的帖子
Browse Article	浏览任意版块帖子	选择任意话题帖子	该话题帖子及其回复
Register	检测注册信息	用户名等注册信息	注册结果（是否成功）
Login	合法用户通过验证进入系统	用户名、密码	登录状态（是否成功）
Issue Article	根据需要发布帖子	用户的言论	用户的言论
Reply Article	回复已存在的话题帖子	用户的回复	用户的回复
Modify Article	修改曾经发过的帖子	修改的内容	修改后的内容

续表

用例名称	功能描述	输入内容	输出内容
Modify Info	根据当前状况修改个人信息	修改的信息	修改信息(是否成功)
Displace Article	根据实际情况移动帖子位置	“移动”命令	移动结果(是否成功)
Delete Article	删除违规帖子	“删除”命令	删除结果(是否成功)
PlacePeak	将重要话题帖子放置于最上方	“置顶”命令	添加置顶图标的帖子
Extract Article	将重要话题帖子列为精华帖子	“加精”命令	添加加精图标的帖子
Add Edition	添加版块、设置版主	版块的相关信息	版块列表
Modify Edition	修改版块信息	版块的修改信息	修改结果(是否成功)
Delete Edition	删除版块	“删除”命令	删除结果(是否成功)
Add Link	接受友情链接申请,等待验证	友情网站的信息	友情网站的链接
Modify Link	验证并修改友情链接信息	友情链接信息	修改后的友情链接
Delete Link	清理不合格的友情链接	“删除”命令	删除结果(是否成功)
Add Advertise	选择已有位置发布广告	广告语、URL 地址	前台广告
Delete Advertise	清理已发布的广告	“删除”命令	原有的广告消失

4. 分析用例模型中的关系

显然,四个参与者即 AnonymousUser(匿名用户)、Member(注册用户)、Editor(版主)、Administrator(管理员)之间依次存在泛化关系。

另外,还可以确定 AnonymousUser(匿名用户)、Member(注册用户)、Editor(版主)、Administrator(管理员)和与其相关的用例之间存在关联关系。

Member(注册用户)相关的 Issue Article(发布帖子)用例、Reply Article(回复帖子)用例、Modify Article(修改帖子)用例、Modify Info(修改资料)用例包含一个公共的用例,就是 Login(登录)用例,它们与 Login(登录)用例存在包含关系;同样 Login(登录)用例与 Register(注册)用例之间也存在包含关系。

5. 创建出“BBS 论坛系统”用例图

根据以上分析,借助 Rational Rose 工具绘制系统参与者之间的关系,如图 5-35 所示;绘制 AnonymousUser(匿名用户)与其关联的用例之间的关系,如图 5-36 所示;绘制 Member(注册用户)与其关联的用例之间的关系,如图 5-37 所示;绘制 Editor(版主)与其关联的用例之间的关系,如图 5-38 所示;绘制 Administrator(管理员)与其关联的用例之间的关系,如图 5-39 所示;最后,得到“BBS 论坛系统”总体用例图,如图 5-40 所示。

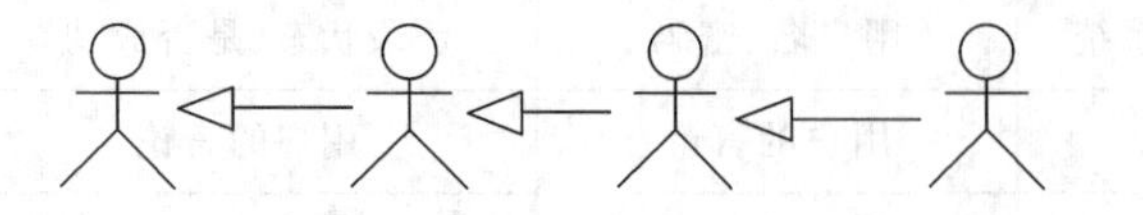

图 5-35 系统参与者之间的关系

图 5-36 匿名用户与其关联的用例

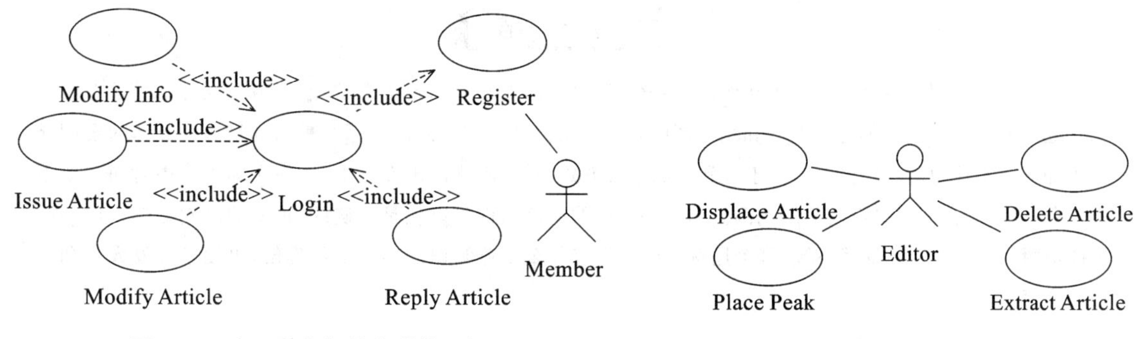

图 5-37　注册用户与其关联的用例　　　　图 5-38　版主与其关联的用例

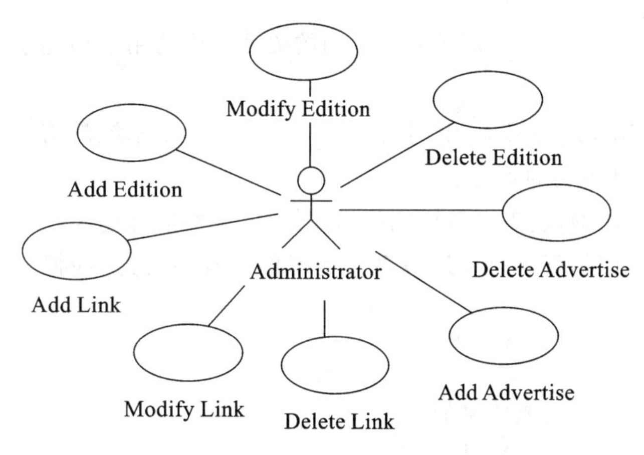

图 5-39　管理员与其关联的用例

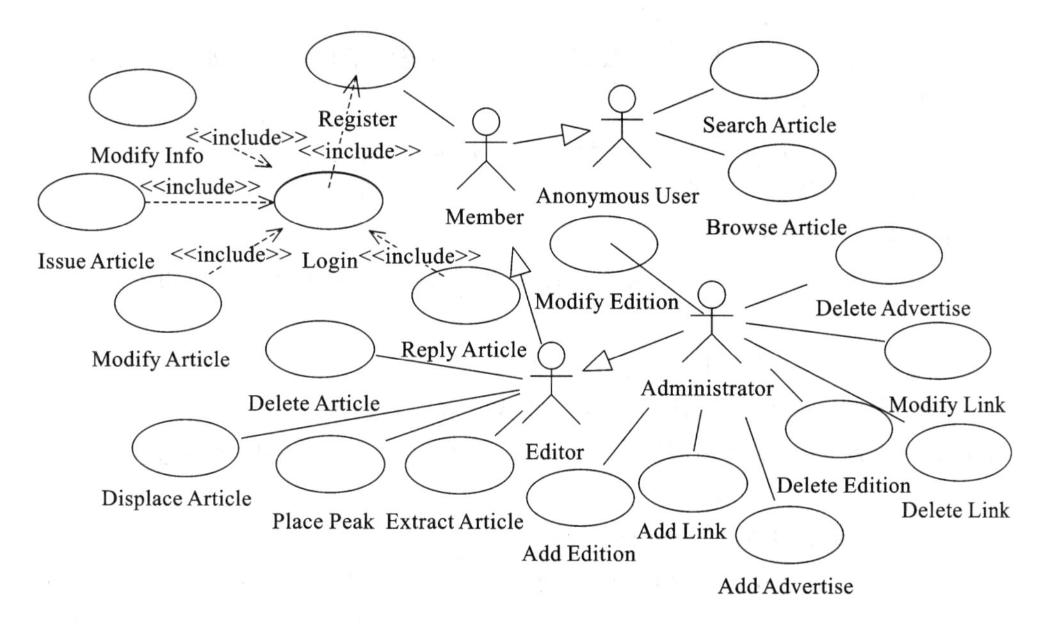

图 5-40　“BBS 论坛系统”用例图

本章小结

本章首先介绍了用例图的概念和作用，讲解了用例图的重要组成元素：参与者、用例和关系。接着介绍了如何通过 Rational Rose 创建用例图和用例图的各个元素以及它们之间的关系。最后通过一个具体的案例介绍了如何在实际中创建用例图。由于人和人的思考方式、看待问题的出发点不同，在实际工作中对同一个系统，不同的人总会创建出不同的用例图。而这些不同的用例图都可以说是正确的，重要的区别是哪个用例图更能清晰、明确、全面地描述系统，哪个用例图能使没有什么专业知识的客户更易理解，更便于开发人员和客户的交流。

习　题　5

1. 填空题

（1）由________和________以及它们之间的关系构成的用于描述系统功能的动态视图称为用例图。

（2）与传统的 SRS 方法相比，用例图________地表达了系统的需求，具有直观、规范等优点，克服了纯文字性说明的不足。

（3）对于每一个用例，还需要有详细的描述信息，这些信息包含在________之中。

（4）________指用例可以简单地包含其他用例具有的行为，并把它所包含的用例行为作为自身行为的一部分。

2. 选择题

（1）下面不是用例图组成要素的是________。

（A）用例　　（B）参与者　　（C）泳道　　（D）系统边界

（2）识别用例应注意的事项不包括下面哪一个________。

（A）参与者希望系统提供什么功能

（B）参与者是否会读取、创建、修改、删除、存储系统的某种信号？如果是的话，参与者又是如何完成这些操作的

（C）参与者是否会将外部的某些事件通知给系统

（D）系统将会由哪些人来使用

（3）下例说法不正确的是________。

（A）用例和参与者之间的对应关系又称为通信关联，它表示参与者使用了系统中的哪些用例

（B）参与者只能是人，不能是子系统、时间等

（C）特殊需求指的是一个用例的非功能性需求和设计约束

（D）在扩展关系中，基础用例提供了一个或者多个插入点，扩展用例为这些插入点提供了需要插入的行为

（4）下列对用例的泛化关系描述不正确的是________。

（A）用例的泛化关系中，所有的子用例都有相似的目的和结构。注意它们是整体上的相似

（B）用例的泛化关系中，基础用例在目的上可以完全不同，但是它们都有一段相似的行为，它们的相似是部分的相似而不是整体的相似

（C）用例的泛化关系类似于面向对象中的继承，它把多个子用例中的共性抽象成一个

父用例。子用例在继承父用例的基础上可以进行修改

(D) 用例的泛化指的是一个父用例可以被特化形成多个子用例，而父用例和子用例之间的关系就是泛化关系

3. 简答题

(1) 什么是用例图？用例图有什么作用？

(2) 概述用例之间的关系。

(3) 在确定参与者的过程中需要注意什么？

4. 练习题

网络的普及带给了人们更多的学习途径，随之用来管理远程网络教学的“远程网络教学系统”也诞生了。

“远程网络教学系统”的功能需求如下。

● 学生登录网站后，可以浏览课件、查找课件、下载课件、观看教学视频。

● 教师登录网站后，可以上传课件、上传教学视频、发布教学心得、查看教学心得、修改教学心得。

● 系统管理员负责对网站页面的维护，审核不法课件和不法教学信息，批准用户注册。

满足上述需求的系统主要包括以下几个系统模块。

● 基本业务模块：该模块主要用于学生下载课件、在线观看教学视频；教师上传课件发布和修改教学心得。

● 浏览查询模块：该模块主要用于对网站的信息进行浏览、查询、搜索等。方便用户了解网站的宗旨，找到自己需要的资源。

● 系统管理模块：主要用于系统管理员对网站进行维护、审核网站的各种资源、批准用户注册等。

(1) 学生需要登录“远程网络教学系统”后才能正常使用该系统所有功能。如果忘记密码，可以通过“找回密码”功能恢复密码。请画出学生参与者的用例图。

(2) 教师如果忘记密码，可以通过“找回密码”功能找回密码。请画出教师参与者的用例图。

第6章 类图与对象图

建立对象模型是面向对象开发方法的基本任务,是软件系统开发的基础。类和对象的图形表示方法是面向对象分析方法的核心技术之一,它能表达面向对象模型的主要概念。UML中的类图(class diagram)和对象图(object diagram)具有强大的表达能力,能够有效地对现实世界的业务领域和计算机系统建立可视化的对象模型。类图和对象图表达的是系统的静态结构方面,在系统的整个生命周期中都是有效的。本章将分别介绍类图和对象图的概念以及创建,希望读者能够通过本章的学习熟练掌握系统静态结构建模的基本方法。

6.1 类图概述

类图从抽象的角度描述系统的静态结构,特别是模型中存在的类、类的内部结构以及它们与其他类之间的相互关系。通过分析问题域和用例,就可以得到相关的类,然后再把逻辑上相关的类封装成包。这样就可以体现出系统的分层结构,使人们对系统层次关系一目了然。

6.1.1 类图 UML 定义

类图(class diagram)是指由各种不同类型的类及其之间的相互关系所构成的 UML 模型。类图所显示的系统的静态结构构成了系统的概念基础。系统中的各种概念是在现实应用中有意义的概念,这些概念包括真实世界中的概念、抽象的概念、实现方面的概念和计算机领域的概念。类图就是用于对系统中的各种概念进行建模,并描绘出它们之间关系的图。

在类图中通常包含了以下三种模型元素:类、接口及它们之间的关系,并且类图和其他 UML 中的图类似,也可以创建约束、注释和包等。图 6-1 所示的类图就包含了这三种模型元素。

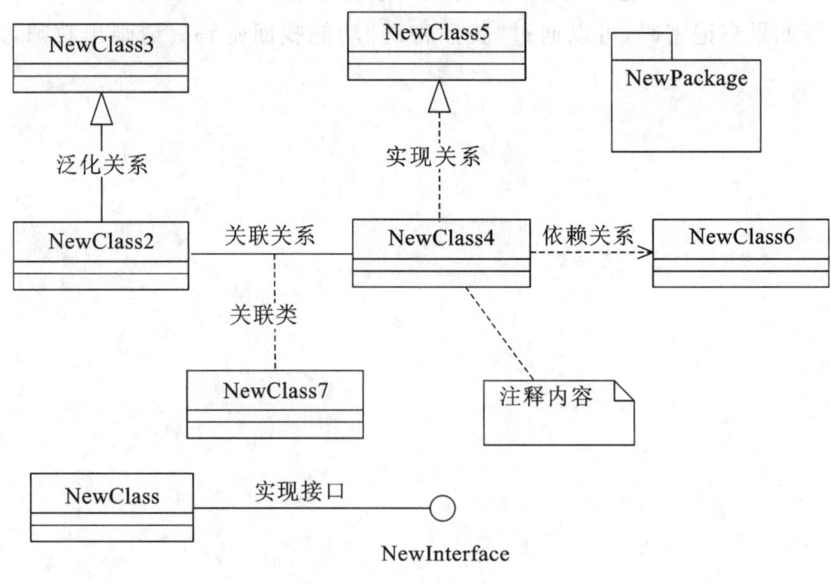

图 6-1 类图示例

6.1.2 类图作用

由于静态视图主要用于支持系统的功能性需求，即系统提供给最终用户的服务，而类图的作用正是对系统的静态视图进行建模。通常以下面三种方式来使用类图。

1. 为系统的词汇建模

在使用 UML 构建系统之前需要构造系统的基本词汇，对系统的词汇建模应进行如下的判断：哪些抽象是系统建模中的一部分，哪些抽象是处于建模系统边界之外的。这是非常重要的一项工作，因为系统最基本的元素会确定下来。系统分析者可以用类图详细描述这些抽象和它们所担负的职责。类的职责是指由该类的所有对象所具备的相同属性和操作共同组成的功能或服务的抽象。

2. 模型化的简单协作

现实世界中的事物是普遍联系的，即使将这些事物抽象成类以后，这些类也是相互联系的，系统中的类极少能够孤立于系统中的其他类而独立存在，它们总是与其他的类协同工作，以实现强于单个类的语义。协作是由一些共同工作的类、接口和其他模型元素所构成的一个整体，这个整体提供的一些合作行为强于所有这些元素的行为的和。系统分析者可以通过类图将这种简单的协作进行可视化和表述。

3. 模型化逻辑数据库

在设计数据库时，通常将数据库模式看成数据库概念设计的蓝图，在很多领域中都需要在数据库中存储永久信息。系统分析者可以使用类图来对这些数据库进行模式建模。

6.2 类图的组成元素

类图(class diagram)是由类、接口等模型元素以及它们之间的关系构成的。类图的目的在于描述系统的构成方式，而不是描述系统如何协作运行。

6.2.1 类

类是面向对象系统中最为重要的概念。在 UML 中，类是描述事物结构特性和行为特性的模型元素。类是对众多 UML 元素的泛化，这些元素包括常规的类、接口、用例和参与者；反过来说，可以认为这些元素是类的特例。在类图中，最常用的两个元素是常规的类和接口。

类在 UML 中被表示为一个矩形，该矩形被分隔成上、中、下三部分，如图 6-2 和图 6-3 所示。其中，上部描述类的名字，中部描述类的属性，下部描述类的操作(也称类的方法)，具体说明如下。

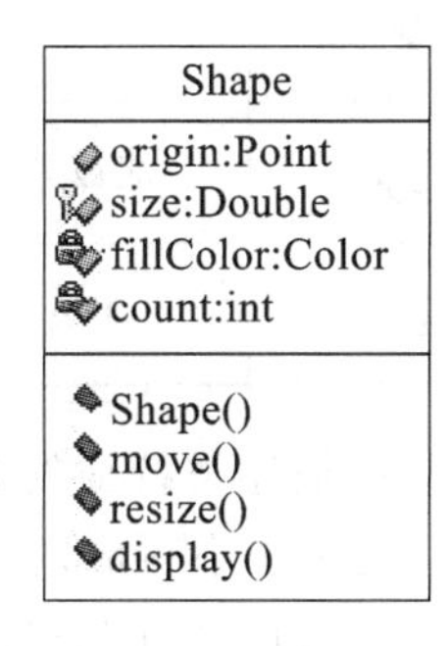

图 6-2 类

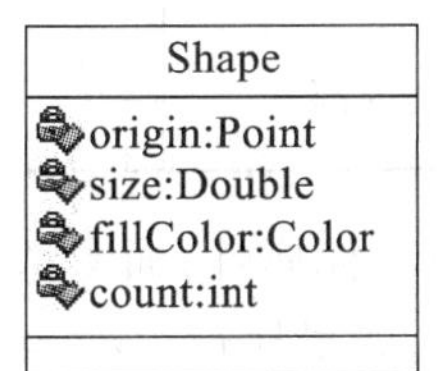

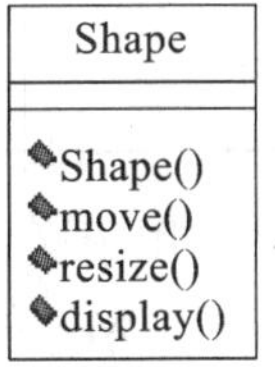

图 6-3 类的简略形式

（1）名称（name）。

类映射为真实世界中的对象或结构，类的名称就是根据它们所代表的真实世界中的对象和结构来定义的。类的名称是一个字符串，是每个类必有的构成元素，用于和其他类相互区分。类的名称应该来自系统的问题空间，并且尽可能明确。一般情况下，类的名称是一个名词，如"图书"、"Animal"、"Dog"等。

类的名称可分为简单名称（single name）和路径名称（path name）。单独的名称称为简单名称，如图 6-4 所示。用类所在的包名作为前缀的类名称为路径名称，如图 6-5 所示，其中 Package 为 NewClass 所在的包的名称，NewClass 为类名。

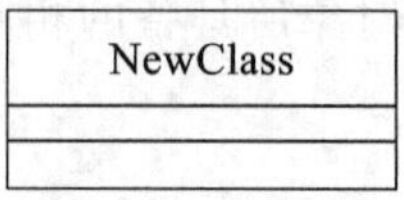

NewClass

图 6-4　简单名称

Package::NewClass

图 6-5　路径名称

（2）属性（attribute）。

属性用于描述同类对象的内部特征。同类对象的内部特征可能需要多个属性进行描述，构成属性集合。例如，对"学生"来建模，每个学生都有学号、姓名、专业、籍贯、出生日期等，这些都可以作为学生类的属性。

在 UML 中类属性的一般语法格式为：

[可见性] 属性名称 [:属性的类型] [=初始值] [{属性字符串}]

注意：*在描述属性时属性名是必不可少的，其他部分可根据需要进行选择。*

其中，语法格式中各部分的含义分别介绍如下。

● 可见性用于控制外部事物对类中属性的操作方式，常用的可见性有三种，即公有的（public）、受保护的（protected）和私有的（private）。通常使用加号（+）表示公有的，用井号（#）表示受保护的，用减号（-）表示私有的。而在 Rational Rose 中，采用图形符号来表示可见性，其具体含义见表 6-1。如果没有标识可见性修饰符，则表示该属性的可见性尚未定义。

表 6-1　Rational Rose 属性的可见性

说　明	可 见 范 围	UML 符号	Rose 符号	说　明
公有的（public）	类内部和外部	+		
受保护的（protected）	类内部	#		能被其子类使用
私有的（private）	类内部	-		不能被其子类使用

● 属性名称用于区别类中其他属性，通常情况下，属性名称由描述类特征的名词或名词短语组成。按照 UML 的约定，如果属性名称为单个英文单词，宜采用小写形式，如"name"；如果属性名称包含多个英文单词，这些单词要合并，并且除第一个单词外其余单词的首字母要大写，如"bookName"。

● 属性的类型用来说明该属性是什么数据类型，它可以是基本数据类型（如整型、单精度浮点型、布尔型等），也可以是其他数据类型（如类的类型）。

● 初始值是指属性最初获得的赋值。设置初始值有两个作用：一是保护系统的完整性，防止属性未被赋值而破坏系统完整性的情况出现；二是为用户操作提供方便，一旦指定了属性的初始值，当创建该类对象时，该对象的属性值便自动被赋予了设定的初始值，从而简化了用户操作。

● 属性字符串用来指定属性的其他相关信息。通常情况下，属性字符串列出该属性所有可能的取值。

(3) 操作(operation)。

操作是对象与其外部进行信息交换的唯一途径，同类对象的外部特征可能需要多个事件进行描述，构成事件集合。操作定义的基本原则是：操作集合必须定义在属性集合之上，操作集合中各个操作至少用于属性集合中的一个属性。也就是说，操作的定义至少要涉及一个属性，否则就不是这个类的操作。

在UML中类操作的一般语法格式为：

[可见性] 方法名 [(参数表)] [:返回类型] [{属性字符串}]

其中，语法格式中各部分的含义分别介绍如下。

● 可见性与类属性的可见性相似。

● 方法名是用来描述类行为的动词或动词短语。其命名方法与类属性命名方法相似。

● 参数表是一些按顺序排列的属性，这些属性定义了方法的输入。参数表是可选的，即方法不一定必须有参数。如果要定义参数，则可以采用“名称:类型”的方式。存在多个参数时，可将各个参数用逗号分隔开，参数也可以有默认值。

● 属性字符串可以为方法加入一些预定义元素之外的信息。

如图6-6所示的Shape类的所有方法可见性均为公有的(public)。其中，move方法有两个参数argname和argname2，argname参数类型为Boolean(布尔)型，argname2参数类型为Date(日期)型，该方法返回值类型为int型。

在面向对象软件工程中，将类划分为以下三种类型。

(1) 实体类(entity class)。

实体类表示系统问题空间内的实体。在软件系统中，实体具有永久性的特点，并且可以持久地存储在数据库中。这里的实体类与数据库中的表对应；类的实例对应于表中的一条记录；类的属性对应记录的字段。在UML建模时，通常使用实体类保存那些要永久存储的信息，如“教务管理系统”中的学生类、课程类等。

具体应用时，实体类通常被表示为如图6-7所示的形式。

图6-6　类操作　　　　图6-7　实体类

（2）边界类（boundary class）。

边界类用于处理系统内部与外部之间的通信，为系统的参与者或其他系统提供接口。边界类位于系统边界处，即系统内部与外部的交接处。边界类包括窗体、报表及其他系统的接口等。每个参与者和用例交互至少要有一个边界类。例如，“教务管理系统”中选课时使用的学生选课窗体等。

具体应用时，边界类通常被表示为如图 6-8 所示的形式。

（3）控制类（control class）。

控制类用于控制系统中对象间的交互，它负责协调其他类之间的工作，实现对其他对象的控制。通常情况下，每个用例都相应的有一个控制类，控制用例中的事件流。例如，“教务管理系统”中学生选课时的课程判断等。

具体应用时，控制类通常被表示为如图 6-9 所示的形式。

图 6-8　边界类　　　　图 6-9　控制类

在以往传统的 C/S（customer/server）客户机/服务器模式中，实体类、边界类、控制类没有严格的一一对应关系。在当前流行的设计模式如 MVC（model-view-controller，模型-视图-控制器）模式中，MVC 分别对应实体类、边界类、控制类。

6.2.2　接口

根据以往所学我们知道，通过操作系统的接口可以实现良好的人机交互和信息交流。在 UML 中也可以定义接口，利用接口来说明类能够支持的行为。在面向对象建模时，接口起着非常重要的作用，因为模型元素之间的相互协作都是通过接口实现的。一个结构良好的软件系统，其接口的定义也必然非常规范。

接口通常被描述为一组抽象操作，也即这些操作只有标识（如返回值、方法名、参数表等）说明它的行为，而真正实现部分放在使用该接口的类中。这样，应用该接口的各个类就可以对接口采用不同的实现方法。

在 UML 中，接口被表示为一个圆形，在圆形的下方书写接口名称和抽象操作。接口还有其扩展形式，扩展形式中接口被表示为一个构造型类。如图 6-10 所示为接口的一般表示形式，图 6-11 所示为接口的扩展表示形式。在 Rational Rose 中可以通过右击该接口，在弹出的快捷菜单中选择【Options】/【Stereotype Display】中的各子菜单项，来完成接口各种表示形式的转换，如图 6-12 所示。

图 6-10　接口的一般表示形式　　　　图 6-11　接口的扩展表示形式

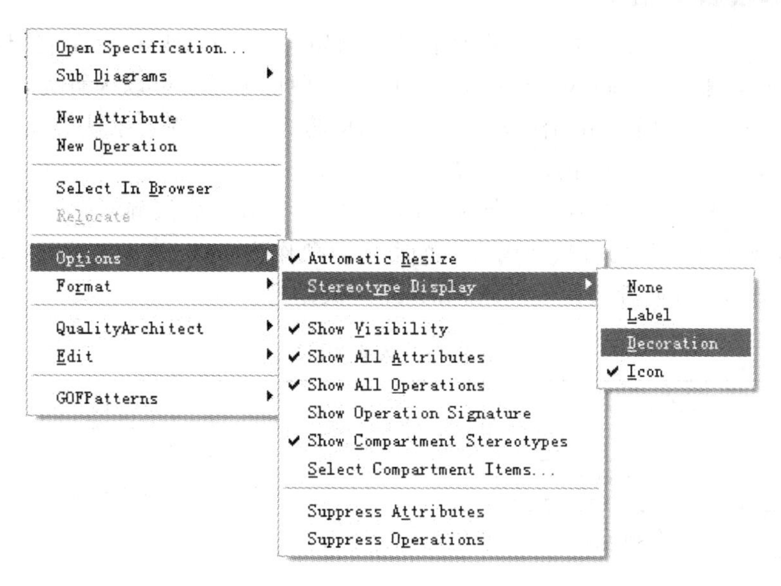

图 6-12 接口显示形式转换菜单

6.2.3 关系

UML 类图中常常包含多个类，这些类并不是孤立存在的，它们之间存在着一定的逻辑关系，这些逻辑关系可以分为四种：泛化（generalization）、依赖（dependency）、实现（realize）、关联（association），其中关联又可以细化为聚集（aggregation）和组合（composition）。

1. 泛化关系

在第 5 章用例模型中已经提到过泛化关系，通过前面的介绍可知，泛化表示一般元素和特殊元素之间的关系。在类图中，一般元素被称为超类或父类，特殊元素被称为子类。子类可以继承父类的属性和操作，并根据需要增加自己新的属性和操作。简单来说，泛化关系描述了类之间的"is a kind of"（是……的一种）关系。在 Java 语言中，extends 关键字表示了这种关系的精髓。具体应用中，抽象类（没有具体对象的类）通常用作父类，具体类（拥有具体对象的类）通常用作子类。这样的例子很多，如"交通工具"为抽象类可以用作父类，"汽车"和"轮船"为具体类可以用作"交通工具"的子类。又如"图形"类是抽象类可以用作父类，"矩形"类、"圆形"类和"多边形"类是具体类可以用作"图形"类的子类。

在 UML 类图中，泛化关系被表示为一条带有空心箭头的直线，其方向指向父类，如表 6-2 所示。

表 6-2 泛化关系

UML 图示	对应的 Java 代码

Animal
Tiger
Dog
	public class Animal{
	}
	public class Tiger extends Animal{
	}
	public class Dog extends Animal{
	}

2. 依赖关系

如果一个元素 A 的变化影响到另一个元素 B，但反之却不成立，那么这两个元素 B 和 A

之间的关系是依赖关系，即元素 B 依赖元素 A。例如，工人(Worker)要完成拧螺丝(screw)的工作，需要依赖螺丝刀(Screwdriver)的帮助，在这种情况下就可以理解为，工人和螺丝刀之间存在依赖关系。前面介绍的泛化关系和后面即将介绍的实现关系从语义上来说也是依赖关系，但由于其有更特殊的用途，所以被单独描述。

在 UML 中，依赖关系被表示为带箭头的虚线，箭头指向被依赖元素。具体建模时，依赖关系通常体现为某个类的方法使用另一个类的对象作为参数，如表 6-3 所示，依赖关系体现为 Worker 类的 screw 方法使用 Screwdriver 对象作为参数。

表 6-3　依赖关系

UML 图示	对应的 Java 代码

Worker
srew()
Screwdriver
srew()
	public class Worker{
	public void screw(Screwdriver sd){
	}
	}

3. 实现关系

如果一个元素 A 定义了一个标准，而另一个元素 B 保证执行该标准，那么元素 B 和元素 A 之间的关系是实现关系，即元素 B 实现元素 A。在 Java 语言中，直接使用 implements 关键字表示实现关系。

这个关系常应用于类和接口之间，接口可以定义标准，通常是定义类需要完成的功能的标准，但接口并不关心功能的具体实现，具体实现交由相应的类去完成。例如，"收费"是一个接口，它定义了"收取费用"这个功能的标准，如果"客车"类和"火车"类要执行该标准完成各自"收取费用"的功能，就必须给出"收取费用"的具体实现方法。在这种情况下可以理解为，"客车"类和"收费"接口之间是实现关系，"火车"类和"收费"接口之间也是实现关系。

在 UML 中，实现关系被表示为带有空心箭头的虚线，箭头指向定义标准的元素(如接口)，详见表 6-4。

表 6-4　实现关系

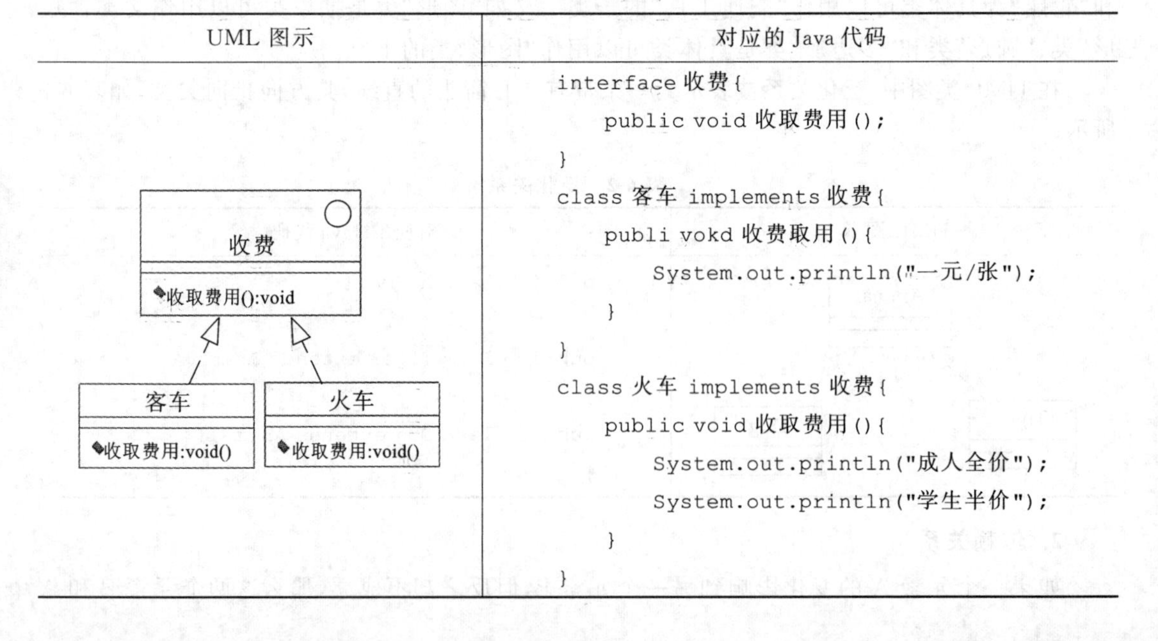

UML 图示	对应的 Java 代码

收费
收取费用():void
客车
收取费用:void()
火车
收取费用:void()
	interface 收费{
	public void 收取费用();
	}
	class 客车 implements 收费{
	publi vokd 收费取用(){
	System.out.println("一元/张");
	}
	}
	class 火车 implements 收费{
	public void 收取费用(){
	System.out.println("成人全价");
	System.out.println("学生半价");
	}
	}

4. 关联关系

关联是类(更确切地说,是类的实例即对象)之间的关系,表示有意义的和值得关注的连接。换言之,在类图中如果两个对象之间存在需要保持一段时间的关系,那么它们之间就可以表示为关联关系。举例来说,学生(Student)在学校(School)里学习课程(Classes),那么在学生(Student)、学校(School)和课程(Classes)之间就存在着某种连接。设计类图时,也就可以在“Student”、“School”和“Classes”之间建立关联关系。

关联通常是双向的(当然也有单向的),即关联的双方彼此能够互相通信,彼此都能感知到另一方的存在。在UML中,关联关系用一条实型直线来表示。如果该实型直线带有箭头,则表明是单向关联,箭头方向表示关联方向,如图6-13所示;如果该实型直线没有箭头,则表明是双向关联,如图6-14所示。

关联可以使用关联名称、关联角色、导航性和多重性等来进行修饰。

1) 关联名称

关联关系可以添加名称,用于描述该关系的性质。此关联名称应该是动词或动词短语,因为它代表源对象正在目标对象上执行的动作。在双向关联中,可以在关联的一个方向上为关联起一个名字,而在另一个方向上起另外一个名字(也可以不起),名字通常紧挨着实线书写。为避免产生混淆,在名字的前面或后面可以附加一个表示关联方向的实心黑三角,黑三角的尖角指明这个关联名称只能用于尖角所指的对象上。如图6-15所示,“Person”和“Company”之间存在关联关系,其关联名称为“*works for*”,该名称用于“Company”上。

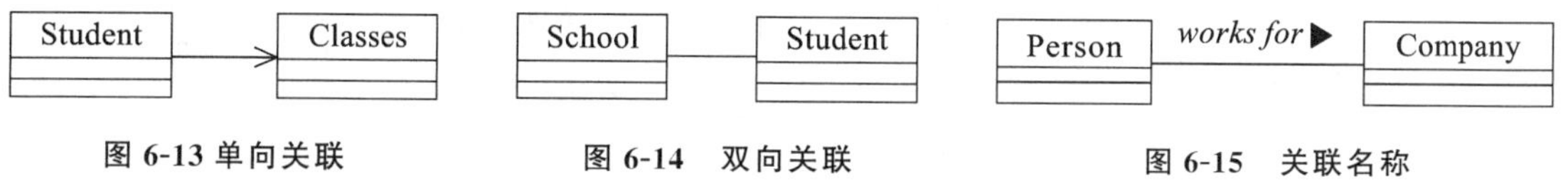

图6-13 单向关联　　图6-14 双向关联　　图6-15 关联名称

说明:关联名称并非是必需的,只有在需要明确给关联提供角色名称时,或一个模型中存在很多关联且应该加以区分时,才需要给出关联名称。

2) 关联角色

当一个对象处于关联的一端时,也就意味着该对象在这个关系中扮演了一个特定的角色。具体来说,关联角色就是关联关系中一个对象针对另一个对象所表现的职责。角色的名称应该是名词或名词短语,用来解释对象是如何参与关联的。在类图中,关联角色放置于相应的关联(实线)的末端。如图6-16所示,“Company”扮演的是“employer”雇主的角色,而“Person”扮演的是“employee”雇员的角色。关联角色是关联的一个组成部分,可根据需要选用。

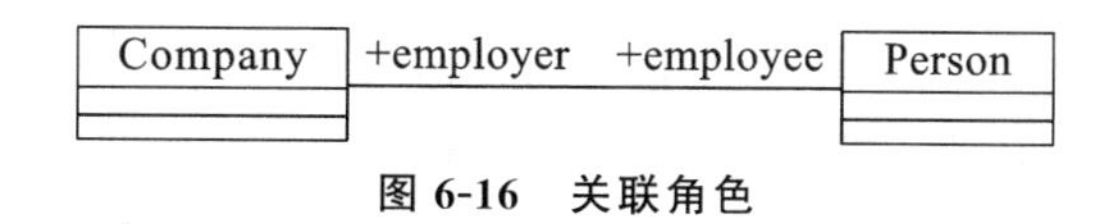

图6-16 关联角色

3) 关联的导航性

导航性描述的是一个对象能否访问另一个对象。也就是说,关联的一端设置导航性表明本端的对象可以被另一端的对象访问。在图示上,导航方向用箭头方向标注,前面已经介绍过,只在一个方向上可以导航的关系称为单向关联,用一条带箭头的实线来表示;在两个方向上都可以导航的关系称为双向关联，用一条没有箭头的实线表示。具体建模时，关联关系的导航性一般是通过类的成员变量来体现的，如表 6-5 所示。

表 6-5　关联的导航性

UML 图示	对应的 Java 代码

Company
p:Person
——
Person
c:Company
	public class Company{
	    private Person p;
	}
	public class Person{
	    private Company c;
	}

4）关联的多重性

关联的多重性是一种约束，用来表示关联中的数量关系。在图示上，多重性被表示为用圆点分隔的区间，每个区间的一般格式为：minimum. . maximum。其中，minimum 代表最小值，maximum 代表最大值，取值均是非负整数。关联的多重性指标具体如表 6-6 所示。

表 6-6　关联的多重性指标

多重性指标	含　义	多重性指标	含　义
1	恰为 1	1. . * 等同于 1. . n	1 或更多
* 等同于 n	0 或更多	2. . 6	2～6
0. . 1	0 或 1	2，4. . 6	2，4～6
0. . *　等同于 0. . n	0 或更多		

"Company"和"Person"之间的多重性关系如图 6-17 所示。通过图示可知，一个"Company"（公司）可以拥有 1 个或多个"Person"（人员），一个"Person"（人员）属于一个"Company"（公司）。

5. 聚集关系

聚集也称聚合，是一种特殊的较强的关联，表示类（确切地说，是类的实例即对象）之间是整体与部分的关系。

在 UML 中，聚集关系用带有空心菱形头的实线来表示。如图 6-18 所示，"Car"（汽车）是代表整体事物的对象（也称聚集对象），"Wheel"（轮子）是代表部分事物的对象。

6. 组合关系

组合是一种特殊形式的聚集，组合关系中的整体与部分具有相同的生存期。

在 UML 中，组合关系用带有实心菱形头的实线来表示。如图 6-19 所示，"Company"（公司）是代表整体事物的对象（也称组合对象），"Department"（部门）是代表部分事物的对象。

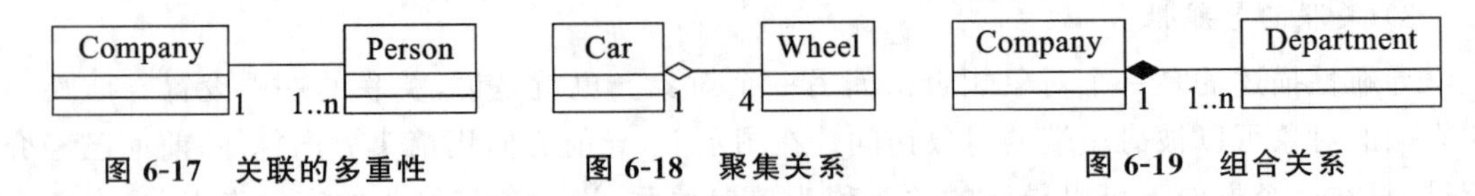

图 6-17　关联的多重性　　图 6-18　聚集关系　　图 6-19　组合关系

UML 类图中的聚集关系和组合关系主要区别在于：聚集关系表示整体与部分的关系比较弱，而组合比较强。聚集关系是“has-a”的关系，组合关系是“contains-a”的关系。聚集关系中聚集对象与代表整体事物的对象并无生存期上的联系，一旦删除了代表整体对象的事物不一定就删除了聚集对象。但是组合中一旦删除了组合对象，同时也就删除了代表部分事物的对象。例如，图 6-18 中汽车和轮子之间的聚集关系表明，如果汽车没有了，轮子还可以独立存在，还可以被安装到其他汽车上，它们之间的关系相对松散。而在图 6-19 中公司和部门之间的组合关系表明，如果公司没有了，公司的部门自然也就消失了，它们具有相同的生存期，它们之间的关系相对于聚集而言更加密切。

之前介绍的关联关系和聚集关系的主要区别是语义上的：关联的两个对象之间一般是平等的，如你是我的朋友；聚集则一般不是平等的，如一个球队包含多个球员。但它们在实现上都是相似的。

6.3 对象图

对象图(object diagram)是由对象(object)和链(link)组成的，如图 6-20 所示。其中，对象是类的特定实例，链是类之间关系的实例，表示对象之间的特定关系。

图 6-20　对象图示例

对象图作为系统在某一个时刻的快照，是类图中的各个类在某一个时间点上的实例及其关系的静态写照，可以通过以下几个方面来说明它的作用。

- 说明复杂的数据结构：对于复杂的数据结构，有时候很难对其进行抽象，从而表达之间的交互关系。使用对象描绘对象之间的关系可以帮助说明复杂的数据结构在某一时刻的快照，从而有助于对复杂数据结构的抽象。
- 表示快照中的行为：通过一系列的快照，可以有效表达事物的行为。

类图和对象图的区别，可以从表 6-7 中描述的几个方面进行对比。

表 6-7　类图和对象图的区别

类　图	对　象　图
类具有三个分栏：名称、属性和操作	对象只有两个分栏：名称和属性
类的名称分栏中只有类名	对象的名称形式为“对象名：类名”，匿名对象的名称形式为“：类名”
类中列出了操作	对象图中不包含操作，因为对于属于同一个类的对象而言，其操作是相同的
类使用关联连接，关联使用名称、角色、多重性以及约束等特征定义。类代表的是对对象的分类，所以必须说明可以参与关联的对象的数目	对象使用链连接，链拥有名称、角色，但是没有多重性。对象代表的是单独的实体，所有的链都是一对一的，因此不涉及多重性
类的属性分栏定义了所有属性的特征	对象则只定义了属性的当前值，以用于测试用例或例子中

6.4 使用 Rational Rose 建立类图的方法

下面介绍如何使用 Rational Rose 绘制类图。为了描述方便，介绍过程中用到的一些命名信息来自图书馆管理系统中的部分对象。

1. 创建类

1）打开工程创建类图

启动 Rational Rose，在选择【File】/【Open】命令，打开在第 5 章中建立过的【Library】工程，然后在左侧浏览器窗口中右击【Logical View】，在弹出的快捷菜单中选择【New】/【Class Diagram】命令，新建一个类图，如图 6-21 所示。

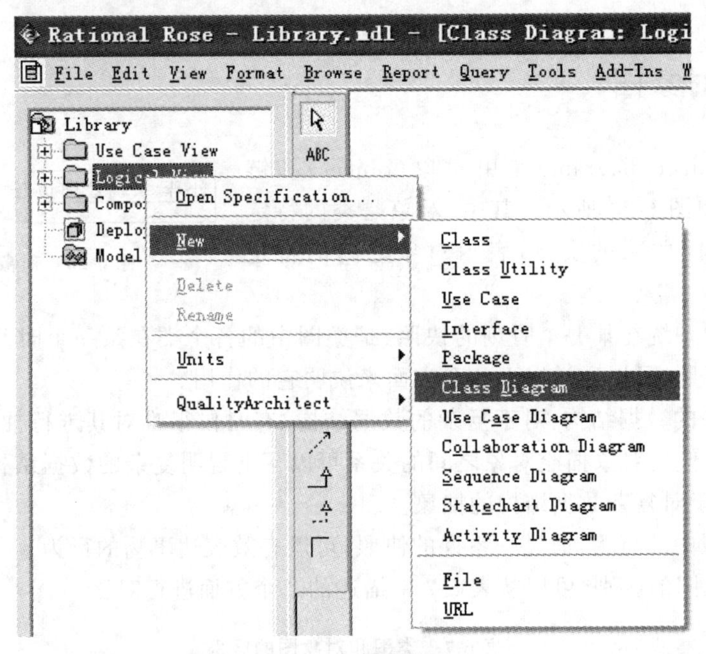

图 6-21 新建类图

新建类图默认名称为【NewDiagram】，可以更改其名称，更改方法是右击【NewDiagram】，在弹出的快捷菜单中选择【Rename】，然后输入类图的新名称即可，在此可将类图名称改为【Library Class】。双击该类图，在 Rational Rose 窗口内右侧空白处出现相应的编辑区，在编辑区中可进行后续操作。其中，出现在类图工具栏上的按钮的名称及功能，详见表 6-8。

表 6-8 类图工具栏

按钮	按钮名称	说明
	Selection Tool	选择工具
ABC	Text Box	文本框
	Note	注释
	Anchor Note to Item	将图中的元素与注释连接

按　　钮	按 钮 名 称	说　　明
	Class	类
	Interface	接口
	Unidirectional Association	单向关联关系
	Association Class	关联类
	Package	包
	Dependency or instantiates	依赖关系或实例化(包含和扩展关系)
	Generalization	泛化关系
	Realize	实现关系
	Association	关联关系

2) 创建包

因为前面已经分析过,为方便管理,可以将各个类归入 Business Package 和 GUI Package 两个包中。所以,接下来就需要在 Rational Rose 中创建这两个包。

在编辑区工具栏中单击【 】符号,也就是“Package”,如图 6-22 所示,然后将光标停放在编辑区任意位置,光标会变成十字形状,在需要的位置再次单击鼠标即可在编辑区中绘制出包的图示。新建包的默认名称为【NewPackage】,可将其名称根据具体情况进行修改。简便的修改方法是直接在【NewPackage】处键入包的新名称;稍复杂的修改方法是双击该包打开包属性对话框,或者右击该包,在弹出的快捷菜单中选择【Open Specification】也可以打开包属性对话框,如图 6-23 所示,在对话框中可进行包名称的修改,同时还可以进行其他方面更为详细的设置。

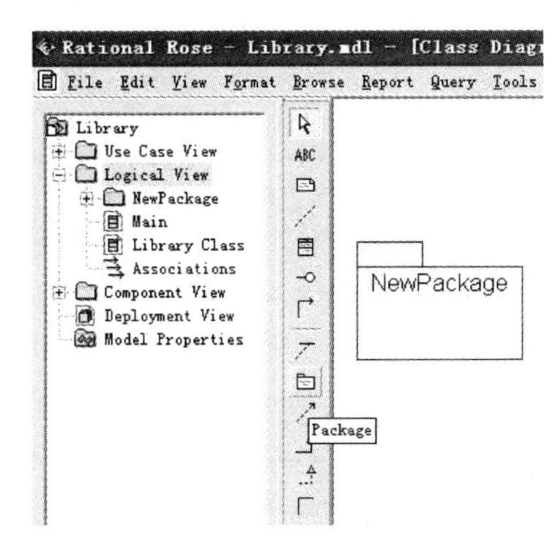

图 6-22　创建包

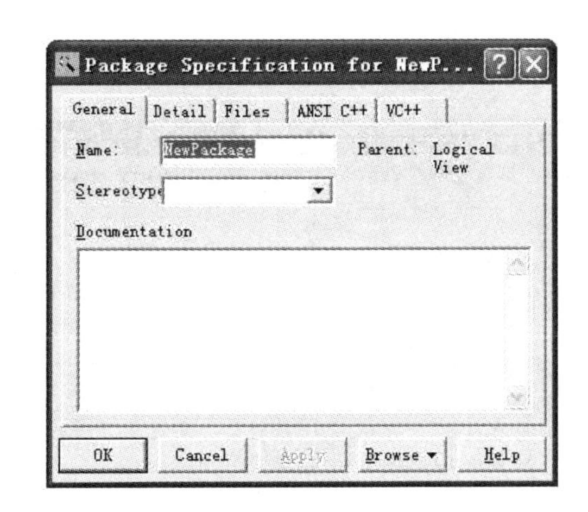

图 6-23　包属性对话框

按照以上方法，可以绘制出“图书管理系统”中的包：Business Package（业务包）和 GUI Package（图形用户接口包），如图 6-24 所示。

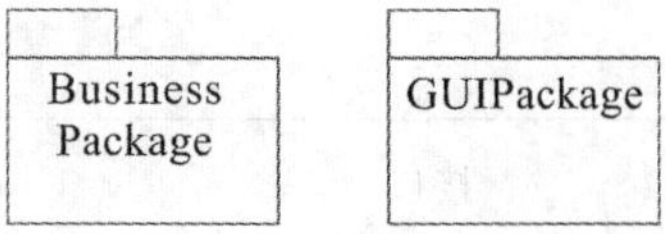

Business Package　　GUIPackage

图 6-24　“图书管理系统”中的包

3）创建类

包创建完以后，可以继续创建包中的各个类。其具体方法是：首先双击包（如 Business Package 包），进入该包的编辑区；然后在编辑区工具栏中单击【▤】符号，也就是“Class”，如图 6-25 所示，将光标停放在该包编辑区任意位置，光标会变成十字形状，在需要的位置再次单击鼠标即可在包编辑区中绘制出类的图示。新建类的默认名称为“NewClass”，可将其名称根据具体情况进行修改。简便的修改方法是直接在“NewClass”处键入类的新名称“Book”；稍复杂的修改方法是双击该参与者打开类设置对话框，或者右击该类，在弹出的快捷菜单中选择【Open Specification】也可以打开类设置对话框，如图 6-26 所示，在此修改类名称为“Book”，同时还可以进行其他方面更为详细的设置。

4）编辑类

类名确定以后，还可以为类添加相应的属性和操作。添加属性的方法和添加操作的方法类似，常用的有以下两种。

（1）通过菜单直接添加。首先右击要添加属性的类（如“Book”类），在弹出的快捷菜单中选择【New Attribute】命令，如图 6-27 所示；然后键入新的属性名称“bookID”，替换掉默认属性名称“name”，如图 6-28 所示。如果想同时设置属性的类型、初始值，可以直接采用“属性名：类型 ＝ 初始值”的键入方式。如果想进一步设置属性的可见性，则可以直接用鼠标单击属性名前面的可见性符号，在弹出的可见性选择项中重新设定以替换默认选项“private”。如图 6-29 所示将 Book 类的“bookID”属性设置为整型 int，初始值设置为“0”，可见性设置为“public”。

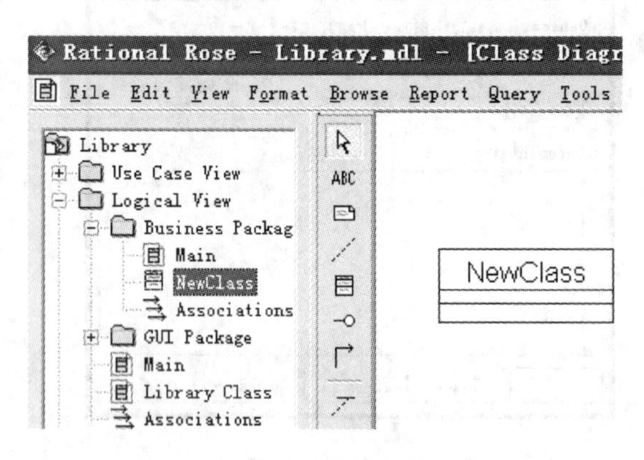

图 6-25　创建类

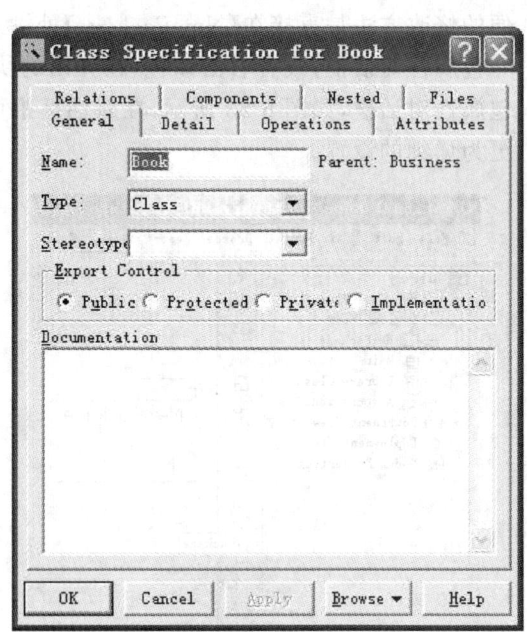

图 6-26　类设置对话框

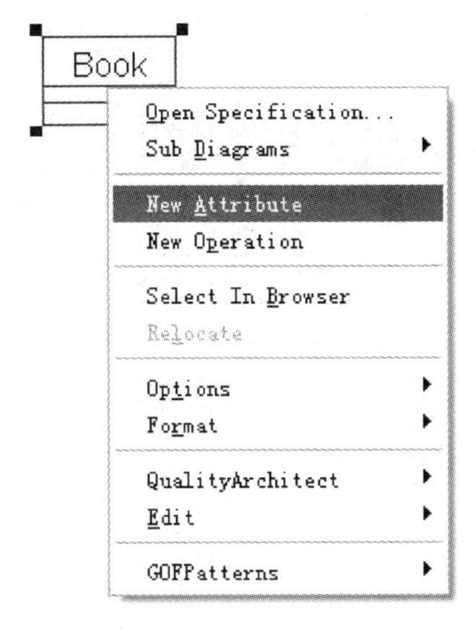

图 6-27 添加属性的方法 1

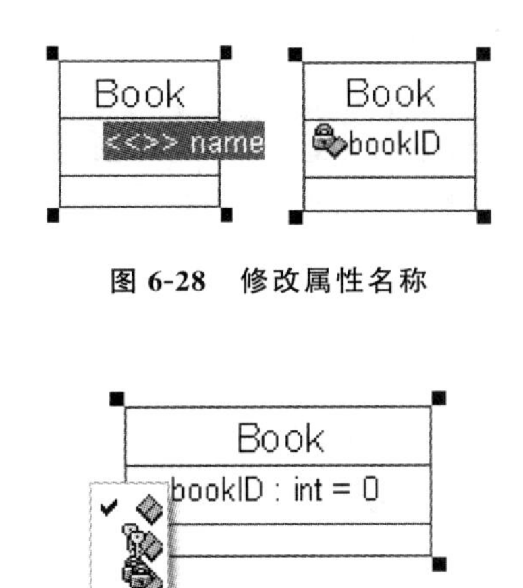

图 6-28 修改属性名称

图 6-29 Book 类属性的可见性

（2）通过类设置对话框间接添加。首先在图 6-26 所示对话框中选择【Attributes】选项卡，如图 6-30 所示；然后右击中间空白区域，在弹出的快捷菜单中选择【Insert】命令，最后键入新的属性名称"bookName"替换默认属性名称"name"。同时，在此还可以双击属性，打开类属性设置对话框，在其中进行更为详细的其他设置，如设置属性的类型、初始值、可见性等，如图 6-31 所示。

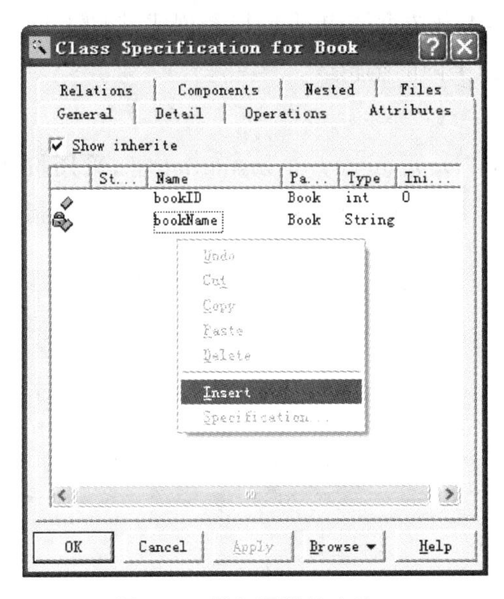

图 6-30 添加属性的方法 2

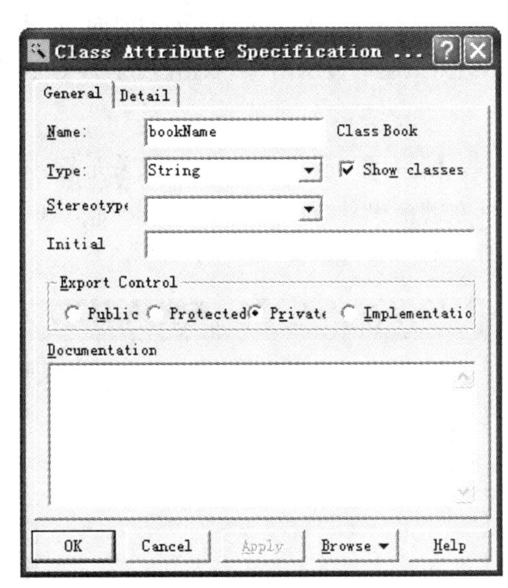

图 6-31 "类属性设置"对话框

添加操作的方法与添加属性的方法基本相同，只需要在图 6-27 所示的快捷菜单中选择【New Operation】命令；或者在图 6-30 所示的类设置对话框中选择【Operations】选项卡，在其中即可完成类操作的添加。类操作的详细设置可以在如图 6-32 所示的对话框中双击指定的操作(如 querybyAuthor)，打开类操作设置对话框，如图 6-33 所示，其中可以进行操作名称、返回值、可见性等设置；继续单击该对话框的【Detail】选项卡，可以进行参数列表设置，如图 6-34 所示，在"Arguments"栏的空白区域任意位置右击，在弹出的快捷菜单中选择

【Insert】命令，此处设置 querybyAuthor 操作有一个参数名为 authorName，参数类型为 String 字符串。

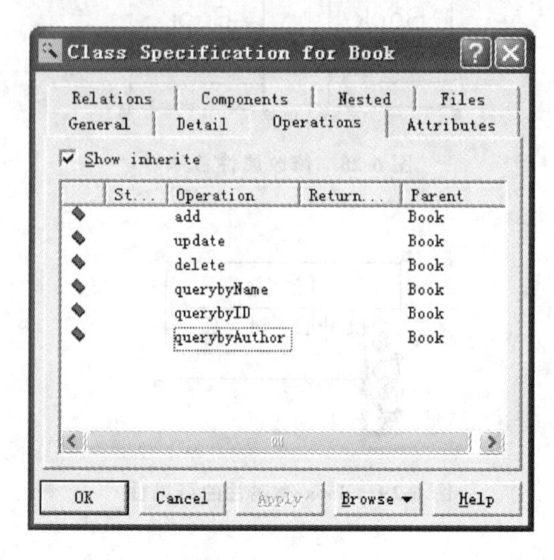

图 6-32 添加操作

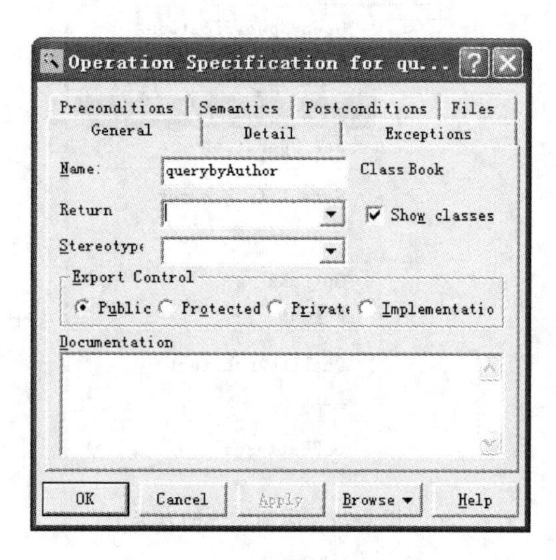

图 6-33 类操作设置对话框

2. 创建类之间的关系

1）打开类图

启动 Rational Rose 后，选择【File】/【Open】命令，可以打开已有工程【Library】，然后在左侧浏览器窗口中单击【Logical View】前面的【+】符号，展开树型结构，此时已经创建过的【Library Class】类图便可显示出来，双击【Library Class】打开该类图的编辑区。

2）建立包之间的关系

在编辑区工具栏中单击依赖关系符号【↗】即"Dependency or instantiates"，采用按住鼠标左键拖曳的方式，将 GUI Package 和 Business Package 连接起来。注意箭头应该指向 Business Package，如图 6-35 所示。

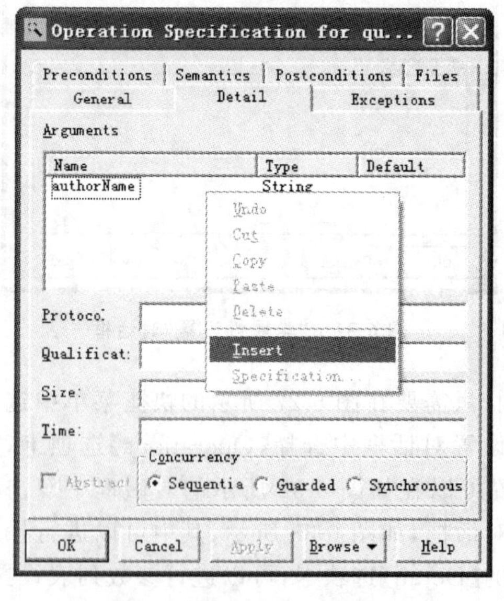

图 6-34 类操作设置对话框

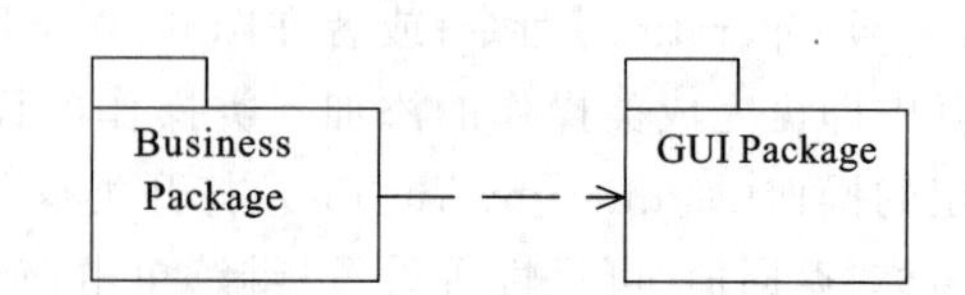

图 6-35 建立包之间的依赖关系

3）建立类之间的关系

接下来可以双击 Business Package，为该包中的各个类建立关系。

参照表 6-8 的分析，Admin 类和 Administrator 类之间存在泛化关系，为了表示这种关系，需要在编辑区工具栏中单击依赖关系符号【 】即“Generalization”，采用按住鼠标左键拖曳的方式，将 Admin 类和 Administrator 类连接起来，注意箭头应该指向父类 Admin。按照同样的方法，可以建立 Admin 类和 Librarian 类之间的泛化关系。

参照表 6-8 的分析，Book 类和 BookType 类之间存在组合关系，为了表示这种关系，需要在编辑区工具栏中单击依赖关系符号【 】即“Association”，然后将光标停放在编辑区任意位置，光标会变成箭头形状，箭头方向向上，此时采用按住鼠标左键拖曳的方式，首先在 Book 类和 BookType 类之间建立关联关系。然后，双击该关联关系（即实线），打开关联设置对话框，在该对话框的【General】选项卡中可以设置关联名称、关联角色等内容，如图 6-36 所示。在该对话框的【Role A Detail】和【Role B Detail】选项卡中可以设置关联的导航性、多重性等内容，同时还可以将该关联关系细化为聚集关系或组合关系，如图 6-37 所示。

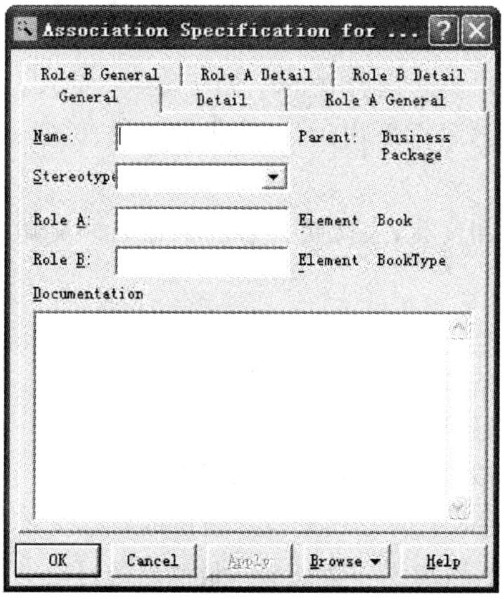

图 6-36 关联设置对话框

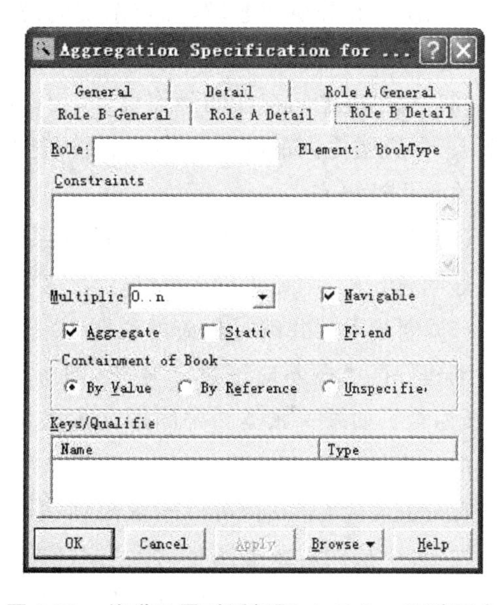

图 6-37 关联设置对话框【Role B Detail】选项卡

根据实际需要，进行完相应的设置后，Book 类和 BookType 类之间就可以建立起如图 6-38 所示的组合关系。

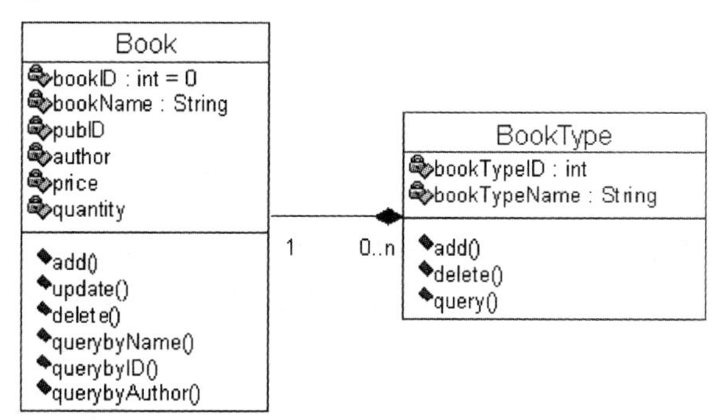

图 6-38 Book 类和 BookType 类之间的组合关系

遵循以上方法，就可以很容易在系统中其他类之间建立相互关系了，读者可自己进行相关练习操作。

6.5 类图建模案例分析

为了加深对类图建模的理解，本节先给出类图的一般建模步骤，然后通过对“BBS论坛系统”类图的创建来介绍类图的分析与设计过程。

6.5.1 类图建模步骤

如前所述，类图表达了系统的静态结构和特征，是建立对象模型的主要工具之一。建立对象类图的过程就是对问题域及其解决方案的一个分析和设计的过程，其关键问题是如何找出现实世界的对象类和类之间的联系，并把它们转换成系统中的对象类和类之间的联系。

一般情况下，建立对象类图包含以下几个步骤。

(1) 研究和分析问题域，确定系统的需求。

(2) 发现、识别、确定系统中的类和对象，明确它们的含义和责任，确定属性和操作。

(3) 找出类之间存在的静态联系。应重点分析出类之间存在的一般与特殊、部分与整体关系，研究类之间的继承性和多态性，把类之间的这种联系用泛化、聚集和组成、关联、依赖等关系表达出来。

(4) 对已经发现的类之间存在的联系进行调整和优化，去除可能存在的命名冲突功能重复等问题。

(5) 创建类图并编写相应的说明。

创建好的类图不应该过于复杂，图形元素一般不宜超过九个，类图的大小一般以一张A4纸为宜。如果一张类图中图形元素太多，就应该按照类图的抽象层次分层创建，同一个层次的类图按一个Use Case或一个子系统创建。如果图形仍然过大，则再进行划分。

在建立对象模型时，可以采取由顶向下或者由底向上的方式进行。顶层的对象类图是概念性的，下层的对象类图是对上层对象类图的细化，增加了一些细节。最底层的对象类图是实现性的，一般可直接映射到程序设计语言。实际上，对于不同的开发人员而言，他们的要求和责任是不一样的。系统分析人员和高级程序员关心的是对象类的基本特性和它们之间的关系，他们只需要逻辑说明层的粒度较粗的对象类图。一般程序员关心的是对象类的属性、操作和联系的实现，需要的是实现层的粒度较细的对象类图。

6.5.2 BBS论坛系统类图

下面将介绍“BBS论坛系统”类图的分析与设计过程。

(1) 识别系统中的类，并根据实际情况确定类的属性和操作。

基于MVC三层架构的思想，将系统中的类按照实体类、边界类、控制类来划分。

其中，实体类有：User(用户)、Administrator(管理员)、Article(帖子)、Edition(版块)、Link(链接)、Advertise(广告)、UserData(用户信息)、ArticleData(帖子信息)、EditionData(版块信息)、LinkData(链接信息)、AdvertiseData(广告信息)、Conn(数据库连接)等，如图6-39所示。需要说明的是，识别类时将AnonymousUser(匿名用户)、Member(注册用户)、Editor(版主)

统一抽象为 User(用户)类,并依据 userGrade 属性值标识其具体身份。

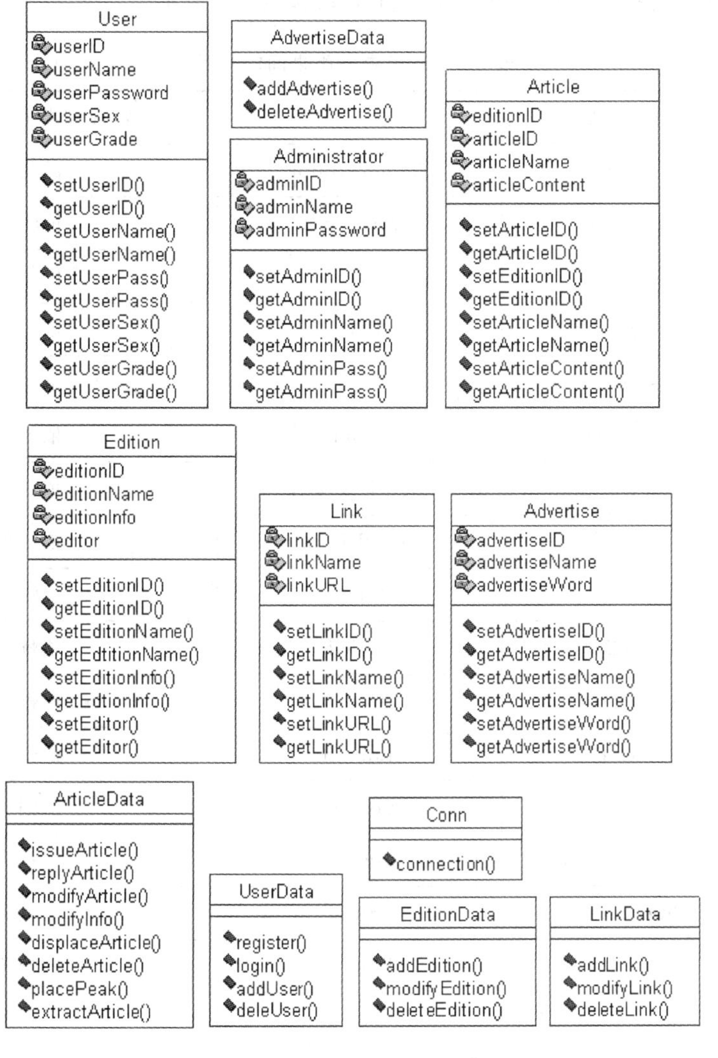

图 6-39 系统中的实体类

其中,边界类有:index. jsp,user. jsp,article. jsp,edition. jsp,link. jsp,advertise. jsp,如图 6-40 所示。

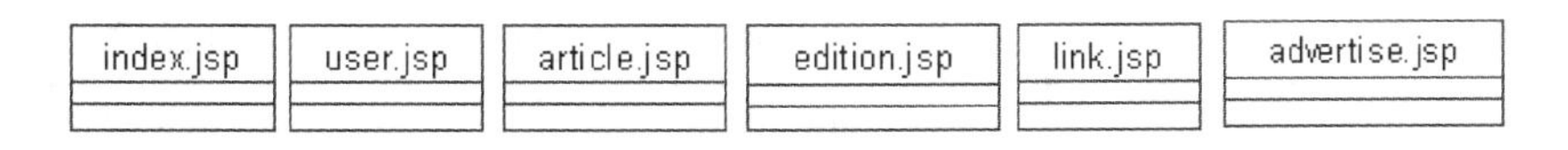

图 6-40 系统中的边界类

其中,控制类有:UserServlet,ArticleServlet,EditionServlet,LinkServlet,AdvertiseServlet,如图 6-41 所示。

图 6-41 系统中的控制类

(2) 识别系统中各类之间的关系。

分析得出“BBS 论坛系统”中各个类之间关系如表 6-9 所示。

表 6-9 系统中各类之间的关系

序号	类 A	类 B	类 A 和类 B 之间的关系
1	User	Administrator	泛化关系
2	user. jsp	UserServlet	依赖关系
3	UserServlet	UserData	依赖关系
4	UserServlet	User	依赖关系
5	UserData	User	依赖关系
6	UserData	Conn	依赖关系
7	article. jsp	ArticleServlet	依赖关系
8	ArticleServlet	ArticleData	依赖关系
9	ArticleServlet	Article	依赖关系
10	ArticleData	Article	依赖关系
11	ArticleData	Conn	依赖关系
12	Article	Edition	依赖关系
13	edition. jsp	EditionServlet	依赖关系
14	EditionServlet	EditionData	依赖关系
15	EditionServlet	Edition	依赖关系
16	EditionData	Edition	依赖关系
17	EditionData	Conn	依赖关系
18	link. jsp	LinkServlet	依赖关系
19	LinkServlet	LinkData	依赖关系
20	LinkServlet	Link	依赖关系
21	LinkData	Link	依赖关系
22	LinkData	Conn	依赖关系
23	advertise. jsp	AdvertiseServlet	依赖关系
24	AdvertiseServlet	AdvertiseData	依赖关系
25	AdvertiseServlet	Advertise	依赖关系
26	AdvertiseData	Advertise	依赖关系
27	AdvertiseData	Conn	依赖关系
28	index. jsp	user. jsp	关联关系

续表

序　号	类　A	类　B	类A和类B之间的关系
29	index. jsp	article. jsp	关联关系
30	index. jsp	edition. jsp	关联关系
31	index. jsp	link. jsp	关联关系
32	index. jsp	advertise. jsp	关联关系

(3) 借助Rational Rose工具绘制出“BBS论坛系统”类图。

由于该系统总体类图较复杂，所以将其划分为如下六个子图：Mange User(用户管理)子图，如图6-42所示；Manage Article(帖子管理)子图，如图6-43所示；Manage Edition(版块管理)子图，如图6-44所示；Manage Link(友情链接管理)子图，如图6-45所示；Manage Advertise(广告管理)子图，如图6-46所示；Manage Module(模块管理)子图，如图6-47所示。

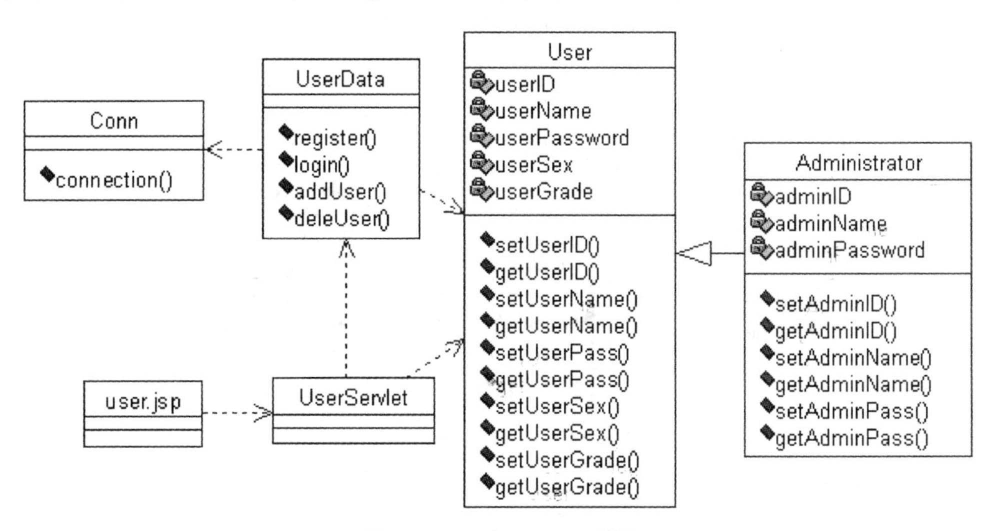

图 6-42　Manage User 子图

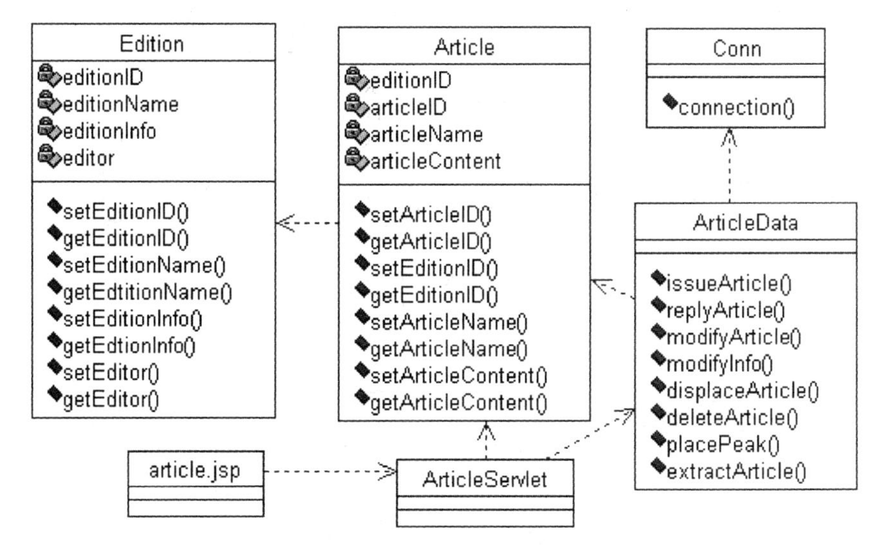

图 6-43　Manage Article 子图

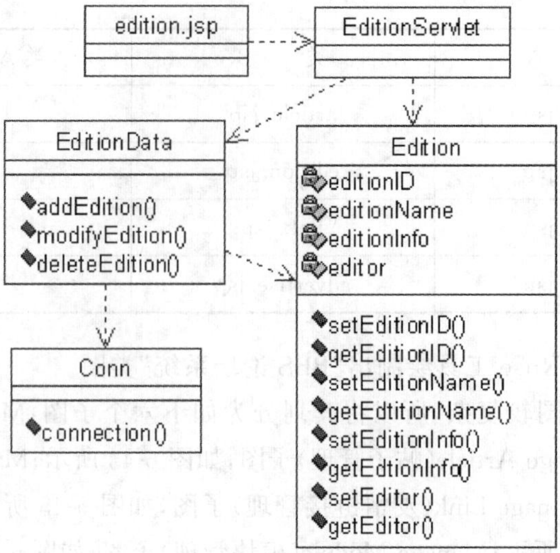

edition.jsp
EditionServlet
EditionData
addEdition()
modifyEdition()
deleteEdition()
Edition
editionID
editionName
editionInfo
editor
setEditionID()
getEditionID()
setEditionName()
getEdtitionName()
setEditionInfo()
getEdtionInfo()
setEditor()
getEditor()
Conn
connection()

图 6-44　Manage Edition 子图

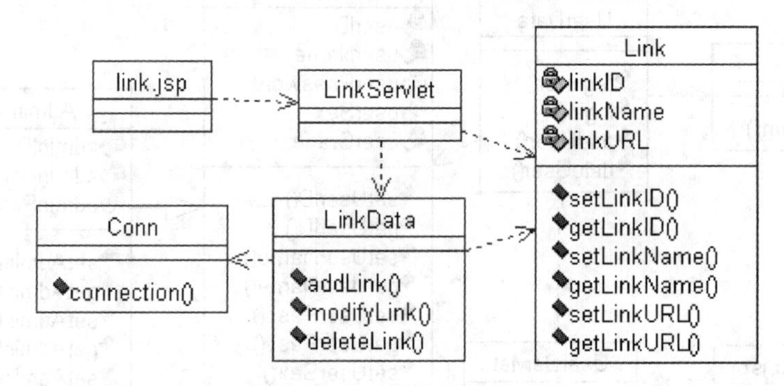

图 6-45　Manage Link 子图

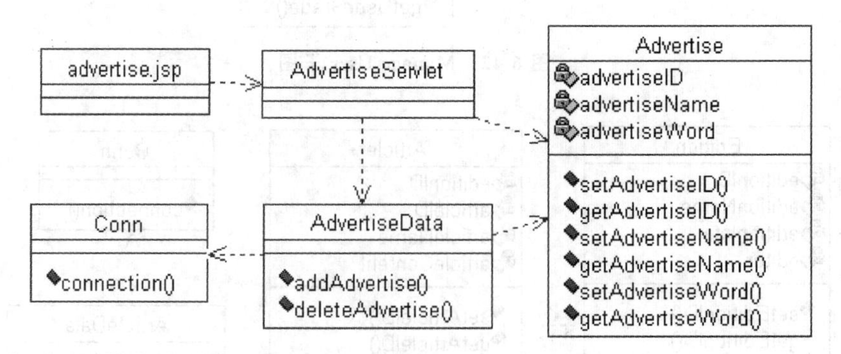

图 6-46　Manage Advertise 子图

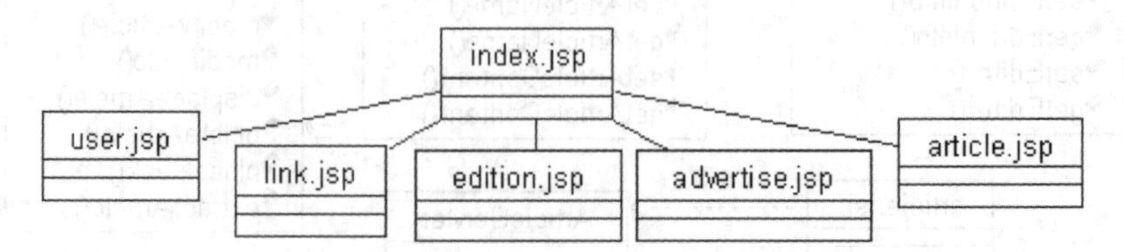

图 6-47　Manage Module 子图

本章小结

本章首先介绍了类图和对象图的基本概念以及它们的作用。类图是用于对系统中的各种概念进行建模并描绘出它们之间关系的图；对象图是类图中的各个类在某一个时间点上的实例及其关系的静态写照。接着介绍了类图的组成元素和如何创建这些模型元素。类图中的模型元素包括类、接口以及它们之间的各种关系，在对关系的介绍中着重介绍了关联关系、依赖关系、泛化关系和实现关系。最后通过一个简单的案例介绍如何去创建类图。在对象图的介绍中，通过说明其组成元素以及如何创建这些模型元素的方式进行阐述。希望读者通过本章的学习，能够根据类图和对象图的基本概念创建各种类以及它们之间的联系，并最终描绘出系统的静态结构。

习　题　6

1. 填空题

(1) 在类图中一共包含了以下几种模型元素，分别是：________、________、依赖关系、________关系、关联关系以及________关系。

(2) ________描述系统在某一个特定时间点上的静态结构，是类图的实例和快照，即类图中的各个类在某一个时间点上的实例及其关系的静态写照。

(3) 对象图中包含________和________。其中，对象是类的特定实例，链是类之间关系的实例，表示对象之间的特定关系。

(4) 在 UML 的图形表示中，类的表示法是一个矩形，这个矩形由三个部分构成，分别是：________、________和________。

(5) 类中属性的可见性包含三种，分别是________、________和________。

2. 选择题

(1) 下列关于和类图的说法正确的是________。

(A) 类图(class diagram)是由类、构件等模型元素以及它们之间的关系构成的

(B) 类图的目的在于描述系统的运行方式，而不是系统如何构成的

(C) 一个类图通过系统中的类以及类之间的关系来描述系统的静态方面

(D) 类图与数据模型有许多相似之处，区别就是数据模型不仅描述了系统内部信息的结构，也包含了系统的内部行为，系统通过自身行为与外部事物进行交互

(2) 下列关于对象和对象图的说法正确的是________。

(A) 对象图描述系统在某一个特定时间点上的动态结构

(B) 对象图是类图的实例和快照，即类图中的各个类在某一个时间点上的实例及其关系的静态写照

(C) 对象图中包含对象和类

(D) 对象是类的特定实例，链是类的属性的实例，表示对象的特定属性

(3) 类之间的关系不包括________。

(A) 依赖关系　　(B) 泛化关系　　(C) 实现关系　　(D) 分解关系

(4) 下列关于接口关系的说法不正确的是________。

(A) 接口是一种特殊的类

(B) 所有接口都是有构件型＜＜interface＞＞的类

(C) 一个类可以通过实现接口从而支持接口所指定的行为

(D) 在程序运行的时候，其他对象不仅需要依赖于此接口，还需要知道该类对接口实现的其他信息

3. 简答题

(1) 什么是类图？什么是对象图？说明两种图的作用。

(2) 类图类有哪些组成部分？

(3) 类之间的关系有哪些？试着描述这些关系。

(4) 对象图中包含哪些元素？它们都有什么作用？

4. 练习题

(1) 以“远程网络教学系统”为例，在该系统中参与者为学生、教师和系统管理员。学生包括登录名称、登录密码、学生编号、性别、年龄、班级、年级、邮箱等属性；教师包括自己的登录名称、登录密码、姓名、性别、教授课程、电话号码和邮箱等属性；系统管理员包括用户名、系统管理员密码、邮箱等属性。根据这些信息创建系统的类图。

(2) 在上题中，如果我们把参与者学生、教师和系统管理员进行抽象，从而抽象出一个单独的人员类，学生、教师和系统管理员分别是人员类的子类。根据这些信息重新创建类图。

第7章 序 列 图

一个面向对象的软件系统是一系列互相协同的对象的集合，每个对象都有自己的“生命”，如果每个对象只关心自己的事情，而不考虑与其他对象的交互，将会产生混乱。唯一可以让对象协作完成系统功能的手段是每个类定义自己合适的方法，它们使对象实体能够通过消息进行交互。在 UML 中，使用交互图来描述系统的各个对象之间如何交互，如何合作完成某个行为，这也被称之为系统动态建模。一般要求每个用例使用一个交互图进行描述，从而能有效帮助人们观察和理解系统内部的协作关系和行为过程。本章将要介绍的序列图和下一章将介绍的协作图是交互图的两种不同形式。本章将对序列图的基本概念以及使用方法进行详细介绍。希望读者通过本章的学习能够熟练使用序列图来描述系统中对象的交互行为。

7.1 序列图概述

序列图可以将对象之间如何按照时间顺序传递消息的过程进行可视化建模。序列图从一定程度上更加详细地描述了用例表达的需求，可作为一种面向对象软件工程中的详细设计工具。

7.1.1 序列图 UML 定义

序列图(sequence diagram)也被称为时序图或顺序图，它是一种交互图，描述了系统中各个对象之间传递消息的时间次序。序列图用来表示用例的行为顺序，从而为类图中描述类的行为、划分类的职责提供依据。序列图能清晰地描述某一用例实现过程中各个对象参与协作的情况。序列图依赖于用例图，如果说用例图是对用户需求的第一次抽象，那么通过序列图，用户的需求就会变得更加具体，系统中各个对象的行为和角色也更加清晰。

在 UML 的表示中，序列图将交互关系表示为一个二维图，如图 7-1 所示，它包括四种基本符号：对象(object)、生命线(lifeline)、消息(messages)和激活(activation)。

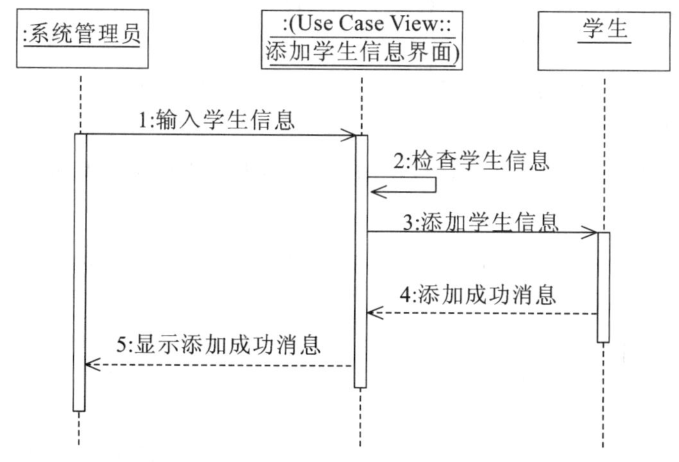

图 7-1 序列图示例

7.1.2 序列图作用

序列图作为一种描述在给定语境中消息是如何在对象间传递的图形化方式，在使用其进行建模时，可以将其用途分为以下三个方面。

(1) 确认和丰富一个使用语境的逻辑表达。一个系统的使用情境就是系统潜在的使用方式的描述，也就是它的名称所要描述的。一个使用情境的逻辑可能是一个用例的一部分，或是一条控制流。

(2) 细化用例的表达。前面已经提到，序列图的主要用途之一，就是把用例表达的需求，转化为进一步的、更加正式层次的精细表达。用例常常被细化为一个或者更多的序列图。

(3) 有效地描述如何分配各个类的职责以及各类具有相应职责的原因。我们可以根据对象之间的交互关系来定义类的职责，各个类之间的交互关系构成一个特定的用例。

一般认为，序列图只对开发者有意义，然而序列图可以显示不同的业务对象如何交互，对于交流当前业务如何进行很有用。除记录组织的当前事件外，一个业务级的序列图能被当成一个需求文件使用，为实现一个未来系统传递需求。在项目的需求阶段，分析师能通过提供一个更加正式层次的表达把用例带入下一层次。这种情况下用例常常被细化为一个或者更多的序列图。组织的技术人员也能通过序列图记录一个未来系统的行为应该如何表现。在设计阶段，架构师和开发者能使用该图挖掘出系统对象间的交互，从而充实整个系统的设计。

7.2 序列图组成元素

序列图(sequence diagram)是由对象(object)、生命线(lifeline)、消息(messages)和激活(activation)等构成的。序列图的目的就是按照交互发生的顺序显示对象之间的交互。下面分别介绍序列图的各组成元素。

7.2.1 对象

序列图中的对象与对象图中的对象的概念一样，都是类的实例。序列图中的对象可以是系统的参与者或者任何有效的系统对象。序列图中对象的表示形式也与对象图中的对象的表示方式一样，使用包围名称的矩形框来标记，所显示的对象及其类的名称带有下划线，二者用冒号隔开，使用“对象名:类名”的形式。常见格式有以下三种，实际应用中如何选择应视具体情况而定。

(1) 第一种如图 7-2 所示，即对象名在前，类名在后，其间用冒号连接，表明前者是后者的对象，如“Tom”是“Student”类的一个对象。

(2) 第二种如图 7-3 所示，这种格式用于尚未给出对象名的情况，如只给出“Student”类而没有给出该类对象的具体名称。

Object:Class	Tom:Student

图 7-2 对象表示格式一

:Class	:Student

图 7-3 对象表示格式二

第三种格式如图 7-4 所示，只给出对象名而省略类名，如只给出对象名“Tom”，却没有指出该对象具体属于哪个类。

如果对象的开始位置位于序列图的顶部，那就意味着序列图在开始交互的时候该对象就已经存在了，如果对象的位置不在顶部，那么表明对象在交互的过程中将被创建。

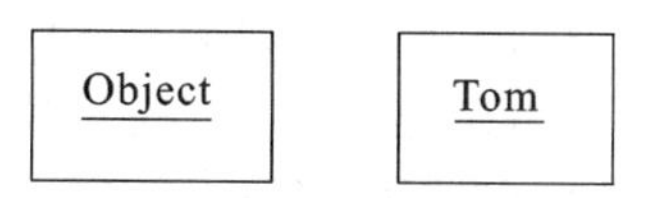

图 7-4 对象表示格式三

在序列图中可以通过以下几种方式使用对象。

- 使用对象生命线来建立类与对象行为的模型，这也是序列图的主要目的。
- 不指定对象的类，先用对象创建序列图，随后再指定它们所属的类。这样可以描述系统的一个场景。
- 区分同一个类的不同对象之间如何交互时，首先应给出对象名，然后描述同一类对象的交互，也就是说，同一序列图中的几条生命线可以表示同一个类的不同对象，两个对象之间的区分是根据对象名称进行的。
- 表示类的生命线可以与表示该类对象的生命线平行存在。可以将表示类的生命线的对象名称设置为类的名称。

通常将一个交互的发起对象称为主角，对于大多数业务应用软件来说，主角通常是一个人或一个组织。主角实例通常由序列图的第一条(位于最左侧)生命线来表示，也就是把它们放在模型的“可看见的开始之处”。如果在同一序列图种有多个主角实例，就应尽量使它们位于最左侧或最右侧的生命线。同样，那些与主角相交互的角色被称为反应系统角色，通常放在图的右边。在许多的业务应用软件中，这些角色经常被称为后台实体，即那些通过存取技术交互的系统，如消息队列、Web Service 等。

7.2.2 生命线

生命线(lifeline)是一条垂直的虚线，用于表示序列图中的对象在一段时间内的存在。每个对象的底部的中心位置都带有生命线。生命线是一个时间线，从序列图的顶部一直延伸到底部，所用时间取决于交互持续的时间，也就是说生命线体现了对象存在的时段。

对象与生命线结合在一起称为对象的生命线。对象的存在的时段包括对象在拥有控制线程时或被动对象在控制线程通过时存在。当对象在拥有控制线程时，对象被激活，作为线程的根。被动对象在控制线程通过时，即被动对象被外部调用，通常称之为活动。它的存在时间包括调用下层过程的时间。

对象的生命线包含矩形的对象图标以及图标下面的生命线，如图 7-5 所示。

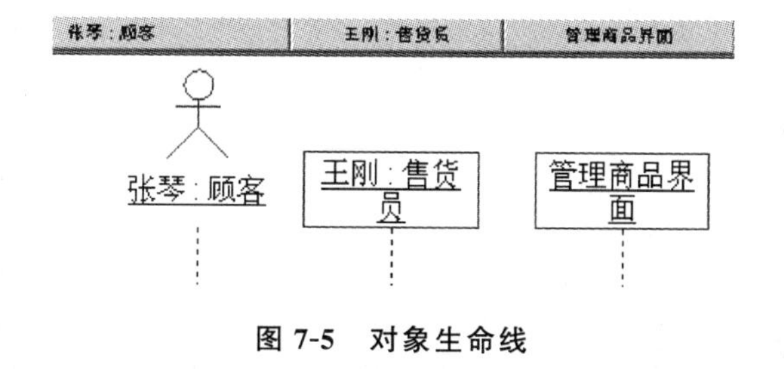

图 7-5 对象生命线

7.2.3 消息

消息(messages)是从一个对象(发送者)向另一个或几个其他对象(接收者)发送信号，

或由一个对象(发送者或调用者)调用另一个对象(接收者)的操作。它可以有不同的实现方式,如递归调用、操作、过程调用等。

消息是对象间通信的表现形式,对象间的交互是通过消息的传递来完成的。消息可以激发操作、唤起信号、创建对象或撤销对象。在时序图和后续的协作图中均用到了这一概念,消息在具体应用中可以是确切的信号,也可以是某种调用机制。

在 UML 中,消息表示为箭头,箭头起始的一方是发送方,箭头指向的一方是接收方。箭头的类型体现了消息的类型,详见表 7-1。

表 7-1 时序图常用消息类型

序号	消息类型	符号表示	含义说明
1	Object Message	——→	对象间的简单消息
2	Message to Self	←□	反身消息
3	Return	- - - -→	返回消息
4	Procedure call	——▶	对象间的过程调用
5	Asynchronous	——⇀	对象间的异步消息,即客户发出消息后不管消息是否被接收,继续别的事物

除上述消息类型以外,还可以利用消息的规范设置消息的其他类型,如同步(Synchronous)消息、阻止(Balking)消息和超时(Timeout)消息,如图 7-6 所示。同步消息表示发送者发出消息后等待接收者响应这个消息;阻止消息表示发送者发出消息给接收者,如果接收者无法立即接收消息,则发送者放弃这个消息;超时消息表示发送者发出消息给接收者,如果接收者超过一定时间未响应,则发送者放弃这个消息。

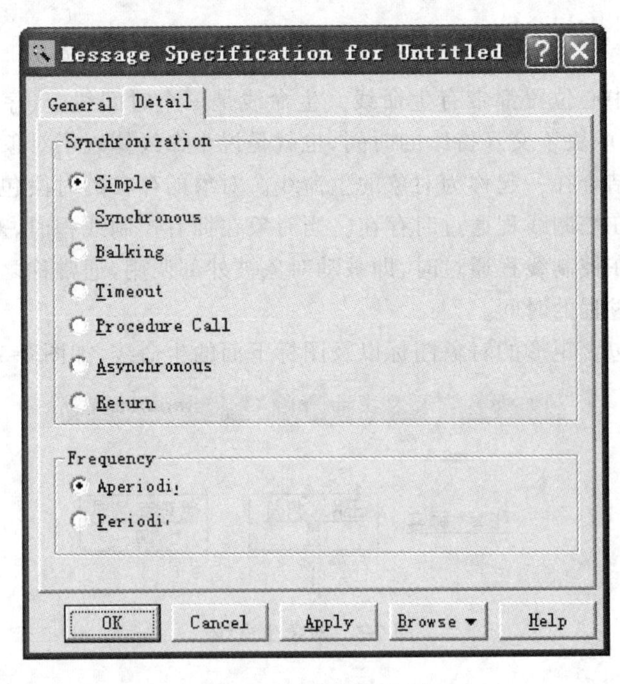

图 7-6 消息规范设置

在 Rational Rose 中还可以设置消息的频率。消息的频率可以让消息按规定的时间间隔发送，如每 10 s 发送一次消息。其主要包括两种设置：定期（Periodic）和不定期（Aperiodic）。定期消息按照固定的时间间隔发送，不定期消息只发送一次或者在不规则的时间内发送。

消息按时间顺序从上到下垂直排列。如果多条消息并行，则它们之间的顺序不重要。消息可以有序号，但因为顺序是用相对关系表示的，故通常也可以省略序号。在 Rational Rose 中可以设置是否显示序号。设置是否显示序号的步骤为：选择【Tools】/【Options】命令，在弹出的【Options】对话框中打开【Diagram】选项卡，如图 7-7 所示，选中或取消【Sequence numbering】复选框即可。

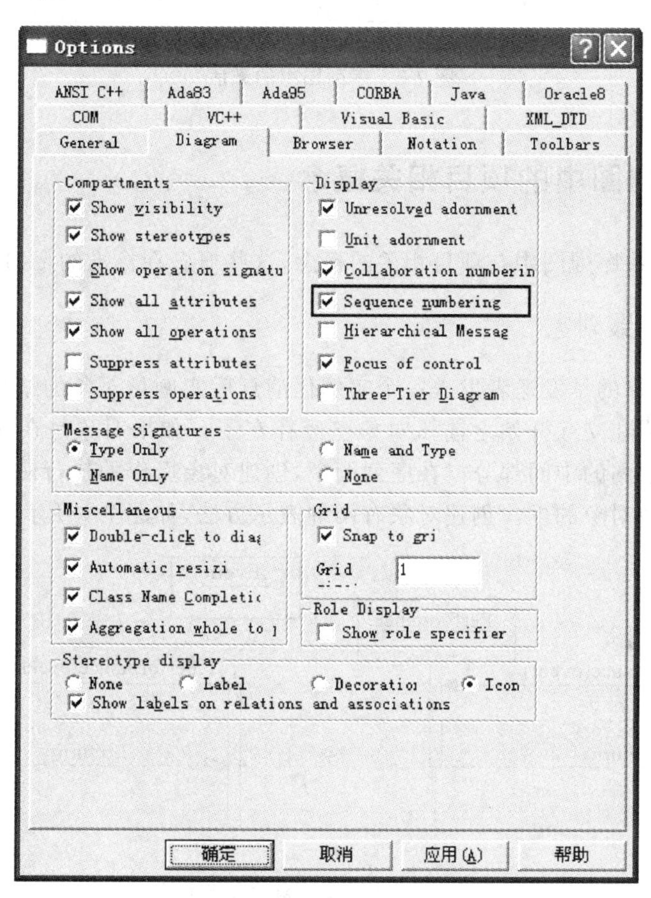

图 7-7　设置是否显示消息序号

7.2.4　激活

序列图可以描述对象的激活（activation），激活是对象操作的执行，它表示一个对象直接地或通过从属操作完成操作的过程。它对执行的持续时间和执行与其调用者之间的控制关系进行建模。

激活在序列图中用一个细长的矩形框表示，如图 7-8 所示，它的顶端与激活时间对齐而底端与完成时间对齐。被执行的操作根据不同风格表示成一个附在激活符号旁或在左边空白处的文字标号，进入消息的符号也可表示操作，在这种情况下激活上的标号可以被忽略。如果控制流是过程性的，那么激活符号的顶部位于用来激发活动的进入消息箭头的头部，而符号的底部位于返回消息箭头的尾部。

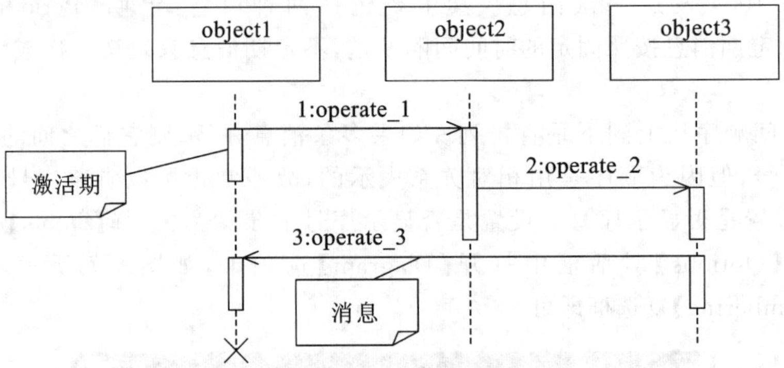

图 7-8　序列图中的激活

 7.3　序列图中的项目相关概念

以下将介绍一些序列图中与项目相关的概念，这些概念在标准的 UML 中都是支持的。

7.3.1　创建与销毁对象

创建一个对象指的是发送者发送一个实例化消息后实例化对象的结果。如果对象位于时序图的顶部，说明在交互开始之前该对象已经存在了。如果对象是在交互的过程中创建的，那么它应当位于图的中间部分。在序列图中，创建对象操作的执行使用消息的箭头来表示，箭头指向被创建对象的框。创建对象有两种表示方法，如图 7-9 所示。

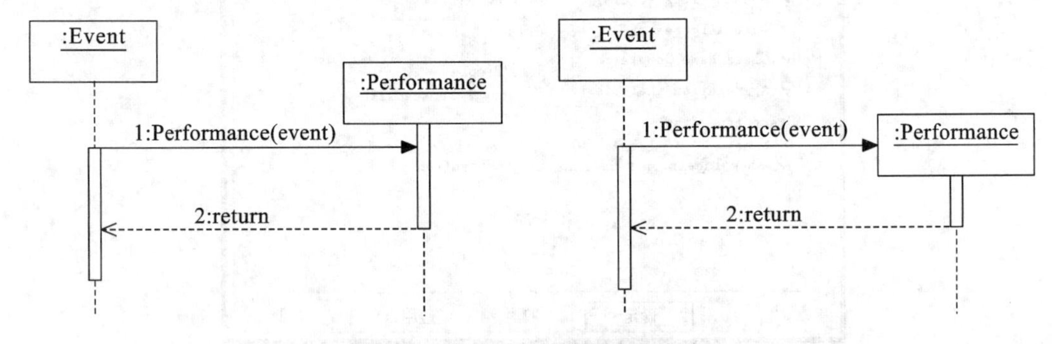

图 7-9　创建对象的两种表示方法

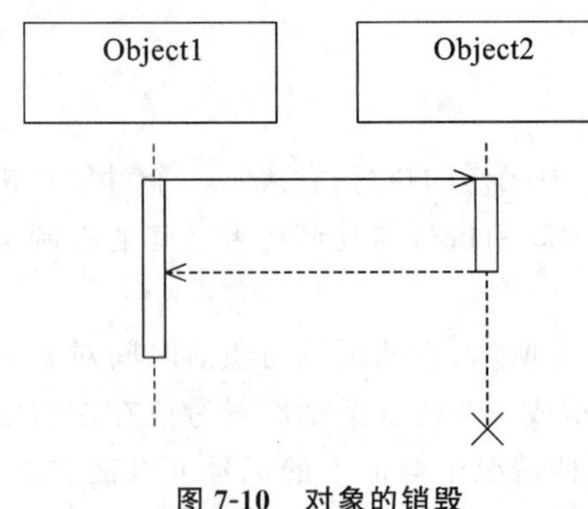

图 7-10　对象的销毁

销毁对象是指将对象销毁并回收其拥有的资源，它通常是一个明确的动作，也可以是其他动作、约束或垃圾回收机制的结果。对象被销毁是在对象的生命线上画"×"表示，如图 7-10 所示。销毁的位置是在对象自我终结的地方。在销毁新创建的对象，或者序列图中的任何其他对象时，都可以使用。

7.3.2　分支与从属流

在 UML 中，存在两种方式可以来修改序列图中消息的控制流，它们分别是分支和从属流。分支是指从同一点发出多个消息并指向不同的对象，根据条件是否互斥，可以有条件和并行两种结构。从属流是指从同一点发出多个消息指向同一个对象的不同生命线。

引起一个对象的消息产生分支可以有很多种情况，例如：在复杂的业务处理过程中，要根据不同的条件进入不同的处理流程中，通常被称作条件分支；另外一种情况是当执行到某一点的时候需要向两个或两个以上的对象发送消息，消息是并行的，这时被称为并行分支。

从属流是对象由于不同的条件而执行了不同的生命线分支，如用户在保存或删除一个文件时，向文件系统发送一条消息，文件系统会根据保存或删除消息条件的不同执行不同的生命线。

注意：在 Rational Rose 中，不支持对序列图的分支和从属表示，但可以利用状态图和活动图，因为它们对分支有良好的表达。若遇到分支和从属问题，也可考虑使用两个以上序列图描述。

7.4 使用 Rational Rose 建立序列图的方法

下面介绍如何使用 Rational Rose 创建序列图。为了描述方便，介绍过程中用到的一些命名信息来自图书馆管理系统中的部分对象。

1. 新建模型或打开模型

Rational Rose 正常启动后，选择【File】/【New】命令，新建一个模型命名为【Library】，如图 7-11 所示。如果在此之前已经建立了【Library】模型，那么就可以选择【File】/【Open】命令，打开这个原有的模型。

2. 新建序列图

在视图区域树型列表中，右击【Logical View】结点，然后在弹出的快捷菜单中选择【New】→【Sequence Diagram】命令，如图 7-12 所示。在此默认的序列图名称为【New Diagram】，可以输入新的序列图名称为【User Login】。

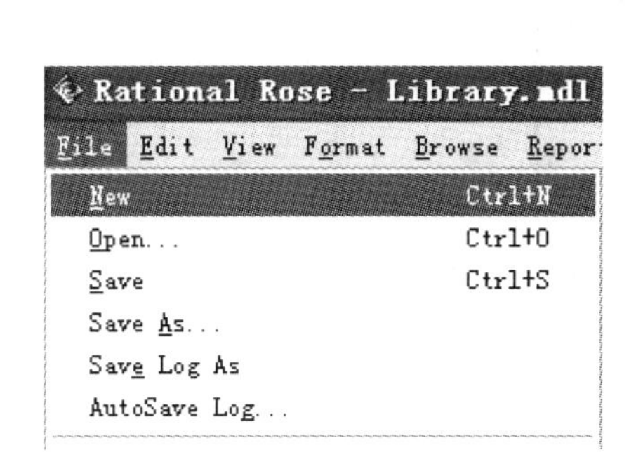

图 7-11 新建模型或打开模型

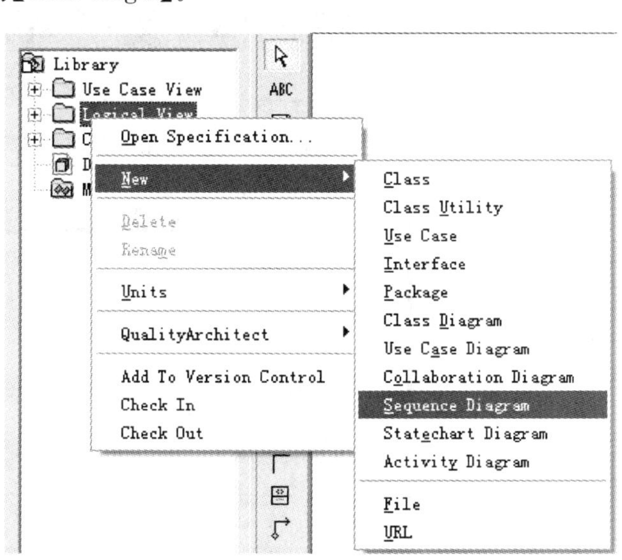

图 7-12 新建序列图

双击该序列图名称，出现序列图的工具栏和编辑区域。其中，序列图工具栏上的按钮名称及功能，详见表 7-2。

表 7-2　序列图工具栏按钮

按　钮	按钮名称	说　明
	Selection Tool	选择工具
ABC	Text Box	文本框
	Note	注释
	Anchor Note to Item	将图中的元素与注释连接
	Object	对象
	Object Message	对象间的消息
	Message to Self	反身消息
	Return Message	返回消息
	Destruction Marker	销毁对象

3. 创建对象

在序列图工具栏中选择对象按钮【】即“Object”，然后在绘图区域中单击鼠标左键，便可以将指定的对象添加到时序图中，被添加的对象自动带有生命线。如果要修改对象的名称，可以双击对象打开对象属性对话框，或者右击该对象，在弹出的快捷菜单中选择【Open Specification】也可以打开对象属性对话框，如图 7-13 所示。下面以创建 Librarian 对象为例

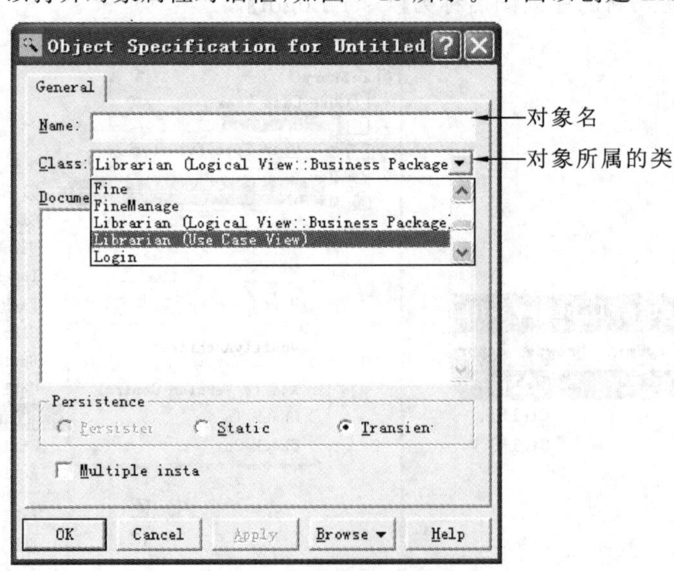

图 7-13　对象属性对话框

来介绍。在图 7-13 所示对话框的【Class】下拉列表中，如果选择【Librarian(Use Case View)】，Librarian 对象将显示为类似参与者的图示；如果选择【Lirarian(Logical View: Business Package)】，Librarian 对象对象将显示为类似于类的图示。

本例序列图中涉及两个对象，其一为 Librarian 创建的一个对象，其二为 Reader 类创建的一个对象，如图 7-14 所示。

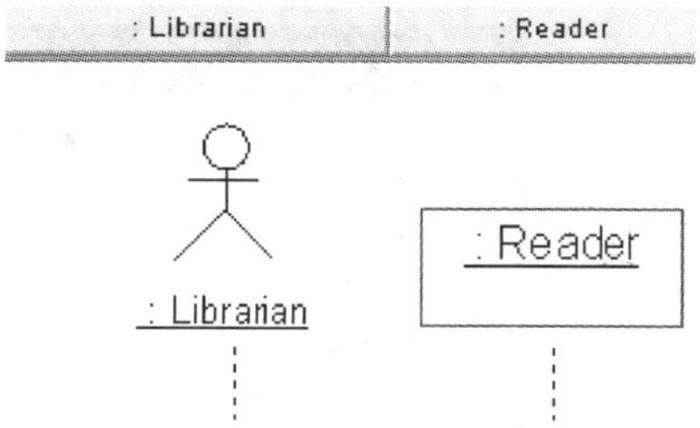

图 7-14 创建“User Login”时序图对象

4. 识别对象间的消息

在序列图工具栏中选择消息按钮【⟶】即“Object Message”，然后在绘图区域中两个对象生命线之间拖曳鼠标左键，便可以在指定的对象间添加相应的消息，被添加消息后对象的激活期会自动出现。对象间的消息默认情况下只有一个消息编号，如果要输入消息的具体内容或设置消息的类型，可以双击该消息打开消息属性对话框，或者右击该消息打开消息属性对话框。在消息属性对话框中选择【General】选项卡，可以输入消息的名字和相关说明信息，如图 7-15 所示；在消息属性对话框中选择【Detail】选项卡，可以设置消息的类型等，如图 7-16 所示。

图 7-15 消息属性对话框【General】选项卡

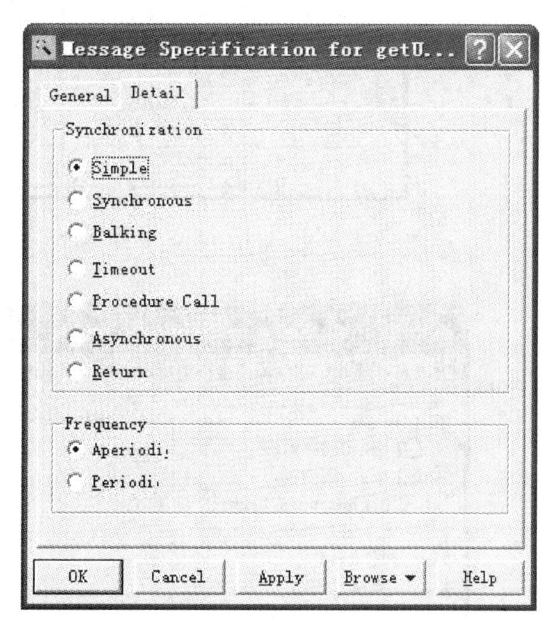

图 7-16 消息属性对话框【Detail】选项卡

如果要取消消息编号或取消激活期的显示，可以选择【Tools】/【Options】命令，在弹出的【Options】对话框中选择【Diagram】命令选项卡，通过复选框来完成相应的设置，如图 7-17 所示。

本例序列图中，对象间涉及的消息有两个：其一为 Librarian 对象发送给 Reader 对象的 getReaderInfo 消息，用于获取用户信息如用户名和密码等；其二为 Lirarian 对象发送给自身的 login 消息，用于显示是否成功登录到系统，如图 7-18 所示。

至此，“用户登录”场景的序列图已基本完成。

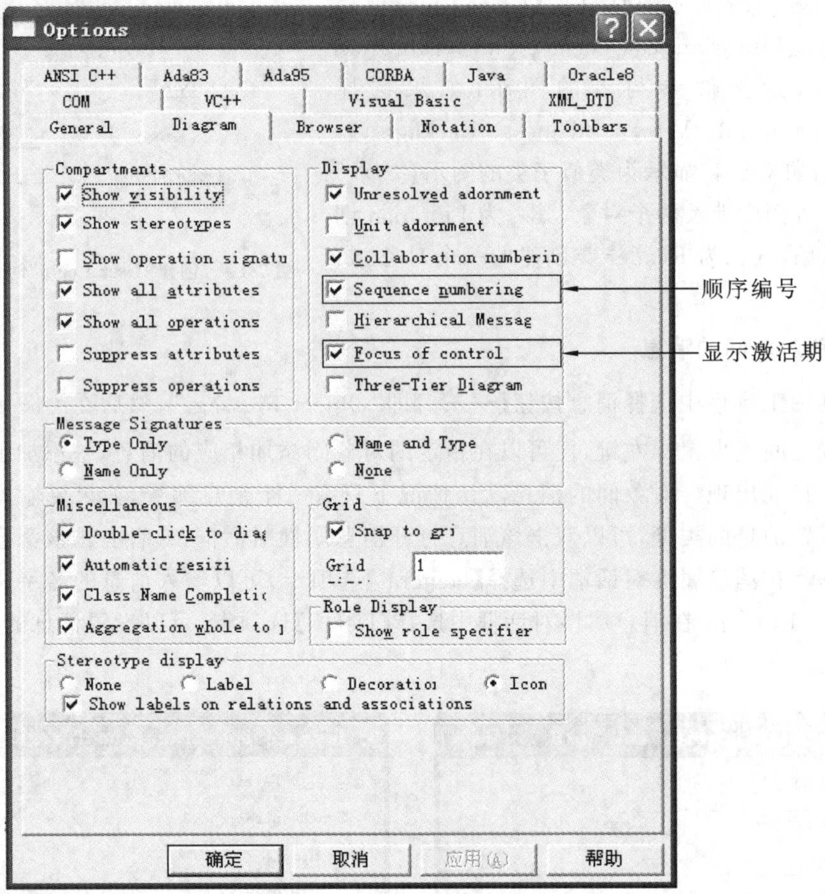

顺序编号

显示激活期

图 7-17 选项设置对话框

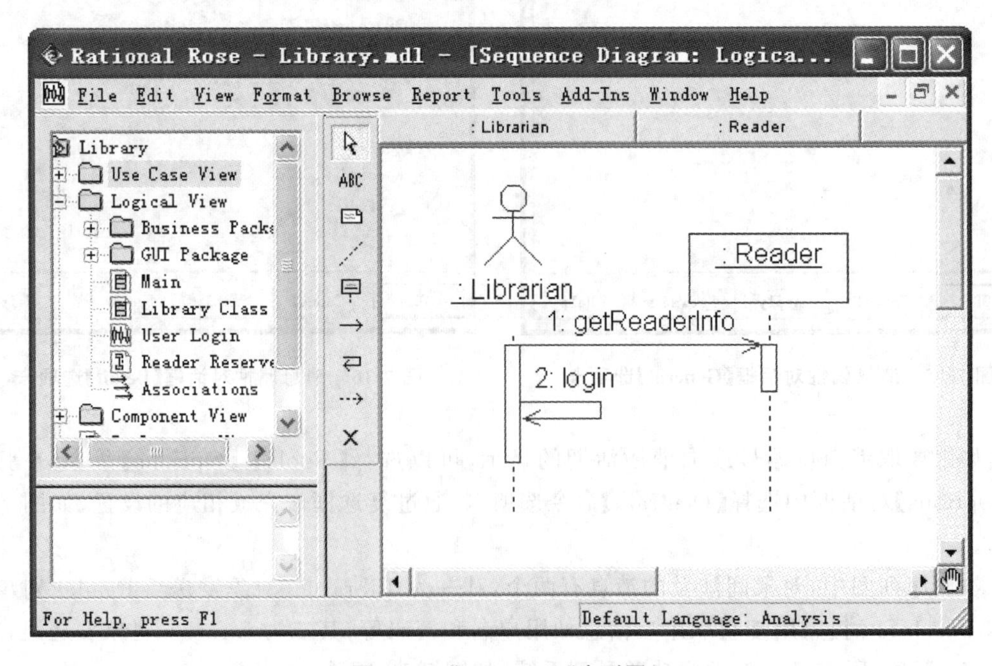

图 7-18 “User Login”序列图

7.5 序列图建模案例分析

为了加深对序列图建模的理解，本节先给出序列图的一般建模步骤，然后通过对“BBS论坛系统”相关序列图的创建来介绍序列图的分析与设计过程。

7.5.1 序列图建模步骤

序列图建模一般按照以下步骤进行。

(1) 分析并确定交互的语境，识别对象在交互中扮演的角色，设置交互的场景。

(2) 找出参与交互的对象类的角色，并横向排列在序列图的顶部。最重要的或者启动交互的对象放在最左边，依次向右排列，动态创建的对象应放在被创建的时间点位置。

(3) 从初始化交互的消息开始，自顶向下在生命线上放置消息，注意各类不同消息的表示法，显示每个消息的特性(如参数)。

(4) 在生命线上绘制对象的激活期，包括动态对象的创建和销毁。

(5) 对于比较复杂的系统行为，可以对控制流进行分解，用多个序列图来表示。

7.5.2 BBS论坛系统序列图

识别系统中既定场景的对象、消息等要素，并借助 Rational Rose 工具绘制出相应的序列图。此处以“Login”(用户登录)和“Add Edition”(增加版块)为例进行分析和建模。

(1) “Login”(用户登录)的具体处理流程为：User(用户)通过 user.jsp 输入登录信息，然后其登录信息交由 UserServlet 处理，继而 UserServlet 将登录信息传递给 User 进行封装，接着再由 UserData 查询判断用户输入的登录信息是否与数据库中的信息一致，最后由 UserServlet 根据判断结果给出是否成功登录的提示信息。详见图 7-19 所示。

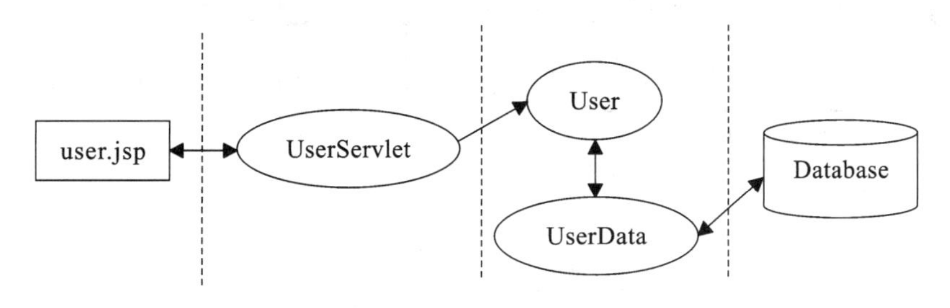

图 7-19 “Login”的处理流程

根据以上处理流程，得出“Login”(用户登录)场景序列图，如图 7-20 所示。

(2) “Add Edition”(增加版块)的具体处理流程为：Administrator(管理员)通过 edition.jsp 输入版块相关信息，然后交由 EditionServlet 处理，继而 EditionServlet 将版块信息传递给 Edition 进行封装，接着 EditionServlet 调用 EditionData 中相应的方法对数据库进行操作。详见图 7-21 所示。

根据以上处理流程，得出“Add Edition”(增加版块)场景序列图，如图 7-22 所示。

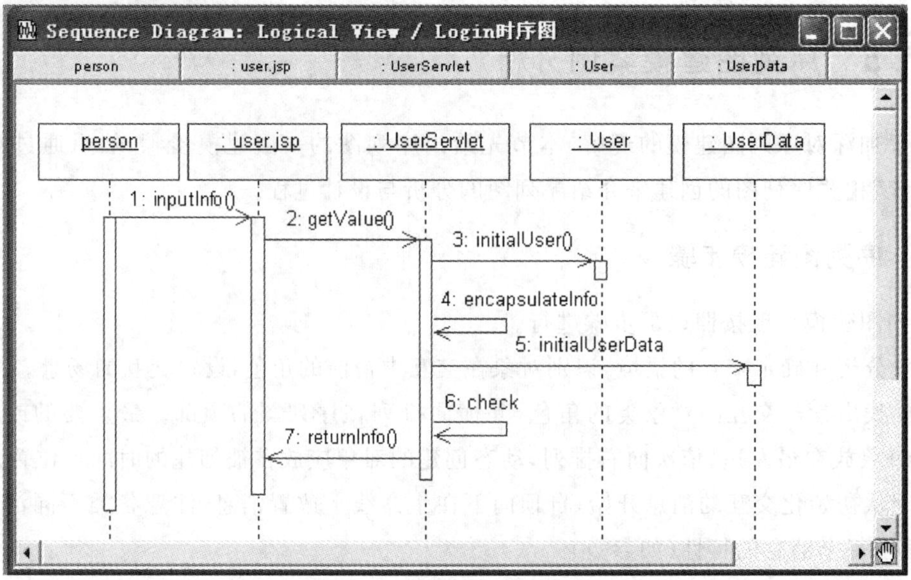

图 7-20 “Login”序列图

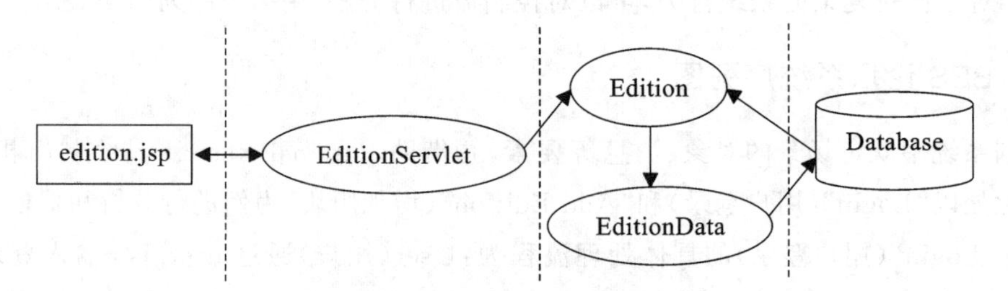

图 7-21 “Add Edition”的处理流程

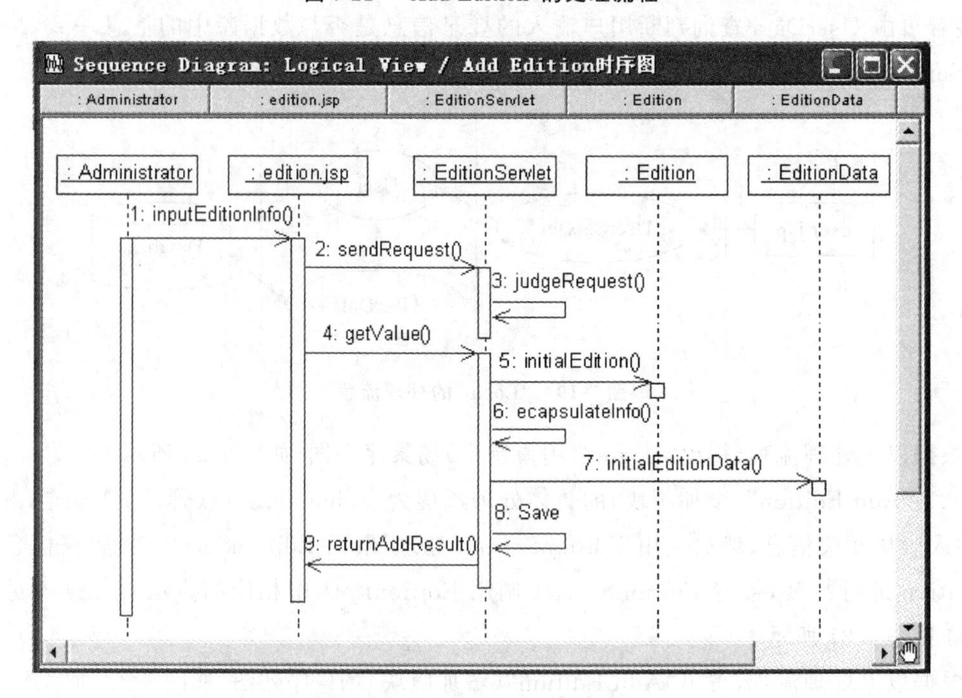

图 7-22 “Add Edition”序列图

本章小结

本章介绍了 UML 中交互图之一的序列图。序列图用于表达系统的一个交互,该交互是一个协作中的各种类元角色间的一组消息交换,侧重于强调时间顺序。序列图的模型元素包括对象、生命线、激活和消息等。本章最后通过一个简单的用例交互过程实例介绍了如何创建序列图。希望读者在学完本章之后能够理解和掌握序列图的概念和使用方法,描绘出系统的一个交互过程,创建系统的动态模型。

习 题 7

1. 填空题

(1) ________是指在具体语境中由为实现某个目标的一组对象之间进行交互的一组消息所构成的行为。

(2) 在 UML 的表示中序列图将交互关系表示为一张二维图,其中纵向是________,时间沿竖线向下延伸。横向代表了在协作中________。

(3) 序列图是由________、________、________和________等构成的。

(4) 消息是从一个________向另一个或几个其他________发送信号,或由一个________调用另一个________的操作。它可以有不同的实现方式,如过程调用、活动线程间的内部通信、事件的发生等。

(5) ________是一条垂直的虚线,用来表示序列图中的对象在一段时间内的存在。

2. 选择题

(1) 下列关于序列图的说法不正确的是________。

(A) 序列图是对对象之间传送消息的时间顺序的可视化表示

(B) 序列图从一定程度上更加详细地描述了用例表达的需求,将其转化为进一步更加正式的精细表达

(C) 序列图的目的在于描述系统中各个对象按照时间顺序的交互过程

(D) 在 UML 的表示中,序列图将交互关系表示为一张二维图,其中横向是时间轴,时间沿竖线向下延伸。纵向代表了在协作中各独立对象的角色

(2) 下列关于序列图的用途中,说法正确的是________。

(A) 描述系统在某一个特定时间点上的动态结构

(B) 确定和丰富一个使用语境的逻辑表达

(C) 细化用列的表达

(D) 有效地描述如何分配各个类的职责以及各类具有相应职责的原因

(3) 消息的组成不包括________。

(A) 接口　　(B) 活动　　(C) 发送者　　(D) 接收者

(4) 下列关于生命线的说法不正确的是________。

(A) 生命线是一条垂直的虚线,用来表示序列图中的对象在一段时间内的存在

(B) 在序列图中,每个对象的底部中心的位置都带有生命线

(C) 在序列图中,生命线是一条时间线,从序列图的顶部一直延伸到底部,所用时间取决于交互持续的时间,即生命线表现了对象存在的时段

(D) 序列图中的所有对象在程序一开始运行的时候，其生命线都必须存在

3. 简答题

(1) 什么是序列图？说明该图的作用。

(2) 序列图有哪些组成部分？

(3) 序列图中的消息有哪些？

(4) 在序列图中如何创建和销毁对象？

4. 练习题

(1) 以“远程网络教学系统”为例，在该系统中系统管理员需要登录系统才能进行系统维护工作，如添加教师信息、删除教师信息等。为系统管理员添加教师信息用例创建相关序列图。

(2) 在“远程网络教学系统”中，如果单独抽象出来一个数据访问类来进行数据访问，那么请为系统管理员添加教师信息用例重新创建相关序列图。

第8章 协 作 图

协作图强调以消息传递为纽带的一组对象之间的组织结构，用于描述系统的行为是如何由系统的各个对象合作完成的。协作图也是另一种类型的交互图，与序列图不同的是，在协作图中明确表示了角色之间的关系，通过协作角色来限定协作中的对象或链。这两种交互图从不同的角度表达系统中的各种交互情况和系统行为，可以相互转换。本章将对协作图的基本概念以及使用方法进行详细介绍。

8.1 协作图概述

协作图包含一组对象和以消息交互为联系的关联，显示了对象之间如何进行交互以执行特定用例或用例中特定部分的行为。

8.1.1 协作图 UML 定义

协作图(collaboration diagram)是由对象(object)、链(link)和消息(message)三个元素构成的描述对象协作关系的模型。它表示了协作中作为各种类元角色的对象所处的位置，在图中主要显示了类元角色和关联角色。类元角色和关联角色描述了对象的配置和一个协作的实例执行时可能出现的连接。当协作被实例化时，对象受限于类元角色，连接受限于关联角色。

现在从结构和行为两个方面分析协作图。从结构方面来说，协作图和对象图一样，包含了一个角色集合和它们之间定义了行为方面的内容的关系，从这个角度来说，协作图也是类图的一种，但是协作图与类图这种静态视图不同的是，协作图描述了类实例的特性，而静态视图则描述了类固有的内在属性，因为只有对象的实例才能在协作中扮演自己的角色。从行为方面来说，协作图和序列图一样，包含了一系列的消息集合，这些消息在具有某一角色的各对象之间进行传递，完成协作中的对象所要达到的目标。可以说在协作图的一个协作中描述了该协作所有对象组成的网络结构以及相互发送消息的整体行为，表示了潜藏于计算过程中的三个主要结构的统一，即数据结构、控制流和数据流的统一。

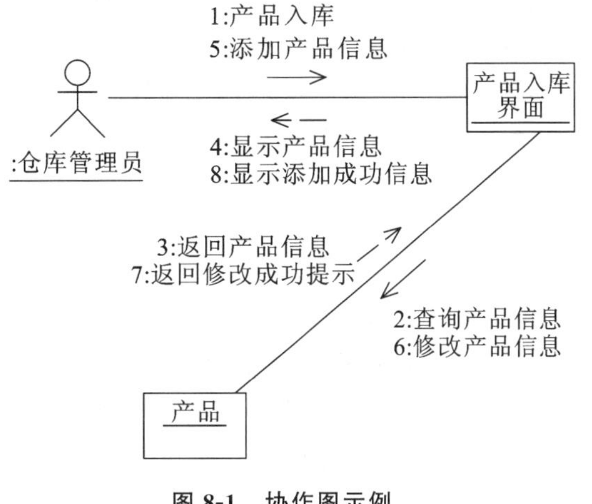

图 8-1 协作图示例

在 UML 的表示中，协作图将类元角色表示为类的符号，将关联角色表示为实线的关联路径，关联路径上带有消息符号。如图 8-1 所示，显示的是一个仓库管理员进行产品入库操作的协作图。在该图中涉及三个对象之间的交互，分别是仓库管理员、产品入库界面和产品。其中，消息的编号显示了对象交互的顺序。

8.1.2 协作图作用

协作图描述协作中各个对象之间的组织交互关系的空间组织结构，在使用其进行建模时，可以将其作用分为以下四个方面。

(1) 通过描绘对象之间消息的传递情况来反映具体的使用语境的逻辑表达。一个使用情境的逻辑可能是一个用例的一部分，或是一条控制流，这与序列图的作用类似。

(2) 显示对象及其交互关系的空间组织结构。协作图显示了在交互过程中各个对象之间的组织交互关系以及对象彼此之间的链接。与序列图不同，协作图显示的是对象之间的关系，并不侧重交互的顺序，它没有将时间作为一个单独的维度，而是使用序列号来确定消息及并发线程的顺序。

(3) 表现一个类操作的实现。使用协作图表现一个系统行为时，消息编号对应了程序中嵌套调用结构和信号的传递过程。

(4) 反映系统中模块间的耦合度的强弱，指导系统设计人员进行软件结构的设计，尽可能降低模块间的耦合度，提高系统的可维护性。

8.2 协作图组成元素

协作图(collaboration diagram)是由对象(object)、链(link)和消息(message)三个元素构成的。下面分别介绍这三个基本的模型元素。

8.2.1 对象

协作图中的对象和序列图中的对象的概念相同，都是类的实例。一个协作代表了为了完成某个目标而共同工作的一组对象。对象的角色表示一个或一组对象在完成目标的过程中所应起的那部分作用。对象是角色所属的类的直接或间接实例。在协作图中，不需要关于某个类的所有对象都出现，同一个类的对象在一个协作图中也可能要充当多个角色。

协作图中对象的表示形式也与序列图中的对象的表示方式一样，使用“对象名:类名”的形式，与序列图不同的是，对象的下部没有一条被称为“生命线”的垂直虚线。协作图对象的表示如图 8-2 所示。

8.2.2 链

在协作图中的链和对象图中链的概念和表示形式都相同，都是两个或多个对象之间的独立连接。在协作图中，链的表示形式为一个或多个相连的线或弧。在自身相关联的类中，链是两端指向同一对象的回路，是一条弧。

如图 8-3 所示的是链的普通和自身关联的表示形式。

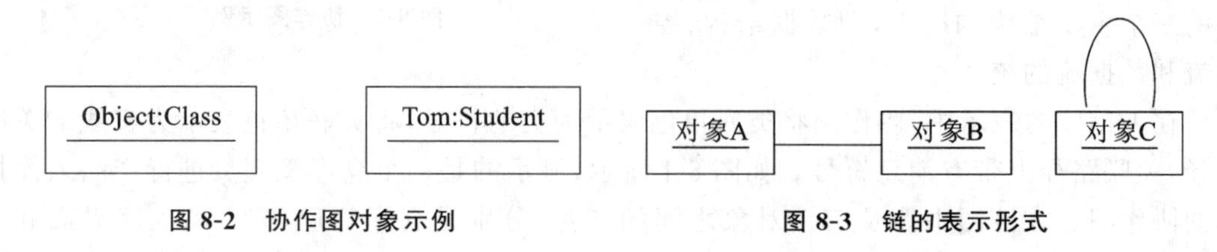

图 8-2 协作图对象示例　　图 8-3 链的表示形式

8.2.3 消息

在协作图中,可以通过一系列的消息(messages)来描述系统的动态行为。与序列图中的消息的概念相同,都是从一个对象向另一个或其他几个对象发送信号,或由一个对象调用另一个对象的操作,并且都是由三部分组成,分别是发送者、接收者和活动。

在协作图中消息的表示方式与序列图中消息的表示方式不同。在协作图中,消息使用带有标签的箭头来表示,它附在连接发送者和接收者的链上。链连接了发送者和接收者,箭头的指向便是接收者。在一个连接上可以有多个消息,它们沿相同或不同的路径传递。每个消息包括一个顺序号以及消息的名称。顺序号是消息的一个数字前缀,是一个整数,由1开始递增,每个消息都必须有唯一的顺序号。消息的名称可以是一个方法,包含一个名字、参数表、可选的返回值表。协作图中的消息如图8-4所示。

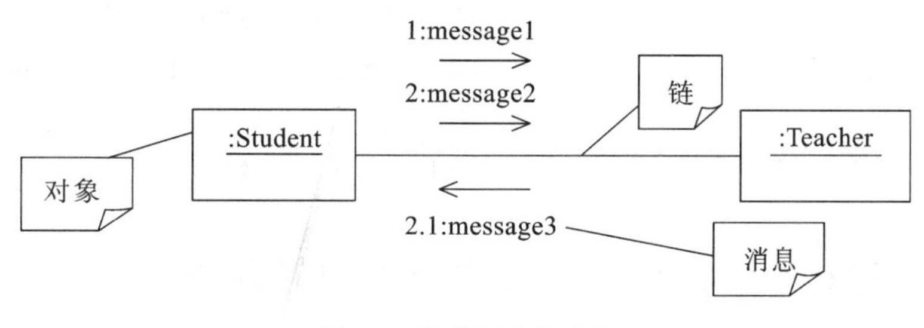

图8-4 协作图中的消息

8.3 序列图与协作图的比较

序列图与协作图描述的主要元素都是两个,即消息和类元角色。实际上,这两种图极为相似,都表示出了对象间的交互作用,但是它们的侧重点又不同。

8.3.1 相同点

序列图和协作图主要有以下三个方面的相同点。

(1) 规定责任。两种图都直观地规定了发送对象和接收对象的责任。

(2) 支持消息。两种图都支持所有的消息类型。

(3) 衡量工具。两种图还是衡量耦合性的工具。耦合性被用来衡量模型之间的依赖性,通过检查两个元素之间的通信,可以很容易判断出它们的依赖关系。如果查看对象的交互图,就可以知道两个对象之间消息的数量以及类型,从而采取措施简化或减少消息的交互,提高系统的设计性能。

8.3.2 不同点

序列图和协作图之间的不同点主要体现在每种图自身的特点上。

(1) 协作图的特点是将对象的交互映射到它们之间的链上,即协作图以对象图的方式绘制各个参与对象,并且将消息和链平行放置。这种表示方法有助于通过查看消息来验证类图中的关联或发现添加新的关联的必要性。

(2) 序列图的特点是不仅可以描述对象的创建和撤销的情况,也可以显示对象的激活和去激活情况。

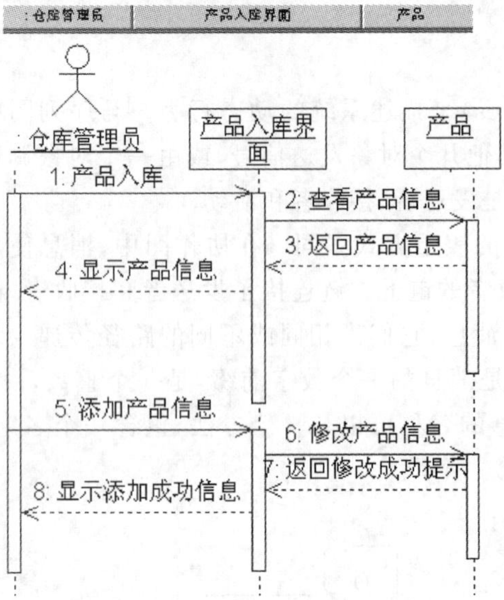

图 8-5　序列图和协作图转换示例

8.3.3　序列图与协作图的相互转换

序列图与协作图都表示对象之间的交互作用,序列图描述了交互过程中的时间顺序,但没有明确表达对象之间的关系;协作图描述了对象之间的关系,但时间顺序必须从顺序号获得。两种图的语义是等价的,可以从一种形式的图转换为另一种形式的图,而不丢失任何信息。Rational Rose 提供了在两种图之间进行切换的功能,在【Browse】菜单下,选择【Create Sequence Diagram】,就可以创建对应的序列图,或者按"F5"快捷键也可以创建对应的序列图。例如,如图 8-1 所示的协作图,通过 Rational Rose 提供的转换功能,可以转换成如图 8-5 所示的序列图。

8.4　使用 Rational Rose 建立协作图的方法

下面介绍如何使用 Rational Rose 创建协作图。为了描述方便,介绍过程中用到的一些命名信息来自图书馆管理系统中的部分对象。

1. 打开模型

Rational Rose 正常启动后,选择【File】/【Open】命令,打开此前已有的【Library】模型。

2. 新建协作图

在视图区域树型列表中,右击【Logical View】结点,然后在弹出的快捷菜单中选择【New】/【Collaboration Diagram】命令,如图 8-6 所示。此时,默认的协作图名称为【New Diagram】,可以输入新的协作图名称为【Reader Reserve】。

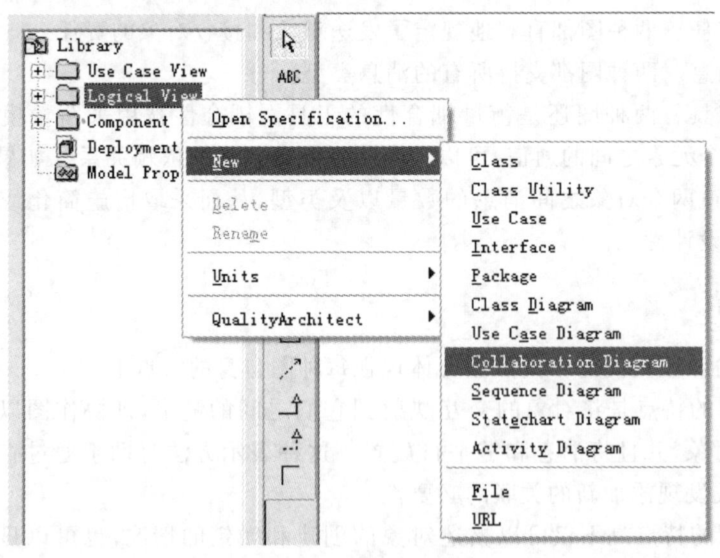

图 8-6　新建协作图

双击该协作图，在 Rational Rose 窗口内右侧空白处出现相应的编辑区，在编辑区中可进行后续操作。其中，协作图工具栏上的按钮名称及功能，详见表 8-1。

表 8-1　协作图工具栏按钮

按　钮	按钮名称	说　明
	Selection Tool	选择工具
	Text Box	文本框
	Note	注释
	Anchor Note to Item	将图中的元素与注释连接
	Object	对象
	Class Instance	类实例
	Object Link	对象间的链
	Link To Self	链接自身的链
	Link Message	消息
	Reverse Link Message	返回消息
	Data Token	数据流
	Reverse Data Token	返回数据流

3. 创建对象

在协作图工具栏中点击对象按钮【】即“Object”，然后在编辑区中单击鼠标左键，便可以将指定的对象添加到协作图中。如果要修改对象的名称，可以双击对象打开对象属性对话框，或者右击该对象，在弹出的快捷菜单中选择【Open Specification】命令也可以打开对象属性对话框。

图书馆管理系统的协作图中涉及四个对象，其一为 Reader 类创建的对象，其二为 Main 类创建的对象，其三为 Book 类创建的对象，其四为 Reserve 类创建的对象，如图 8-7 所示。

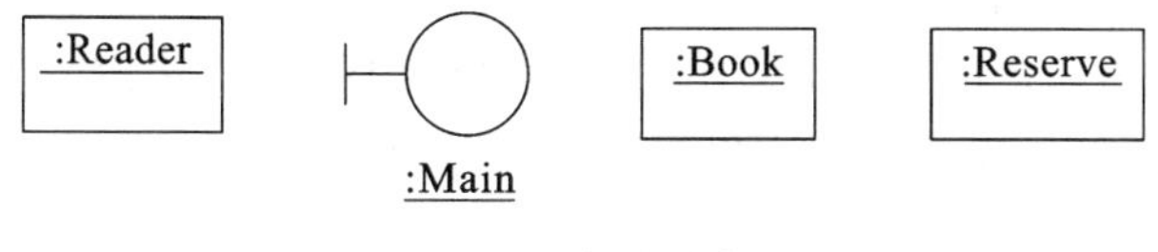

图 8-7　创建对象

4. 在对象间添加链和消息

在协作图工具栏中点击链的按钮【】即“Object Link”，然后在编辑区中两个对象之间拖曳鼠标左键，便可以在指定的对象间添加链。如果需要对链进行详细设置，可以双击链，或者右击链，在弹出的快捷菜单中选择【Open Specification】命令，打开链属性对话框，如图 8-8 所示。

对象间添加链以后，可以在链上添加相应的消息。以 Reader 对象发送给 Main 对象的 readerID(读者证号)消息为例，将具体添加方法说明如下。

● 方法一　在协作图工具栏中点击消息按钮【 】即“Object Message”，此时将光标停放在该编辑区任意位置，光标会变成十字形状，在需要添加消息的链上再次单击鼠标即可在该链上添加消息。对象间的消息默认情况下只有一个消息编号，如果要输入消息的具体内容或设置消息的类型，可以双击该消息打开消息属性对话框，或者右击该消息打开消息属性对话框。在消息属性对话框的【General】选项卡中可以输入消息的名字和相关说明信息；在消息属性对话框【Detail】选项卡中可以设置消息的类型。

● 方法二　在图 8-8 所示的链属性对话框中，选择【Messages】选项卡，然后右击中间空白区域，在弹出的快捷菜单中选择【Insert To ：Main】命令，最后键入新的消息名称【readerID】替换默认属性名称【opname】，如图 8-9 所示。

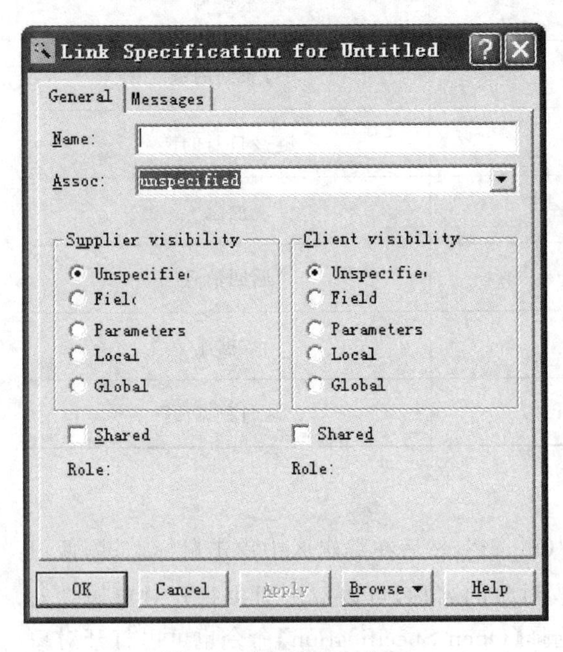

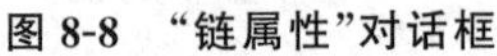
图 8-8　“链属性”对话框

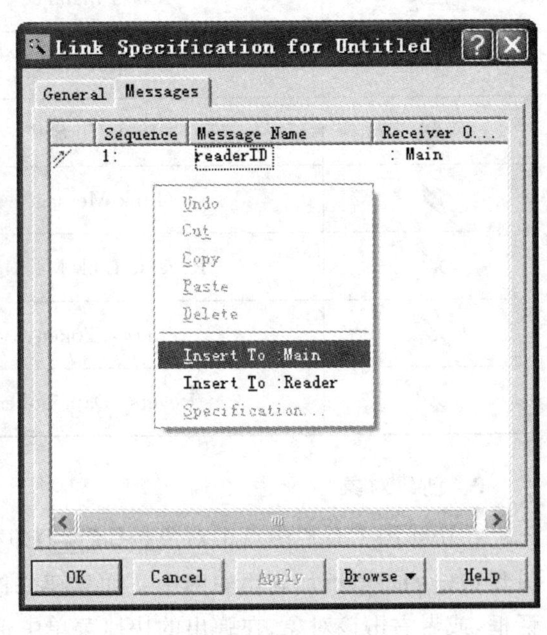

图 8-9　添加消息

8.5　协作图建模案例分析

为了加深对协作图建模的理解，本节先给出协作图的一般建模步骤，然后通过对“BBS 论坛系统”相关协作图的创建来介绍协作图的分析与设计过程。

8.5.1　协作图建模步骤

协作图建模一般按照以下步骤进行。

(1) 分析并确定交互的语境，识别对象在交互中扮演的角色，设置交互的场景。

(2) 根据系统的用例或具体的场景，确定协作图中应当包含的元素。

(3) 确定这些元素之间的关系，可以着手建立早期的协作图，在元素之间添加链接和关联角色等。

(4) 将早期的协作图进行细化，把类角色修改为对象实例，在链上添加消息并指定消息的序列。

8.5.2 BBS论坛系统协作图

识别系统中既定场景的对象、消息等要素，并借助 Rational Rose 工具绘制出相应的协作图，或者将现有的序列图转换成协作图。此处仍以"Login"(用户登录)场景为例。

"Login"(用户登录)的具体处理流程为：User(用户)通过 user.jsp 输入登录信息，然后其登录信息交由 UserServlet 处理，继而 UserServlet 将登录信息传递给 User 进行封装，接着再由 UserData 查询判断用户输入的登录信息是否与数据库中的信息一致，最后由 UserServlet 根据判断结果给出是否成功登录的提示信息。

1. 确定协作图的元素

根据系统的用例场景，确定协作图中应当包含的元素。从该场景的处理流程分析可知，协作图中应当包含以下对象：User(用户类对象)、user.jsp(界面类对象)、UserServlet(控制类对象)、UserData(数据库访问类对象)。

2. 确定元素之间的关系

使用链将这些对象连接起来。在这一步中，基本上可以建立早期的协作图，表达出协作图中的元素如何在空间进行交互。如图 8-10 所示显示了该用例中各元素之间的交互情况。

3. 细化协作图

细化的过程可以根据一个交互流程，把类角色修改为对象实例，在链上添加消息并指定消息的序列及其规范。如图 8-11 所示为"Login"(用户登录)的完整协作图。

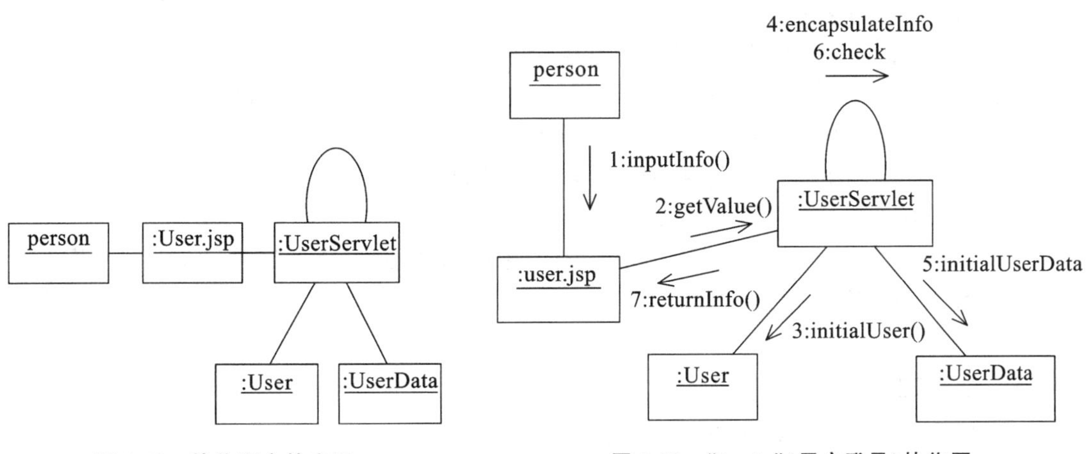

图 8-10 协作图中的交互

图 8-11 "Login"(用户登录)协作图

本章小结

本章介绍了另一种交互图——协作图的基本概念和其使用方法。协作图的概念中指出，协作是在一定的语境中一组对象间的相互作用，协作图侧重于强调对象的空间交互顺序。接着介绍了协作图的主要作用，并与序列图进行了对比。然后介绍了协作图基本组成元素，包括对象、链和消息。最后，通过具体的案例来描述如何创建协作图。希望读者在学完本章后，能够掌握协作图的基本使用方法，描绘出系统的重要交互过程，完善系统的动态模型。

习 题 8

1. 填空题

（1）________是对在一次交互过程中有意义对象和对象间的链建模，显示了对象之间如何进行交互以执行特定用例或用例中特定部分的行为。

（2）在协作图中，________描述了一个对象，________描述了协作关系中的链，并通过几何排列表现交互作用中的各个角色。

（3）协作图是由________、________和________等构成的。

（4）协作图通过各个对象之间的组织交互关系以及对象彼此之间的链接，表达对象之间的________。

（5）在协作图中的________是两个或多个对象之间的独立连接，是关联的实例。

2. 选择题

（1）下列关于协作图的说法不正确的是________。

（A）协作图是在一次交互过程中有意义对象和对象间的链建模

（B）协作图显示了对象之间如何进行交互以执行特定用例或用例中特定部分的行为

（C）协作图的目的在于描述系统中各个对象按照时间顺序的交互的过程

（D）在协作图中，类元角色描述了一个对象，关联角色描述了协作关系中的链，并通过几何排列表现交互作用中的各个角色

（2）下列关于协作图的用途，说法不正确的是________。

（A）通过描绘对象之间消息的传递情况来反映具体的使用语境的逻辑表达

（B）显示对象及其交互关系的空间组织结构

（C）显示对象及其交互关系的时间传递顺序

（D）表现一个类操作的实现

（3）在 UML 中，协作图的组成不包括________。

（A）对象　　（B）消息　　（C）发送者　　（D）链

（4）下列关于协作图中的链，说法不正确的是________。

（A）在协作图中的链是两个或多个对象之间的独立连接

（B）在协作图中的链是关联的实例

（C）在协作图中，需要关于某个类的所有对象都出现，同一个类的对象在一个协作图中也不可以充当多个角色

（D）在协作图中，链的表示形成一个或多个相连的或弧

3. 简答题

（1）什么是协作图？说明该图的作用。

（2）协作图有哪些组成部分？

（3）协作图中的消息有哪些？

4. 练习题

（1）以"远程网络教学系统"为例，在该系统中，系统管理员需要登录系统才能进行系统维护工作，如添加教师信息、删除教师信息等。根据"系统管理员添加教师信息"用例创建相关协作图。

（2）在"远程网络教学系统"中，如果单独抽象出来一个数据访问类来进行数据访问，那么根据"系统管理员添加教师信息"用例，重新创建相关协作图。

第9章 状 态 图

状态图是描述系统动态行为的一种常用工具，它强调从状态到状态的控制流，规定了对象在其生命周期内响应事件所经历的状态序列以及对象针对这些事件的响应。换言之，状态图主要用于建立类的一个对象在其生存期间的动态行为，表现一个对象所经历的状态序列、引起状态转移的事件(event)，以及因状态转移而伴随的动作(action)。但值得说明的是，并不需要为系统中涉及的所有对象都创建状态图，只有当行为的改变和状态有关时才需要创建状态图。本章将对状态图的基本概念以及使用方法进行详细介绍。希望读者通过本章的学习能够熟练使用状态图描述系统中对象的状态变化情况。

9.1 状态图概述

与交互图适合于描述单个用例中多个对象的行为不同，状态图适合于描述跨越多个用例的单个对象的行为，而不适合于描述多个对象之间的行为协作，因此，在实际应用中常常将状态图与其他技术组合使用。状态图在检查、调试和描述类的动态行为时非常有用。

9.1.1 状态图 UML 定义

在学习状态图之前先来了解一下状态机。

1. 状态机

状态机是展示状态与状态转换的图。在计算机科学中，状态机的使用非常普遍：在编译技术中通常用有限状态机描述词法分析过程；在操作系统的进程调度中，通常用状态机描述进程的各个状态之间的转化关系。此外，在面向对象分析与设计中，对象的状态、状态的转换、触发状态转换的事件、对象对事件的响应等都可以用状态机来描述。

UML 用状态机对软件系统的动态特征进行建模。通常一个状态机依附于一个类，并且描述一个类的实例对象。状态机包含了一个类的实例对象在其生命周期内所有状态的序列以及对象对接收到的事件所产生的反应。

利用状态机可以精确地描述对象的行为：从对象的初始状态起，开始响应事件并执行某些动作，这些事件引起状态的转换；对象在新的状态下又开始响应事件和执行动作，如此连续进行直到终止状态。

状态机由状态、转换、事件、活动和动作等五部分组成。

(1) 状态指的是对象在其生命周期中的一种状况，处于某个特定状态中的对象必然会满足某些条件、执行某些动作或者是等待某些事件。一个状态的生命周期是一个有限的时间阶段。

(2) 转换指的是两个不同状态之间的一种关系，表明对象将在第一个状态中执行一定的动作，并且在满足某个特定条件下由某个事件触发进入第二个状态。

(3) 事件指的是发生在时间和空间上的对状态机来说有意义的那些事情。事件通常会引起状态的变迁，促使状态机从一种状态切换到另一种状态，如信号、对象额度创建和销毁等。

（4）活动指的是状态机中进行的非原子操作。

（5）动作指的是状态机中可以执行的那些原子操作，所谓原子操作指的是在运行的过程中不会被其他消息打断的操作，必须一直执行下去，最终导致状态的变更或者返回一个值。

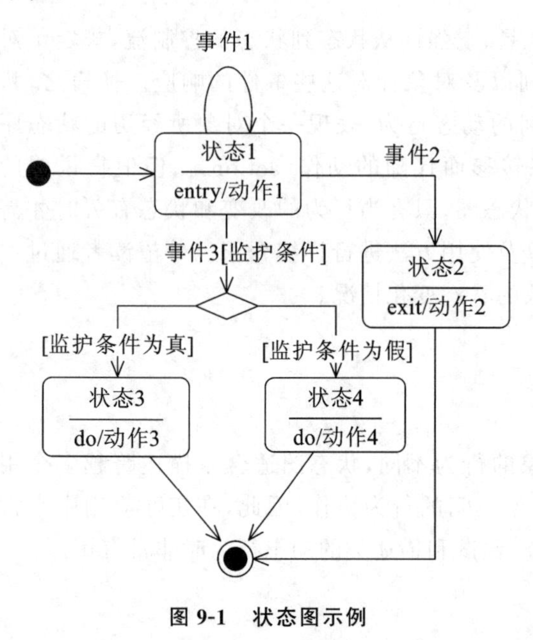

图 9-1　状态图示例

状态机不仅可以用于描述类的行为，也可以描述用例、协作甚至整个系统的动态行为。

2. 状态图

一个状态图（statechart diagram）本质上就是一个状态机，或者是状态机的特殊情况，它基本上是一个状态机中的元素的投影，这也就意味着状态图包括状态机的所有特征。状态图描述了一个实体对象基于事件反应的动态行为，显示了该实体对象是如何根据当前所处的状态对不同的事件做出反应的。

在 UML 中状态图由表示状态的节点和表示状态之间转换的带箭头的直线组成。状态的转换由事件触发，状态和状态之间由转换箭头连接。每一个状态图都有一个初始状态（实心圆），用来表示状态图的开始，还有一个终止状态（半实心圆），用来表示状态图的终止。一个简单的状态图如图 9-1 所示。

9.1.2　状态图的作用

状态图的作用主要体现在以下几个方面。

（1）状态图清晰描述了状态之间的转换顺序，通过状态的转换顺序也就可以清晰看出事件的执行顺序。如果没有状态图，我们就不可避免的要使用大量的文字来描述外部事件的合法顺序。

（2）清晰的事件顺序有利于程序员在开发程序时避免出现事件错序的情况。例如，对于一个网上销售系统，在用户处于登录状态之前是不允许购买商品的，这就需要程序员在开发程序的过程中进行限制。

（3）状态图清晰描述了状态转换时所必需的触发事件、监护条件和动作等影响转换的因素，有利于程序员避免程序中非法事件的进入。

（4）状态图通过判定可以更好地描述工作流因为不同的条件发生的分支。

9.2　状态图的组成元素

UML 中组成状态图的元素主要有状态、转换、判定、同步、事件等。其中，状态、转换和事件相对来说更重要，也更复杂，将作为本节的重点进行介绍。

9.2.1　状态

对象属性值的集合标识了一个对象的状态。表示对象状态的图标由一个带圆角的矩形表示，如图 9-2 所示。它包含三个部分，分别介绍如下。

(1) 名称　名称是指给对象所处状态取的名字，名字用一个字符串表示，在一个图中，名字应该是唯一的。

(2) 内部转换　内部转换是指对象响应外部事件所执行的动作。内部转换发生时，不改变对象的状态，但是，当进入该状态时，可以包含进入动作；当退出该状态时，可以包含退出动作。我们把内部转换标识于状态框的第二栏；而用一条实线箭头来标识外部转换，外部转换是指一种状态到另一种状态的转换。

(3) 嵌套状态　状态图中的状态可以包含两种状态：一种是简单状态，简单状态不包含其他状态；一种是组合状态，组合状态包含了子状态，即状态图的某些状态本身也是状态图。

9.2.2　转换

转换是指对象在外部事件的作用下，当满足特定的条件时，对象执行一定的动作，进入目标状态。转换用带箭头的直线表示，箭尾连接源状态(转出的状态)，箭头连接目标状态(转入的状态)。

与转换相关的内容包括：源状态、目标状态、外部事件、监护条件和执行的动作。如图 9-3 所示的是一个描述了与转换相关内容的示例。

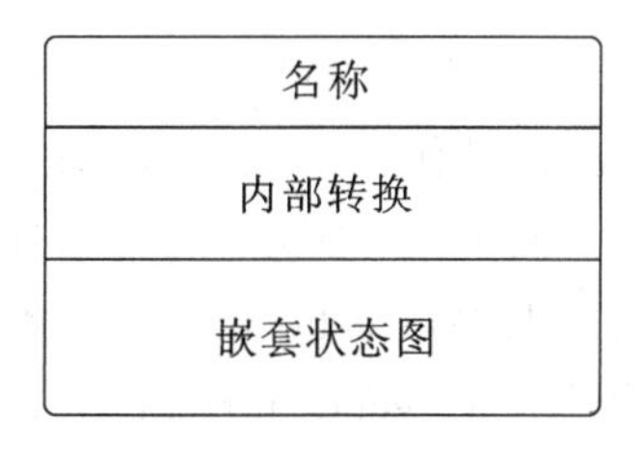

图 9-2　状态视图的表示

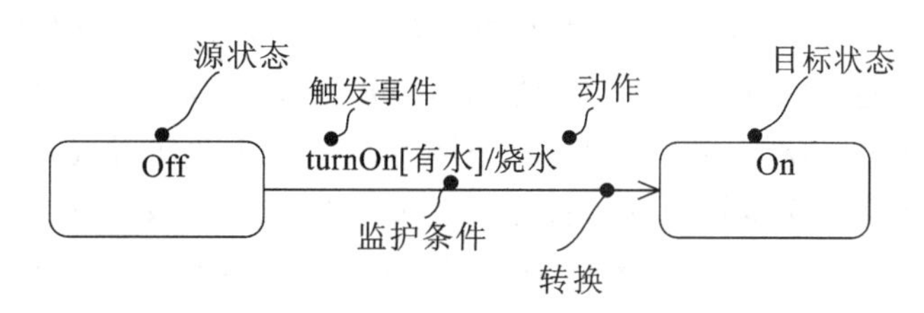

图 9-3　与转换相关内容的示例

注意：用实线箭头表示的转换都是外部转换。

1. 源状态

对于一个转换来说，转换前对象所处的状态，就是源状态。源状态是个相对的概念，即相对于当前状态而言，它的前一个状态就是源状态。

2. 目标状态

转换完成后，对象所处的状态就是目标状态。当前状态相对于它的前一个状态而言，当前状态就是目标状态。源状态和目标状态都是相对于某个转换而言的。

3. 事件

事件就是外部作用于一个对象，能够触发对象状态改变的一种现象。事件可以分为调用、改变、信号和时间等四类事件。

4. 监护条件

监护条件是一个布尔表达式，当布尔表达式的值为真时，转换才能够完成。只有在触发事件发生时，才计算一次监护条件的值，当监护条件的值为真时，转换才发生。如果转换发生后，监护条件才由假变为真，那么转换也不会被触发。

5. 动作

当转换被激活后,如果定义了相应的动作,那么就将执行这个动作。动作可以是一个赋值语句、简单的算术运算、发送信号、调用操作、创建和销毁对象、读取和设置属性的值,甚至是一个包含多个动作的活动。例如,在图 9-3 中,当 turnOn 事件发生,就测试监护条件"[有水]",如果有水,就会执行"烧水"的动作。

动作分为入口动作和出口动作。当转换发生时,进入某个状态时发生的动作称为入口动作,离开某个状态时发生的动作称为出口动作,分别介绍如下。

(1) 入口动作　入口动作表示对象进入某个状态所要执行的动作。入口动作用"entry/要执行的动作"表示。

(2) 出口动作　出口动作表示对象退出某个状态所要执行的动作。出口动作用"exit/要执行的动作"表示。入口动作和出口动作都标识于状态视图的第二栏中。

根据转换的不同特点,转换通常指下面三种类型。

(1) 外部转换　外部转换是一种改变状态的转换,也是较常见的一种转换。在 UML 中,它用从源状态到目标状态的带箭头的线段表示,其他属性以文字串附加在箭头旁。如图 9-4 所示,该图描述了银行账户的简单状态转换。银行账户主要有三个状态,包含了六个外部转换。

(2) 内部转换　内部转换有一个源状态但是没有目标状态,它转换后的状态仍然是它本身。内部转换自始至终都不离开源状态,所以没有入口动作和出口动作。因此,当对象处于某个状态,进行一些动作时,可以把这些动作看成是内部转换。如图 9-5 所示,该图描述了密码文本框的输入状态。进入密码输入时,文本框字符设置为 * 号(set echo to star),然后输入密码,离开密码输入时,将文本框字符设置为正常字符符号(set echo normal)进行验证。

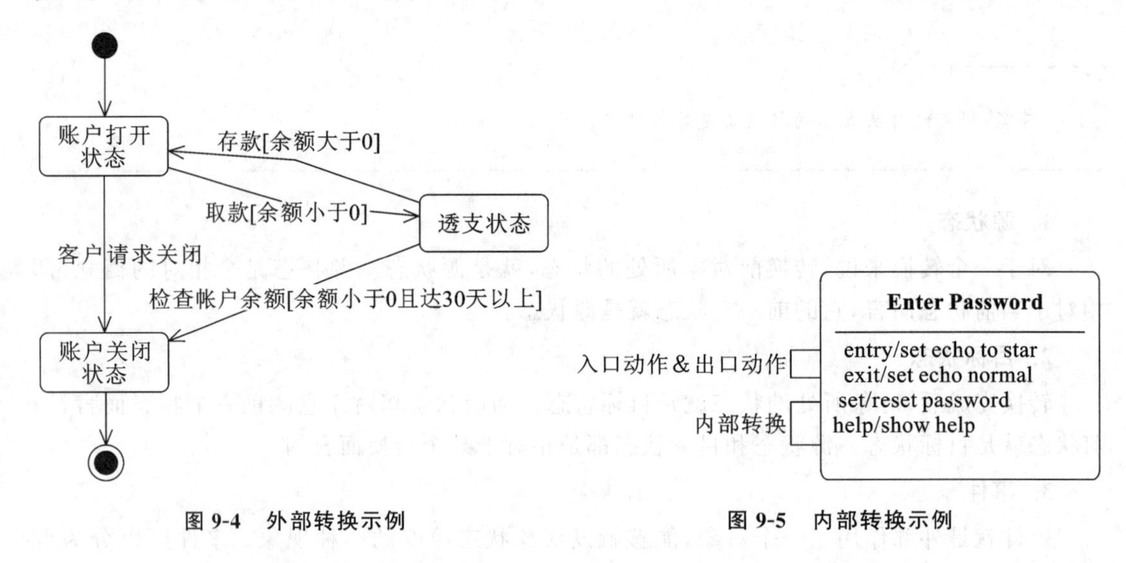

图 9-4　外部转换示例　　图 9-5　内部转换示例

在图 9-5 中,第二栏既描述了入口动作和出口动作,也描述了内部转换。

注意:入口动作和出口动作描述的是外部转换时发生的动作;内部转换是描述本状态没有发生改变的情况下,发生的动作。

(3) 完成转换　完成转换又称为自转换。完成转换是没有标明触发器事件的转换，它是由状态中的活动的完成引起的，是自然而然完成的转换。

完成转换和内部转换有以下不同点。

● 完成转换是在离开本状态后重新进入该状态，它会激发状态的入口动作和出口动作的执行。

● 内部转换自始至终都不离开本状态，所以没有出口或入口事件，也就不执行入口和出口动作。

9.2.3 判定

对象在外部事件的作用下，根据监护条件取值的不同，转向不同的目标状态，即判定根据监护条件的取值而发生分支。判定用空心小菱形表示，如图 9-6 所示。

根据监护条件的真假可以触发不同的分支转换，如图 9-7 所示。

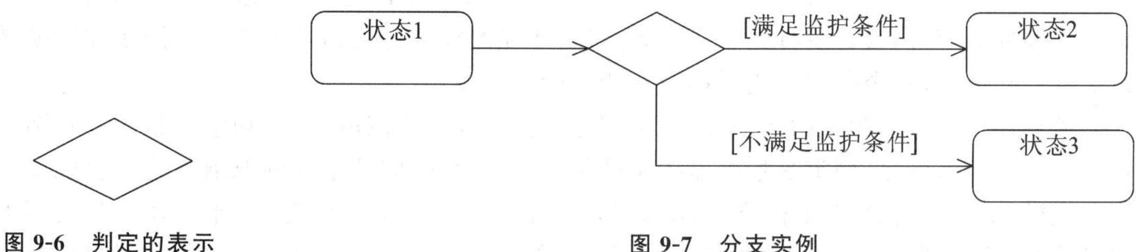

图 9-6　判定的表示

图 9-7　分支实例

图 9-7 说明，当对象处于状态 1 时，当某个事件作用于对象时，就要计算监护条件，当条件满足时(true)，对象的状态变为状态 2；当条件不满足时(false)，对象状态变为状态 3。

当判定的分支表示比较复杂时，一般可以分为链式分支和非链式分支两种表示方法。如图 9-8 所示为链式分支，如图 9-9 所示为非链式分支。

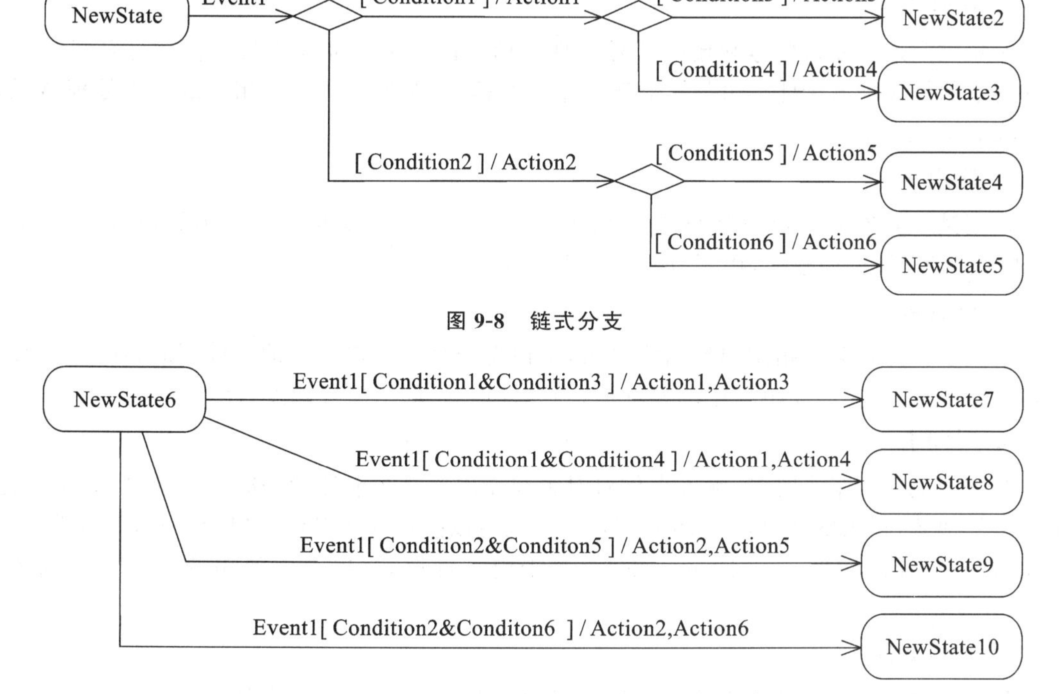

图 9-8　链式分支

图 9-9　非链式分支

9.2.4 同步

同步是为了说明并发工作流的分支与汇合。状态图和活动图中都可能用到同步。在UML 中,同步用一条线段来表示,如图 9-10 所示。

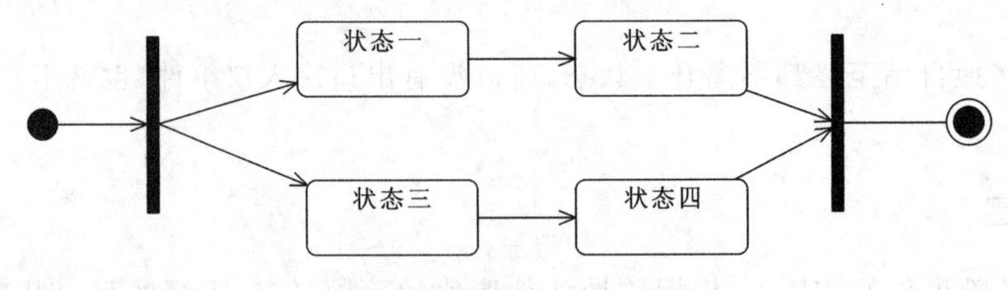

图 9-10 同步的表示示例

并发分支表示把一个单独的工作流分成两个或者多个工作流,几个分支的工作流并行进行。并发汇合表示两个或者多个并发的工作流在某一点得到同步,这意味着先完成的工作流需要在此等待,直到所有的工作流到达后,才能继续执行后面的工作流。同步在转换激发后立即初始化,每个分支点之后都应有相应的汇合点。

需要注意同步与判定的区别,同步和判定都会造成工作流的分支,初学者很容易将两者混淆。二者的区别是:判定是根据监护条件使工作流分支,监护条件的取值最终只会触发一个分支的执行,如有分支 A 和分支 B,假设监护条件为真时执行分支 A,那么分支 B 就不可能被执行,反之则执行分支 B,分支 A 就不可能被执行;而同步的不同分支是并发执行,并不会因为一个分支的执行造成其他分支的中断。

9.2.5 事件

事件就是外部作用于一个对象,能够触发对象状态改变的一种现象。事件可以分为调用、改变、信号和时间等四类事件。

1. 信号事件

对象之间通过发送信号和接收信号实现通信。信号是一种异步机制。在计算机中,鼠标和键盘的操作均属于此类事件。对于一个信号而言,对象一般都有相应的事件处理器,如onMouseClick()等。

2. 调用事件

调用某个对象的成员方法就是调用事件,它是一种同步的机制。例如,在图 9-3 中,turnOn 就是一种调用事件,用于将开关置于“On”状态。

3. 改变事件

改变事件是指某个指定属性值为真时,事件得到触发。它与监护条件不同,在对象生命周期内,一直在计算改变事件中的属性值,当属性值为真时,事件触发,计算停止。

4. 时间事件

当时间流逝到某个时刻,触发事件对对象起作用。时间事件代表时间的流逝,它可以指定为绝对形式(每天的某时,如 after(12:00)),也可以指定为相对形式(从某一指定事件发生开始所经过的时间,如 after(2seconds)。对于前一种形式,也可以使用变化事件来描述:when(12:00)。

5. 延迟事件

延迟事件是指对象处于本状态时外部事件产生了,但没有执行事件,要推迟到另外一个状态才执行的事件。例如，当 E-mail 程序中正在发送第一封邮件时，用户下达发送第二封邮件指令(事件)就会被延迟，但第一封邮件发送完成后，这封邮件就会被发送。这种事件就属于延迟事件。

9.3 状态的类型

状态图中的状态分为简单状态和复合状态两种。

9.3.1 简单状态

简单状态是指不包含其他状态的状态。但是，简单状态可以具有内部转换、入口动作和出口动作等。如图 9-11 所示的是烧水器的状态图，它只包含两个简单状态。

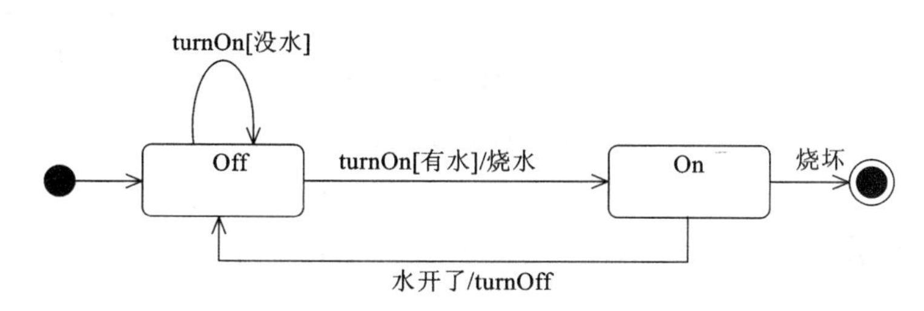

图 9-11　烧水器的状态图

9.3.2 复合状态

复合状态是指状态本身包含一到多个子状态机的状态。复合状态中包含的多个子状态之间的关系有两种：一种是并发关系，另一种是互斥关系。

如果子状态是并发关系，我们称子状态为并发子状态；如果子状态是互斥关系，我们称子状态为顺序子状态。

1. 并发子状态

如果复合状态包含两个或者多个并发的子状态，此时称复合状态的子状态为并发子状态。

考察一辆处于“运行”状态的汽车。汽车处于运行状态时，包含了前进和后退两个不同的子状态。从这两个子状态之间的关系来看，它们就是顺序子状态，因为一辆车不可能同时处于前进和后退两种子状态；另一方面，车的运行状态又包括高速行驶状态和低速行驶状态。前进状态可以同时为高速行驶或者低速行驶状态；后退状态时，也可以是高速行驶或者低速行驶状态，即前进状态或后退状态之一，可以与高速行驶状态或低速行驶状态之一同时存在。我们把这些可以同时出现的状态称为并发子状态，如图 9-12 所示。并发子状态可以用于并发线程的状态建模。

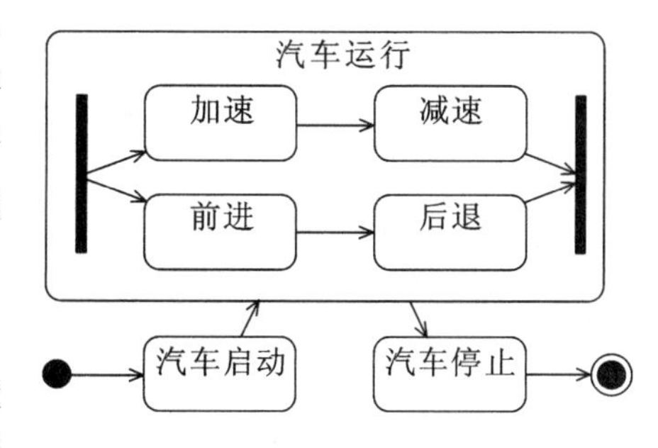

图 9-12　并发子状态示例

2. 顺序子状态

在任何时刻，当复合状态被激活时，如果复合状态包含的多个子状态中，只能有一个子状态处于活动状态，即多个子状态之间是互斥的，这种子状态称为顺序子状态。如图 9-13 所示,该图是电话机的状态图,一共有三个状态,其中当电话机处于连接状态时,该连接状态是一个复合状态,因为它包含三个子状态,这三个子状态每次只能有一个处于活动状态,它们之间是互斥的关系,因此称为顺序子状态。

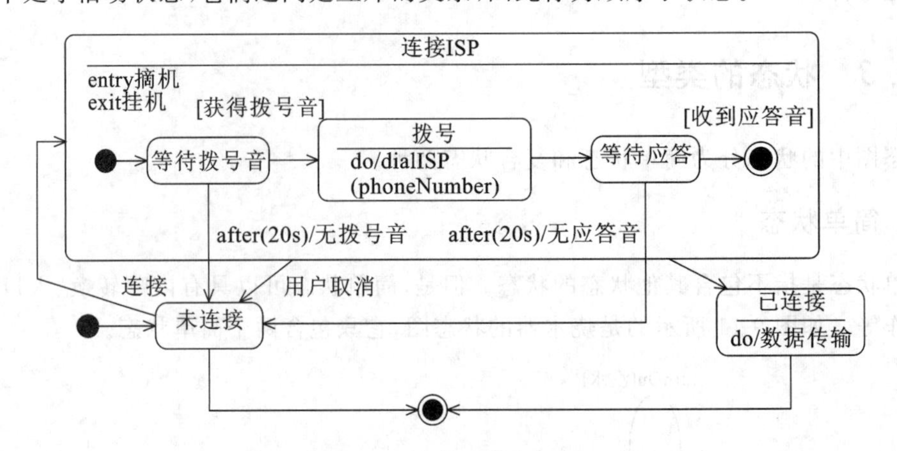

图 9-13　顺序子状态示例

9.4　使用 Rational Rose 建立状态图的方法

下面介绍如何使用 Rational Rose 创建状态图。为了描述方便,介绍过程中用到的一些命名信息来自图书馆管理系统中的部分对象。

1. 打开模型

Rational Rose 启动后,选择【File】/【Open】命令,打开已有的【Library】模型。

2. 新建状态图

在视图区域树型列表中,右击【Logical View】结点,然后在弹出的快捷菜单中选择【New】/【Statechart Diagram】,如图 9-14 所示。此时,默认的状态图名称为【New Diagram】,可以输入新的状态图名称为【ReaderCard State】。

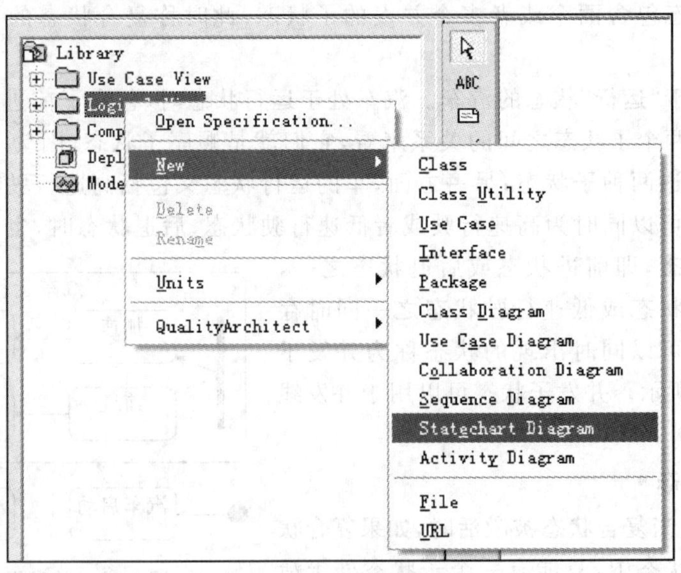

图 9-14　新建状态图

双击该状态图，在 Rational Rose 窗口内右侧空白处出现相应的编辑区，在编辑区中可进行后续操作。其中，状态图工具栏上的按钮名称及功能说明如下，详见表 9-1。

表 9-1 状态图绘图工具栏

按　　钮	按 钮 名 称	说　　明
	Selection Tool	选择工具
ABC	Text Box	文本框
	Note	注释
	Anchor Note to Item	将图中的元素与注释连接
	Selection Tool	选择工具
ABC	Text Box	文本框
	Note	注释
	Anchor Note to Item	将图中的元素与注释连接
	State	状态
	StartState	起点
	EndState	终点
	State Transition	状态转换
	Transition to Self	转换到自身状态

3. 添加状态及转换

在状态图工具栏中选择起点按钮【 】即“Start State”，然后在编辑区中单击鼠标左键，便可以将初始状态添加到状态图中。

继续在状态图工具栏中选择状态按钮【 】即“State”，然后在编辑区中单击鼠标左键，便可以将状态添加到状态图中。新添加的状态默认名称为【NewState】，可将其名称根据具体情况进行修改。简便的修改方法是直接在【NewState】处键入状态的新名称；稍复杂的修改方法是双击该状态打开状态属性对话框，或者右击该状态，在弹出的快捷菜单中选择【Open Specification】命令也可以打开状态属性对话框，如图 9-15 所示，在其中

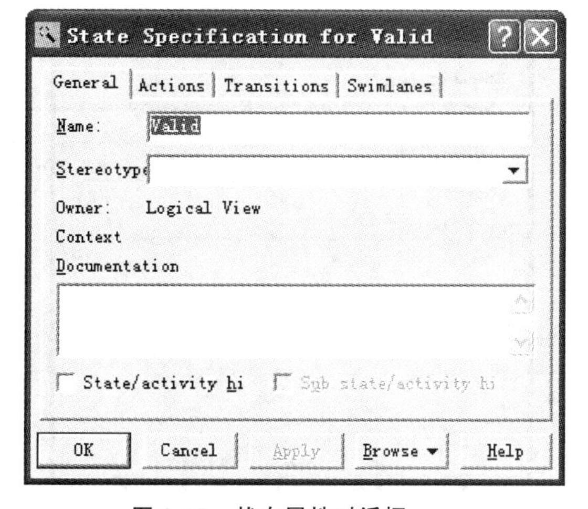

图 9-15 状态属性对话框

将状态命名为【Valid】。如果还需要为状态设置入口/出口动作、动作等内容，可以点击状态属性对话框中的【Actions】选项卡，然后在中间空白区域任意位置右击，将弹出如图 9-16 所示的快捷菜单。在弹出的快捷菜单中选择【Insert】命令，可以添加动作，新添加的动作默认类型为【Entry】，默认名称为空。如果想修改动作的类型和名称，可以在图 9-16 所示的右键快捷菜单中选择【Specification】命令，打开如图 9-17 所示的动作属性对话框，在该对话框中进行详细的设置。

依照如上方法，分别创建出读者证的三个状态：Valid(有效)、Losing(挂失)、Invalid(无效)。

在不同状态之间可以添加转换，完成从一种状态到另一种状态的过渡。具体方法是：在状态图工具栏中单击转换符号【↗】即“State Transition”，然后将光标停放在编辑区任意位置，光标会变成箭头形状，箭头方向向上，此时采用按住鼠标左键拖曳的方式，首先将 Valid 状态和 Losing 状态之间添加转换。然后，双击该转换，打开状态转换属性对话框，在该对话框的【General】选项卡中可以设置转换名称、参数等内容，如图 9-18 所示。在状态转换属性对话框中单击【Detail】选项卡，可以打开如图 9-19 所示的界面，在该界面中可以设置监护条件等内容。

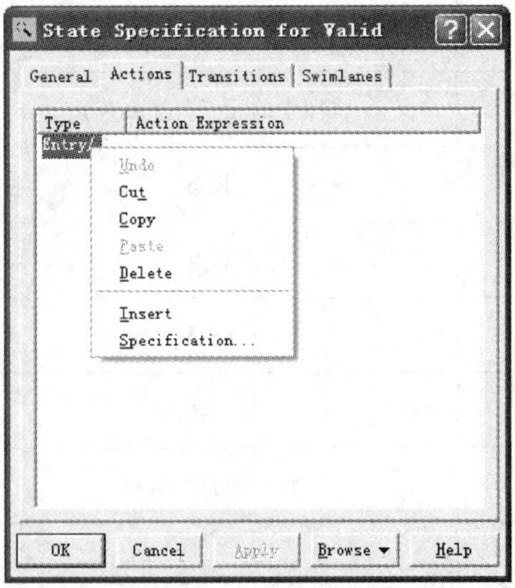

图 9-16　设置状态包含的动作

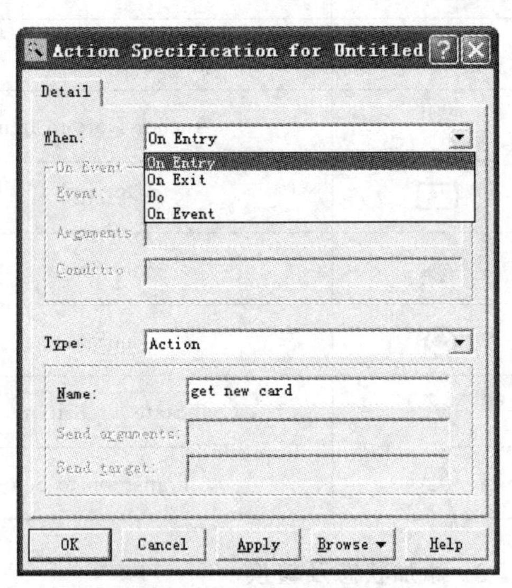

图 9-17　“动作属性”对话框

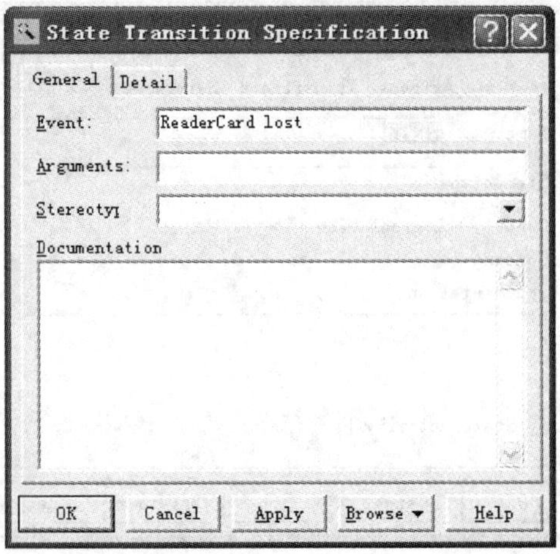

图 9-18　状态转换对话框

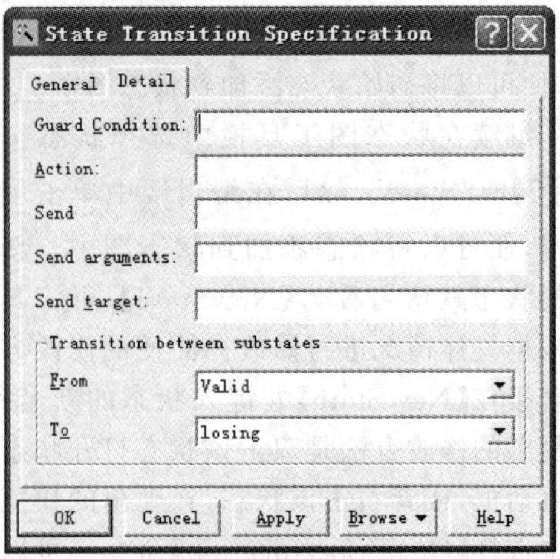

图 9-19　设置监护条件

如果状态图还有终止状态，则可以在状态图工具栏中选择终点按钮【◉】即"End State"，继而在编辑区中单击鼠标左键，便可以将终止状态添加到状态图中。

4. 调整图形

按照美观实用的原则，调整状态图中各元素的大小和位置。其中，对线型的调整可以参照图 9-20 所示的菜单进行操作，以保证线性的平滑。

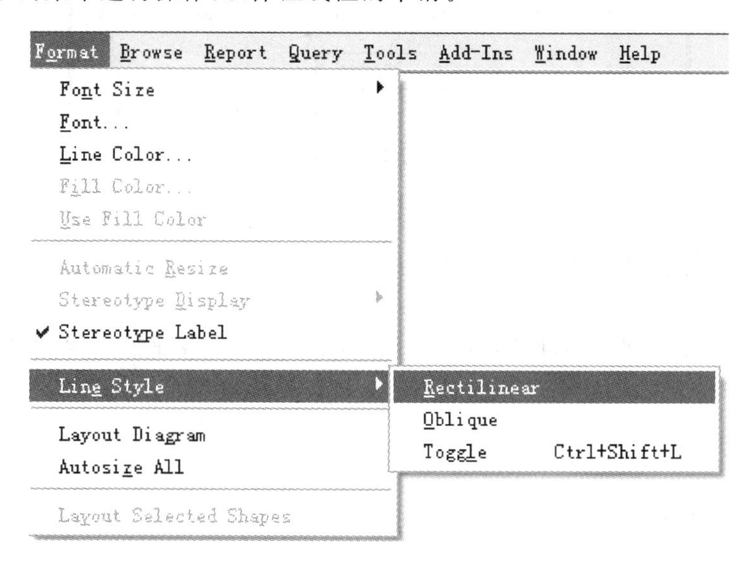

图 9-20　调整线型

5. 绘制状态图时的错误提示

以绘制起点即使用【●】为例，如果在操作过程中出现如图 9-21 所示的错误提示对话框，则说明操作有误。该错误提示的含义为：在上下文中已经定义了一个初始状态。出现这个错误是因为，起点在状态图中只允许有一个。

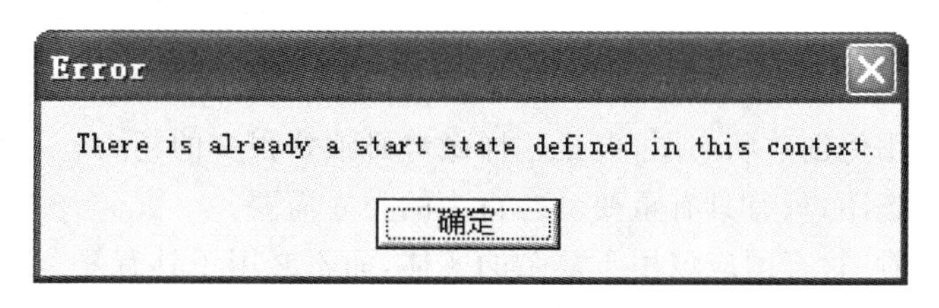

图 9-21　关于起点的错误提示

如果在同一个模型中绘制多个状态图，同时为了保证图形的完整性又想在每个状态图中都显示起点，该如何操作呢？具体步骤如下。

(1) 需要添加一个起点，该起点被添加后可以在 Rational Rose 视图区域树型列表中显示出来，如图 9-22 所示；然后采用按住鼠标左键拖曳的方式，将起点从树型列表拖曳到编辑区即可。

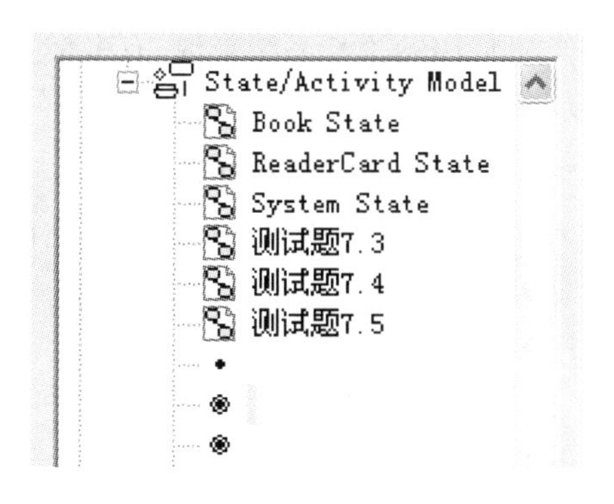

图 9-22　视图区域树型列表

(2) 以绘制转换即使用【↗】为例，如果在操作过程中出现如图 9-23 所示的错误提示对话框，则同样说明操作有误。图 9-23 中错误提示的含义为:状态转换必须用于状态之间的连接,否则非法。出现这个错误是因为,转换的起始端和终止端不是状态,或者是因为在绘制转换时起始点和终止点位置不够准确。

图 9-23　关于转换的错误提示

9.5　状态图建模案例分析

为了加深对状态图建模的理解,本节先给出状态图的一般建模步骤,然后通过对"BBS论坛系统"相关状态图的创建来讲解状态图的分析与设计过程。

9.5.1　状态图建模步骤

状态图建模一般按照以下步骤进行。

(1) 标识出建模实体。

(2) 标识出实体的各种状态。

(3) 创建相关事件并创建状态图。

9.5.2　BBS 论坛系统状态图

此处以"BBS 论坛系统"中的 Edition(版块)对象为例,介绍如何创建系统的状态图。

1. 标识建模实体

要创建状态图,首先要标识出哪些实体需要使用状态图进一步建模。虽然可以为每一个类、操作、包或者用例创建状态图,但是这样做势必浪费很多的精力。一般来说,不需要给所有的类都创建状态图,只有具有重要动态行为的类才需要。

从另一个角度看,状态图应该用于复杂的实体,而不必用于具有复杂行为的实体。活动图可能更加适合那些具有复杂行为的实体,具有清晰、有序的状态实体最适合使用状态图进一步建模。

对于 BBS 论坛系统来说,有多个实体对象需要使用状态图来建模,这里选择 Edition(版块)对象。

2. 标识实体的各种状态

对于 Edition(版块)对象来说,它的状态主要包括以下几种。

- 初始状态。
- 终止状态。
- 被创建的版块。
- 被修改的版块。
- 被删除的版块。

3. 标识相关事件并创建状态图

当确定了需要建模的实体并找出了实体的各种状态之后，就可以着手创建状态图。首先要找出相关的事件和转换。对于 Edition(版块)对象来说，当论坛需要开辟一个新的讨论空间时，将会创建一个新的主题版块；当版块内容需要更新时，版块会被修改；当版块主题缺乏人气或者过时，旧版块将被删除，此时版块对象进入终止状态。这个过程中的主要事件有：创建新版块，修改版块内容，删除版块等。最终得到版块的状态图如图 9-24 所示。

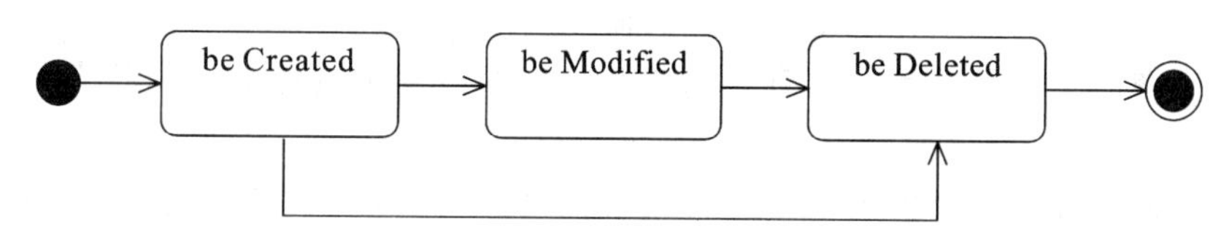

图 9-24 版块的状态图

本章小结

状态图显示了对象存在的各种状态，以及对象如何从一种状态转换到另一种状态。状态图在检查、调试动态行为时非常有用，它还可以帮助开发人员编制类。本章介绍了状态图的概念和作用，讲解了状态图的主要组成元素，包括：状态、转换、初始状态、终止状态等。接着介绍了如何通过 Rational Rose 创建状态图。最后结合一个具体的案例介绍了创建状态图的一般步骤及其分析和设计过程。在下一章中将讲解如何使用活动图进行系统建模，而状态图中的很多概念在活动图中都有应用，因此掌握好状态图也有利于继续学习活动图。

习 题 9

1. 填空题

(1) 状态图用于描述模型元素的________的行为。

(2) 在 UML 中，状态机由对象的各个状态和连接这些状态的________组成，是展示状态与状态转换的图。

(3) 状态图适合描述跨越多个用例的对象在其________中的各种状态及其状态之间的转换。

2. 选择题

(1) 下面不是状态图组成要素的是________。

(A) 状态　　(B) 转换　　(C) 初始状态　　(D) 链

(2) 状态在于________。

(A) 对实体在其生命周期中的各种状况进行键模，一个实体总是在有限的一段时间内保持一个状态

(B) 将系统的需求先转化成图形表示，再转化成程序的代码

(C) 表示两个或多个对象之间的独立链接，是不同对象在不同时期的图形描述

(D) 描述对象与对象之间的定时交互，显示了对象之间消息发送成功或者失败的状态

(3) 下列说法不正确的是________。

(A) 触发器事件就是能够引起状态转换的事件，触发器事件可以是信号、调用等

(B) 没有明确标明触发器事件的转换是由状态中活动的完成引起的

(C) 内部转换只有源状态，没有目标状态，不会激发入口和出口动作，因此内部转换激

发的结果不改变本来的状态

(D) 浅历史状态是保存在最后一个引起封装组成状态退出的显式转换之前处于活动的所有状态

(4) 下列对状态图的描述不正确的是________。

(A) 状态图通过建立类对象的生命周期模型来描述对象随时间变化的动态行为

(B) 状态图适用于描述状态和动作的顺序,不仅可以展现一个对象拥有的状态,还可以说明事件如何随着时间的推移来影响这些状态

(C) 状态图的主要目的是描述对象创建和销毁的过程中资源的不同状态,有利于开发人员提高开发效率

(D) 状态图描述了一个实体基于事件反应的动态行为,显示了该实体如何根据当前所处的状态对不同的时间做出反应

3. 简答题

(1) 什么是状态机?什么是状态图?

(2) 状态图的组成要素有哪些?

(3) 简述简单状态和组成状态的区别。

4. 练习题

(1) 对于"远程网络教学系统",学生如果需要下载课件,首先需要输入网站的网址,打开网站的主页。处于网站主页后输入用户名密码,如果验证通过则进入功能选择页面,如果验证失败则需要重新输入用户名密码。进入功能选择页面后可以选在课件选择页面选择需要下载的课件,进入课件下载状态。课件下载完毕后,学生就完成了此次课件下载,请画出学生下载课件的状态图。

(2) 在"远程网络教学系统"中,一个课件被上传到网站后,首先需要系统管理员对其进行审核,审核通过后此课件就可以被用户浏览、下载。经过一段时间后,系统会清除网站中过时的课件,请画出课件的状态图。

第10章 活 动 图

活动图是UML的动态建模机制之一，它阐明了业务用例实现的工作流程。活动图并不像其他建模机制一样直接来源于UML的三位创始人，而是源于Jim Odell的事件图、Petri网和SDL状态建模技术等用于描述工作流和并行过程的建模技术。本章主要介绍活动图的基本概念，组成元素及其使用方法。通过本章学习，能够使读者从整体上理解活动图并掌握活动图的创建方法。

10.1 活动图概述

活动图是状态机的一个特殊例子，它强调计算过程中的顺序和并发步骤。活动图所有或多数状态都是活动状态或动作状态，所有或大部分的转换都由源活动中的动作执行完毕时隐式地触发。

10.1.1 活动图的UML定义

活动(activity)是某件事情正在进行的状态，既可以是现实生活中正在进行的某一项工作，如取款、填写订单等；也可以是软件系统某个类对象的一个操作。活动在状态机中表现为由一系列动作组成的非原子的执行过程。

活动图(activity diagram)是UML用于对系统的动态行为建模的图形工具之一，它实质上是一种流程图，表现的是从一个活动到另一个活动的控制流。活动图描述活动的序列，并且支持依赖于条件的行为和并发行为的表达。

在UML中，活动图是由动作状态或活动状态以及它们之间的转换构成的动态模型视图。活动的起点用来描述活动图的开始状态，用黑的实心圆表示。活动的终点用来描述活动图的终止状态，用一个含有实心圆的空心圆表示。活动图中的活动既可以是用户手动执行的任务，也可以是系统自动执行的任务，用圆角矩形表示。状态图中的状态也是用矩形表示的，不过活动的矩形与状态的矩形相比更加柔和，更加接近椭圆。活动图中的转换用于描述一个活动转向另一个活动，用带箭头的实线表示，箭头指向转向的活动，可以在转换上用文字标识转换发生的条件。活动图中还包括分支与合并、分叉与汇合等模型元素。分支与合并的图标和状态图中判定的图标相同，分叉与汇合则用一条加粗的线段表示。一个简单的活动图的模型如图10-1所示。

在理解活动图的概念时，应注意活动图与状态图及流程图的区别。

(1) 活动图与状态图的区别。

● 活动图和状态图描述的侧重点不同。活动图可以被认为是状态图的一个变种，但与状态图不同的是，活动图的主要目的是描述对象的活动以及执行完活动的结果。也就是说，活动图强调从活动到活动的控制流，当一个活动中的动作被执行完时，直接转换到下一个活动，而状态图强调的是对象的状态及状态之间的转换。

● 活动图和状态图使用的场合不同。对于以下情况，如分析用例、理解涉及多个用例的工作流、处理多线程应用，适合使用活动图。对于下面的情况，如显示一个对象在其生命周期内的行为，适合使用状态图。换言之，活动图适合于描述多个对象和多个用例活动的总次

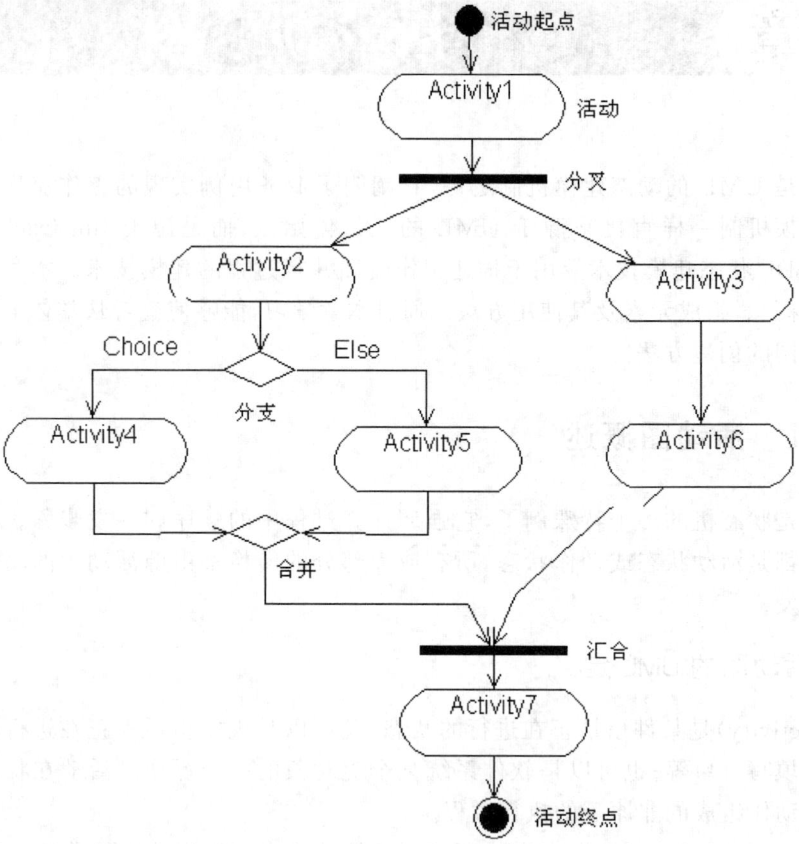

图 10-1　活动图示例

序，状态图适合于描述跨越多个用例的单个对象的行为。另外需要重申的是，如果要显示多个对象之间的交互情况，可以使用序列图或协作图。

（2）活动图与流程图的区别。

● 活动图描述的是对象活动的顺序关系以及所遵循的规则，它着重表现的是系统的行为，并非是系统的处理过程；而流程图则着重描述处理过程，它的主要控制结构是顺序、选择（分支）和循环，各个处理过程之间有严格的顺序和时间关系。

● 活动图能够表示并发活动的情形，而流程图不能。

● 活动图是面向对象的，流程图是面向过程的。

10.1.2　活动图作用

活动图的作用主要体现在以下几个方面。

（1）描述一个操作执行过程中所完成的工作。用于说明角色、工作流、组织和对象是如何工作的。

（2）活动图也可用于对用例的描述，它可建模用例的工作流，显示用例内部和用例之间的路径。它可以说明用例的实例是如何执行动作以及如何改变对象状态的。

（3）显示如何执行一组相关的动作，以及这些动作如何影响它们周围的对象。

（4）活动图对理解复杂业务处理过程十分有用。活动图可以画出工作流用以描述业务，有利于与领域专家进行交流。通过活动图可以明确业务处理操作是如何进行的，以及可能产生的变化。

(5) 描述复杂过程的算法,在这种情况下使用的活动图和传统的程序流程图的功能是相似的。

10.2 活动图组成元素

一般来说,活动图包括如下几种组成元素:起点和终点,活动,转换,泳道,分支,并发,对象流等。

10.2.1 起点和终点

起点是活动图的初始状态,也是活动图的起始位置,表示一个工作流的开始。起点只能作为转换(transition)的源,而不能作为转换(transition)的目标。起点在活动图中只允许有一个。活动图中起点的表示方法与状态图中起点的表示方法相同。

终点是活动图的最后状态,也是活动图的终止位置。与起点相反,终点只能作为转换(transition)的目标,而不能作为转换(transition)的源。终点在一个活动图中可以有一个或有多个,也可以没有。活动图中终点的表示方法与状态图中终点的表示方法相同。

10.2.2 活动

活动表示一个工作流或一个过程中任务的执行,包括动作状态和活动状态。

动作状态是指执行原子的、不可中断的动作,并在此动作完成后通过转换转向另一个状态。在 UML 中,动作状态使用带圆端的矩形表示,动作状态的名称写在该矩形内部,如图 10-2 所示。

动作状态有如下特点。

(1) 动作状态是原子的,无法分解。

(2) 动作状态是不可中断的,一旦开始运行就一直运行到结束。

(3) 动作状态是瞬时的,所占用的处理时间极短,有时甚至可以忽略。

活动状态用于表示非原子的运行,可被进一步分解。

在 UML 中,活动状态的表示方法与动作状态相似,只是活动状态可以添加入口动作、出口动作、动作状态等,如图 10-3 所示。

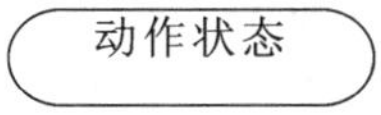

动作状态

图 10-2 动作状态

活动状态
entry/ ……
exit/ ……

图 10-3 活动状态

活动状态有如下特点。

(1) 活动状态可以分解成为其他子活动或动作状态,由于它是一组不可中断的动作或操作的组合,所以可以被中断。

(2) 活动状态的内部活动可以用另一个活动图来表示。

(3) 与动作状态不同,活动状态可以有入口动作和出口动作,也可以有内部转换。

(4) 动作状态是活动状态的一个特例,如果某个活动状态只包括一个动作,那么它就是一个动作状态。

10.2.3 转换

活动图中的转换用于描述两个活动之间的关系，表示一个活动执行完相应的操作后会自动转换到另一个活动。与状态图中不同的是，这种转换一般不需要特定事件的触发。

活动图中转换的表示方法与状态图中转换的表示方法相同，如图 10-4 所示。

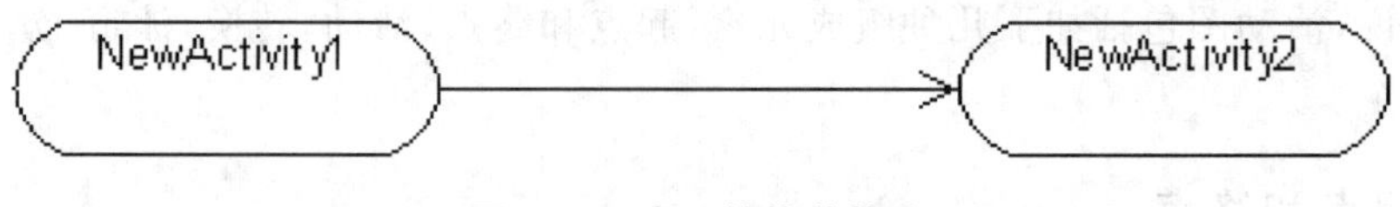

图 10-4 表示转换的箭头

10.2.4 泳道

顾名思义，泳道原本是用来分隔游泳池的，以保证不同选手可以在指定区域中进行比赛，而彼此互不干扰。活动图中泳道的含义与此类似，每个泳道代表一个责任区，它将活动分为若干个组，并为每一组指定负责人或所属组织。借助泳道，可以在活动图中清晰描述负责活动的对象，明确表示出哪些活动是由哪些对象展开的。在加入泳道的活动图中，每个活动只能属于一个泳道。从语义上理解，泳道可以被认为是一个模型包。

在 UML 中，泳道被表示为纵向矩形，属于同一个泳道的活动均放在该矩形中。每个泳道必须有唯一的名字（实际上就是对象名）以区别于其他泳道，泳道的名字放在纵向矩形的顶部。泳道没有顺序号，不同泳道的活动可以是顺序执行的也可以是并发执行的。如图 10-5 所示的活动图中有两个泳道，分别是 Student 和 System，其中“Complete Application”活动属于 Student 泳道，“Check Course Availability”活动和“Check Application Qualification”活动属于 Systems 泳道。

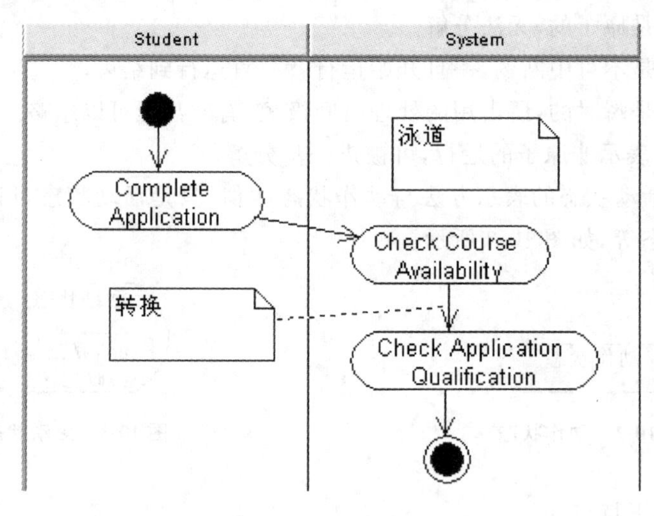

图 10-5 泳道

10.2.5 分支

分支也称为判定，是软件系统流程中十分常见的一种结构。在活动图中，分支描述了对象在不同的判定结果下所执行的不同动作。通常，分支包括一个进入转换和两个（或多个）输出转换，即有一个入口和两个（或多个）出口。每个出口都应带有监护条件，当且仅当该监护条件成立时，相应的出口路径才有效。在所有的出口中，其监护条件必须互斥，而且应该尽量覆盖所有的可能性，这样才可以保证有且仅有一条输出转换能够被触发。

在UML中，分支被表示为菱形框。如图10-6所示，Release Work Order（分配工作指令）活动执行完以后遇到分支，该分支有两个出口路径：其中一条输出转换到Assign Tasks（执行任务）活动，监护条件是[materials ready]（材料准备齐全）；另一条输出转换到Reschedule（重新规划）活动，监护条件是[materials not ready]（材料没有准备齐全）。

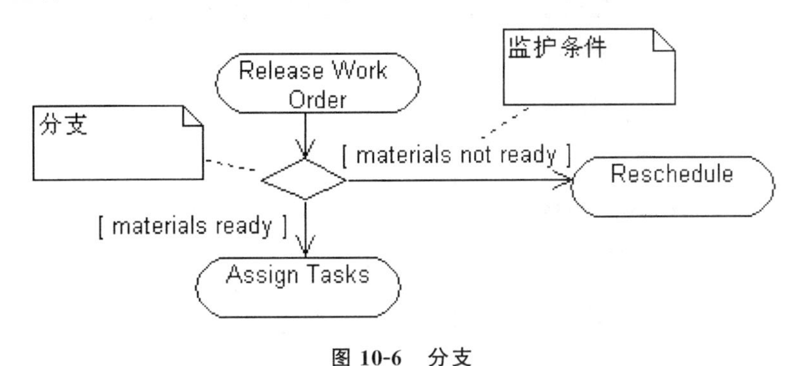

图10-6　分支

10.2.6　并发

在活动图建模的过程中，可能会遇到这样的情况：存在两个或多个并发执行的控制流。为了描述这种并发执行，在活动图中可以使用分叉和汇合。分叉用于将路径分解成多个并发执行的分支控制流，每个分叉包括一个进入转换和多个输出转换；汇合则用于将不同的分支汇集在一起，当所有分支控制流都达到汇集点后，控制流才能继续往下进行，每个汇合包括多个进入转换和一个输出转换。从概念上来说，分叉的每一个控制流都是并发的，但实际应用中，这些控制流可以是真正的并发，也可以是时序交替的。

在UML中，分叉和汇合都被表示为比较粗的实线，该实线也称为同步条，分水平和垂直两种，如图10-7所示。

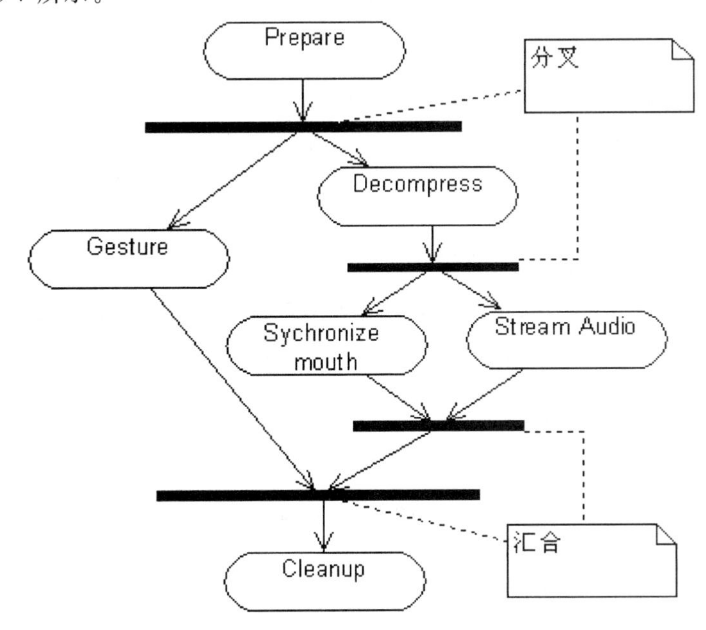

图10-7　分叉与汇合

10.2.7 对象流

在活动图中可以出现对象作为活动的输入或输出，并用对象流表达对象与活动之间的依赖关系。对象流是动作状态或者活动状态与对象之间的依赖关系，表示动作使用对象或者动作对对象的影响。如图 10-8 所示的是账单对象与各活动之间的依赖关系。

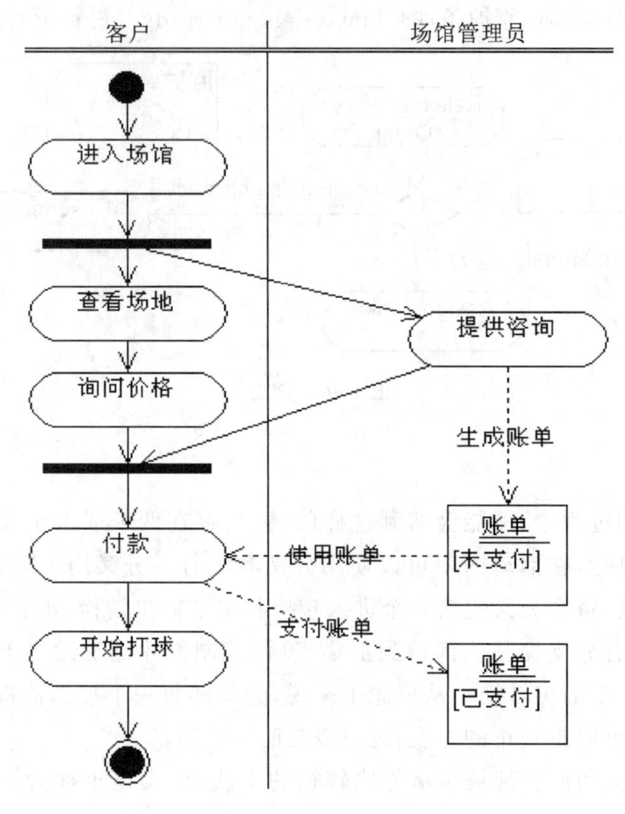

图 10-8 对象流示例

对象流中的对象特点如下。

- 一个对象可以由多个动作操纵。
- 一个动作输出的对象可以作为另一个动作输入的对象。
- 在活动图中，同一个对象可以多次出现，它的每一次出现表明该对象正处于对象生存期的不同时间点。

对象流用带有箭头的虚线表示的作用如下。

- 如果箭头从动作状态出发指向对象，则表示动作对对象施加了一定的影响。
- 如果箭头从对象指向动作状态，则表示该动作使用对象流所指向的对象。

10.3 活动的类型

活动图中的活动一般分为简单活动和组合活动两种。

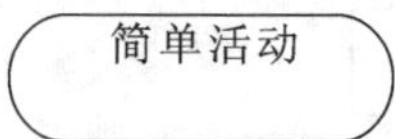

图 10-9 简单活动示例

10.3.1 简单活动

简单活动是指一个不含内嵌活动或动作的活动，如图 10-9 所示，一般只需给出该活动的名称即可。

10.3.2 组合活动

组合活动是指一个嵌套了若干活动或动作的活动。每个组合活动都有自己的名字和相应的子活动图。如图 10-10 所示，该活动状态包含了两个子活动。

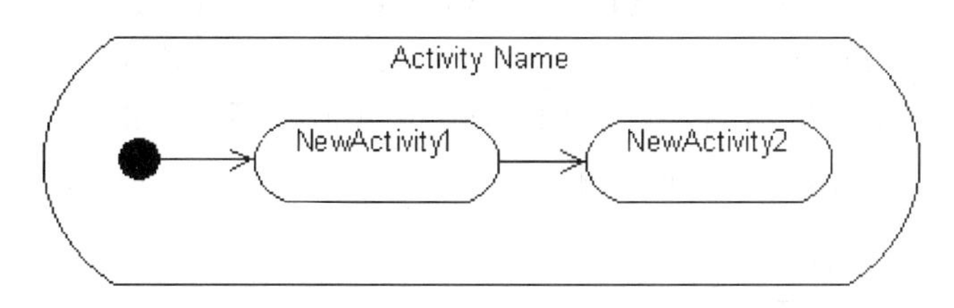

图 10-10 组合活动示例

如果一些活动状态比较复杂，就会用到组合活动。例如，我们去购物，当选购完商品后就需要付款。虽然付款只是一个活动状态，但是付款却可以包括不同的情况。对于会员来说，一般是打折后付款，而一般的顾客就要全额付款了。这样，在付款这个活动状态中，就又内嵌了两个子活动，所以付款活动状态就是一个组合活动，如图 10-11 所示。

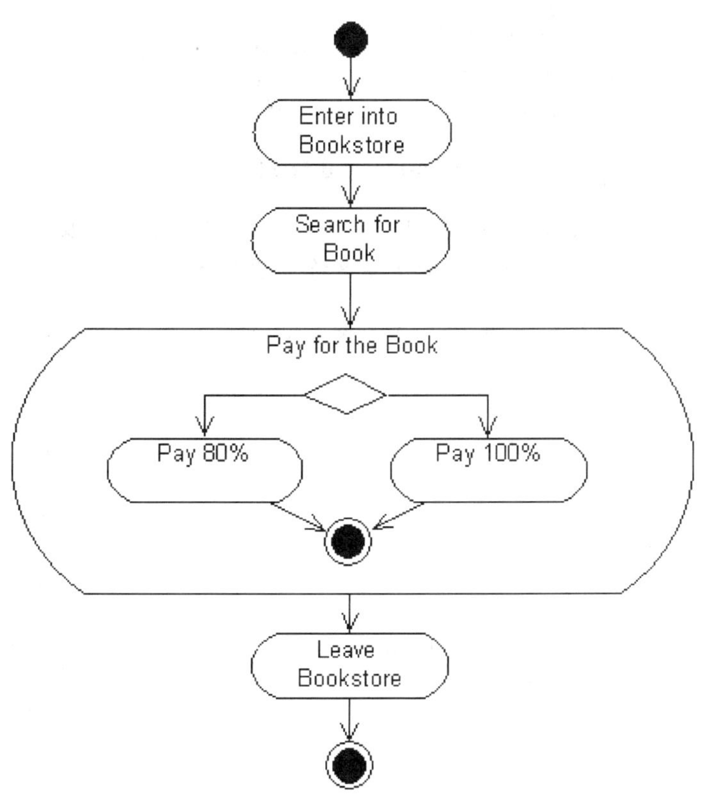

图 10-11 付款活动的子活动图表示

 10.4 使用 Rational Rose 建立活动图的方法

下面介绍如何使用 Rational Rose 创建活动图。为了描述方便，介绍过程中用到的一些命名信息来自图书馆管理系统中的部分对象。例如，建立图书管理员对象的活动图，并使用

Rational Rose 工具实现。

1. 打开【Library】模型

按照前面几章介绍的方法打开【Library】模型。

2. 新建活动图

在视图区域树型列表中，右击【Logical View】结点，然后在弹出的快捷菜单中选择【New】/【Activity Diagram】命令，如图 10-12 所示。此时默认的活动图名称为【New Diagram】，可以输入新的活动图名称为【Librarian Activity】。双击该活动图，在 Rational Rose 窗口内右侧空白处出现相应的编辑区，在编辑区中可进行后续操作。

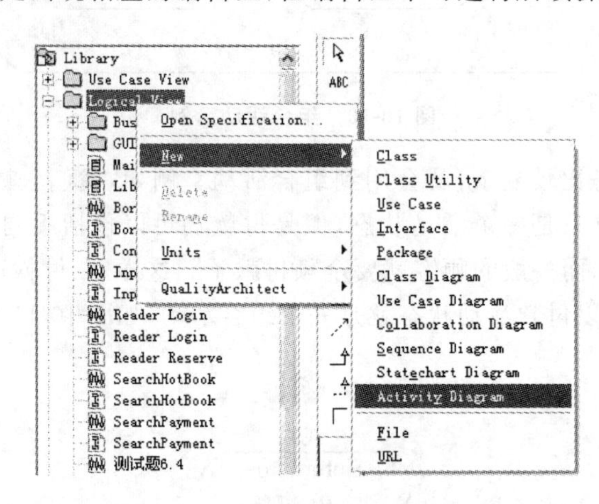

图 10-12　新建活动图

双击该活动图，在 Rational Rose 窗口内右侧空白处出现相应的编辑区，在编辑区中可进行后续操作。其中，活动图工具栏上的按钮名称及功能，详见表 10-1。

表 10-1　活动图工具栏按钮

按　　钮	按 钮 名 称	说　　明
	Selection Tool	选择工具
	Text Box	文本框
	Note	注释
	Anchor Note to Item	将图中的元素与注释连接
	State	状态
	Activity	活动
	StartState	起点
	EndState	终点
	State Transition	状态转换

续表

按　钮	按钮名称	说　明
	Transition to Self	转换到自身状态
	Horizontal Synchronization	水平同步条
	Vertical Synchronization	垂直同步条
	Decision	分支
	Swimlane	泳道
	ObjuectFlow	对象流
	Object	对象

3. 添加活动

在活动图工具栏中选择起点按钮【 】即“Start State”，然后在编辑区中单击鼠标左键，便可以将初始活动添加到活动图中。如果在操作过程中出现如图10-13所示的错误提示对话框，则说明操作有误。该错误提示的含义为：在上下文中已经定义了一个初始状态。此时可以采用按住鼠标左键拖曳的方式，将已经存在的起点从左侧视图区域树型列表中拖曳到编辑区。

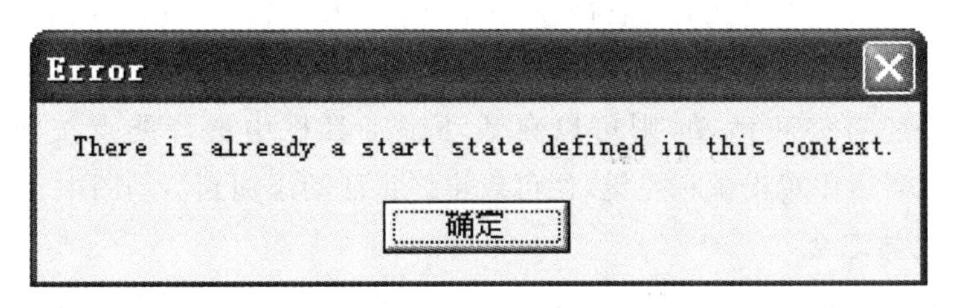

图 10-13　关于起点的错误提示

继续在活动图工具栏中选择起点按钮【 】即“Activity”，然后在编辑区中单击鼠标左键，便可以将活动添加到活动图中。新添加的活动默认名称为【NewActivity】，可将其名称根据具体情况进行修改。简便的修改方法是直接在【NewActivity】处键入活动的新名称；稍复杂的修改方法是双击该活动打开活动属性对话框，或者右击该活动，在弹出的快捷菜单中选择【Open Specification】命令也可以打开活动属性对话框，如图10-14所示，在此将活动命名为【Process Return】。如果还需要为活动设置入口/出口动作、动作等内容，可以双击活动属性

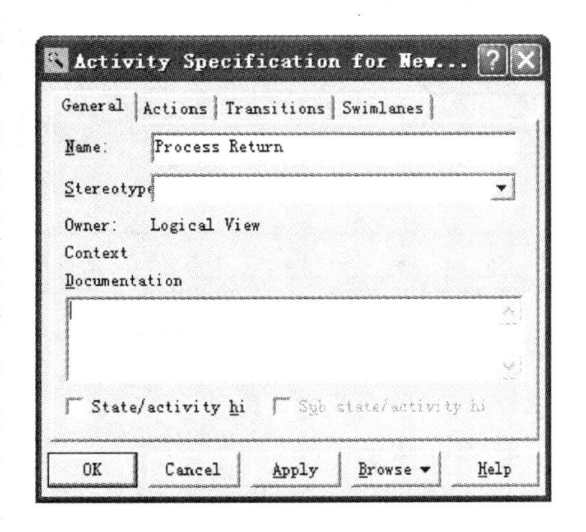

图 10-14　活动属性对话框

对话框中的【Actions】选项卡，然后在中间空白区域任意位置右击，会弹出如图 10-15 所示的快捷菜单。在弹出的快捷菜单中选择【Insert】菜单项，可以添加动作，新添加的动作默认类型为【Entry】，默认名称为空。如果想修改动作的类型和名称，可以在图 10-15 所示的右键快捷菜单中选择【Specification】命令，打开如图 10-16 所示的动作属性对话框，在该对话框中进行详细的设置。

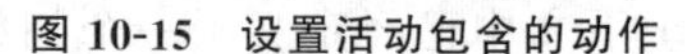

图 10-15　设置活动包含的动作　　　　图 10-16　动作属性对话框

依照如上方法，分别创建出图书管理员对象活动：Query（查询）、Process Return（处理还书）、Process Borrow（处理借阅）、Set（设置）、Get Fine（收取罚金）、Return Book（收回图书）、Give Book（借出图书）、Quit（退出）等。

如果活动图还有终止活动，则可以在活动图工具栏中选择终点按钮【】即"End State"，继而在编辑区中单击鼠标左键，便可以将终止活动添加到活动图中。

4. 添加分叉与汇合

由于 Query（查询）、Process Return（处理还书）、Process Borrow（处理借阅）、Set（设置）活动可以认为是并发执行的，所以还需要为这些活动添加分叉与汇合，具体操作方法描述如下。

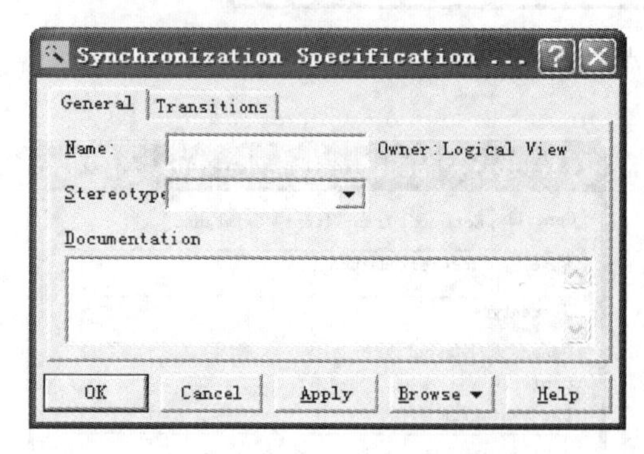

图 10-17　"同步属性"对话框

在活动图工具栏中选择水平同步按钮【——】即"Horizontal Synchronization"，然后在编辑区中单击鼠标左键，便可以将分叉与汇合添加到活动图中。如果想对分叉与汇合进行详细设置，还可以打开如图 10-17 所示的同步属性对话框，在此进行设置。

5. 添加分支

图书管理员在处理还书时，可能会出现这样的情况：如果读者超期还书，那么图书管理员要收取一定的罚金；如果读者按期还书，那么图书管理员直接收回图书即可。也就是说，对于“Process Return”活动而言,可能出现分支。分支的一条路径会转换到“Get Fine”活动,条件是“out of date”;分支的另一条路径会转换到“Return Book”活动,条件是“no”。描述这种分支结构的操作方法很简单,只需在活动图工具栏中选择分支按钮【◇】即“Decision”,然后在编辑区中单击鼠标左键,便可以将分支添加到活动图中。关于分支的条件描述,则要借助添加转换来完成。

6. 添加转换

在活动之间、分叉与活动之间、活动与汇合之间、活动与分支之间都可以添加转换,来完成相应的过渡。以处理还书出现的具体情况为例,将操作方法描述如下。

在活动图工具栏中单击转换符号【↗】即“State Transition”,然后采用按住鼠标左键拖曳的方式,首先将“Process Return”活动和分支之间添加转换。然后,将分支与“Get Fine”活动之间也添加转换,双击该转换,打开状态转换属性对话框,在该对话框中单击【Detail】选项卡,可以打开如图 10-18 所示的界面,在该界面中可以设置监护条件等内容。按照同样的方法,也可以在分支与“Return Book”活动之间添加相应的转换。

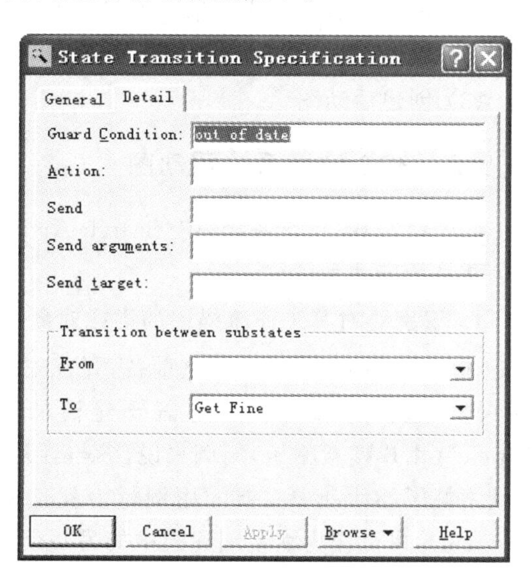

图 10-18　设置监护条件

7. 绘图活动图时的错误提示

以绘制活动即使用【▭】为例,如果在操作过程中出现如图 10-19 和图 10-20 所示的错误提示对话框,则说明操作有误。图 10-19 中错误提示的含义为:“Login”名称不合法,因为在上下文中已经存在了“Login”活动。图 10-20 中错误提示的含义为:将活动名称修改为“Quit”时产生冲突,因为已经存在了“Quit”。之所以产生上述错误,是因为在进行活动命名和修改名称时,出现了与已有名称冲突的情况,只需另换一个名称便可以解决。如果非要使用这个名称,那么可以采用按住鼠标左键拖曳的方式,把在模型中已经存在(显示在左侧视图区域树型列表中)的活动拖曳到编辑区即可。

图 10-19　错误提示一

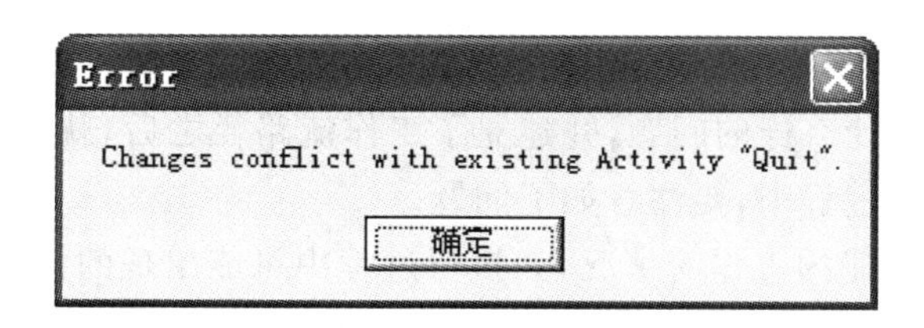

图 10-20　错误提示二

10.5 活动图建模案例分析

为了加深对活动图建模的理解，本节先给出活动图的一般建模步骤，然后通过对"BBS论坛系统"相关活动图的创建来讲解活动图的分析与设计过程。

10.5.1 活动图建模步骤

活动图建模一般按照以下步骤进行。

(1) 识别要对其工作流描述的类或对象。

(2) 确定动作状态或活动状态。

(3) 创建活动图

10.5.2 BBS论坛系统活动图

此处以"BBS论坛系统"中"Search Article"(用户搜索帖子)用例的活动为例，介绍如何去创建系统的活动图。

1. 识别要对其工作流描述的类或对象

在使用活动图进行建模之前，需要首先确定要为哪个对象建模，明确所要建立模型的核心问题。这就要求我们确定需要建模的系统用例，以及用例的参与者。对于"Search Article"(用户搜索帖子)用例来说，参与者是用户，它是活动图建模中的其中一个对象，用户在搜索帖子的活动中主要的用例行为就是搜索操作。而实现搜索功能的对象就是该系统(System)，可以作为活动图建模中的另一个对象。

2. 确定动作状态或活动状态的执行路径

在开始创建用例的活动图时，往往要先建立一条明显的执行工作流的路径，这条路径是由基本的动作状态或活动状态构成，也就是说，要根据工作流的具体内容识别出有哪些动作状态或活动状态存在，然后用一条带箭头的实线连接它们，建立起基本的执行路径。对于"Search Article"(用户搜索帖子)用例来说，包含以下几个活动状态：Input Keywords，Get Keywords，Search Article with Keywords，Display Article 和 Display No Article Information。

在建立工作流的时候，应注意以下几点。

- 识别出工作流的边界，也就是要识别出工作流的初始状态和终止状态，以及相应的前置条件和后置条件。
- 识别出工作流中有意义的对象，对象可以是具体的某个类的实例，也可以是具有一定抽象意义的组合对象。
- 识别出各种状态之间的转换。
- 考虑分支与合并、分叉与结合的情况。

3. 创建活动图

弄清楚系统要处理什么样的问题，并建立了工作流路径之后，就可以开始正式创建活动图了。在创建活动图的过程中，要注意如下问题。

- 考虑用例其他可能的工作流情况，如执行过程中可能出现的错误，或是可能执行的其他活动。
- 细化活动图，使用泳道划分出不同对象的活动状态。

● 按照时间顺序自上而下地排列泳道内的动作状态或者活动状态。
● 不要漏掉任何的分支，尤其是当分支比较多的时候。

最终创建的“Search Article”用例的活动图如图 10-21 所示。

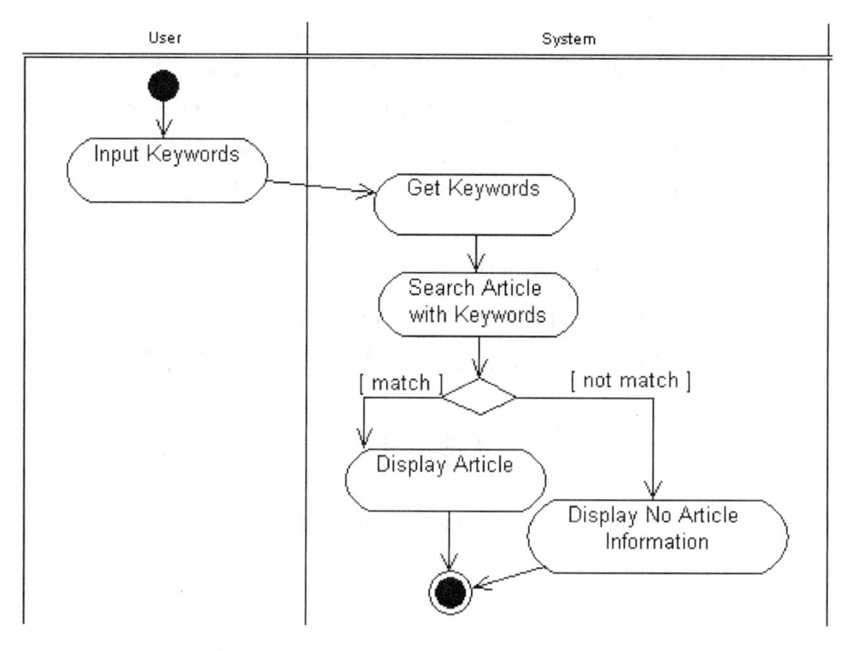

图 10-21 “Search Article”活动图

本章小结

本章介绍了活动图的基本概念和使用规范。活动图是一种用于系统行为的建模工具，它能支持对并发行为的描述，使其成为对工作流或业务流建立模型的强大工具，尤其适合于多线程的程序建模。接着介绍了如何通过 Rational Rose 创建活动图的各个组成元素及其之间的关系。最后通过具体案例讲解了如何在实际中应用活动图进行建模。在使用活动图建模时，通常当抽象度较高、描述粒度较粗时，使用一般的活动图。如果要进一步求精描述过程，则可以使用泳道来描述。到本章为止，已经介绍完了所有的动态建模机制，在建模的过程中，读者要注意区分不同模型的作用和适用的场景，根据自己设计系统时的需要选用不同的建模机制，力争发挥出每一种建模机制的优点，从而共同完成对系统的动态建模。

习 题 10

1. 填空题

(1) 活动图的动态建模机制一共有________。

(2) 活动图所有或多数状态都是________状态或________状态。

(3) 一个对象流状态必须与它所表示的________和________的类型匹配。

(4) 为了对活动的职责进行组织而在活动图中将活动状态分为不同的组，称为________。

2. 选择题

(1) 下面不是活动图组成要素的是________。

(A) 生命线　　(B) 动作状态　　(C) 泳道　　(D) 活动状态

(2) 动作状态(action state)________。

(A) 是非原子性的动作或操作的执行状态

(B) 是原子性的动作或操作的执行状态，它不能被外部事件的转换中断

(C) 通常用于对工作流执行过程中的步骤进行建模

(D) 从理论上讲，所占用的处理时间极长

(3) 下列说法不正确的是________。

(A) 分支将转换路径分成多个部分，每一部分都有单独的监护条件和不同的结果

(B) 一个组合活动在表面上看是一个状态，但其本质却是一组子活动的概括

(C) 活动状态是原子性的，用来表示一个具有子结构的纯粹计算的执行

(D) 对象流中的对象表示的不仅仅是对象自身，还表示了对象作为过程中的一个状态存在

(4) 下列对活动图的描述不正确的是________。

(A) 活动图可以算是状态图的一个变种，并且活动图的符号非常相似

(B) 活动图是模型中的完整单元，表示一个程序或工作流，常用于计算流程和工作流程建模

(C) 活动图是一种用于描述系统行为的模型视图，它可用来描述动作和动作导致对象状态改变的结果

(D) 活动图是对象之间传递消息的时间顺序的可视表示，目的在于描述系统中各个对象按照时间顺序的交互过程

3. 简答题

(1) 什么是活动图？活动图有什么作用？

(2) 请描述合并和结合的区别。

(3) 活动图的组成要素有哪些？

4. 练习题

(1) 对于“远程网络教学系统”，学生登录后可以下载课件。在登录时，系统需要验证用户的登录信息，如果验证通过系统会显示所有可选服务。如果验证失败，则登录失败。当用户看到系统显示的所有可选服务后，可以选择下载服务，然后下载需要的课件。下载完成后用户退出系统，系统则会注销相应的用户信息。请画出学生下载课件的活动图。

(2) 在“远程网络教学系统”中，系统管理员登录后可以处理注册申请或者审核课件。在处理注册申请后，需要发送邮件通知用户处理结果；在审核完课件后，需要更新页面信息以保证用户能看到最新的课件，同时系统更新页面。当完成这些工作后，系统管理员退出系统，系统则注销系统管理员账号。请画出系统管理员的工作活动图。

第11章 包图

在开发软件系统时，如何将系统的模型组织起来，即如何将一个大型系统有效分解成若干个较小的子系统并准确地描述它们之间的依赖关系是一个必须解决的重要问题。在UML的建模机制中，模型的组织是通过包(package)来实现的。包可以把所建立的各种模型(包括静态模型和动态模型)组织起来，形成各种功能或用途的模块，并可以控制包中元素的可见性以及描述包之间的依赖关系。本章将详细介绍包图中的基本概念以及基本使用规范。希望读者通过本章的学习，能够熟练使用包图对系统的组织结构进行建模。

11.1 包图概述

包图是维护和控制系统总体结构的重要建模工具。通过这种方式，系统模型的实现者能够在较高层次上把握系统的结构。

11.1.1 包图UML

在UML中，由包和包之间的关系所构成并用来描述模型组织结构的视图称之为包图(package diagram)。

模型需要有自己的内部组织结构，一方面能够将一个大系统进行分解，降低系统的复杂度，方便开发者对复杂系统的理解；另一方面能够方便控制系统结构各部分之间的连接。对系统模型的内部组织结构通常采用先分层再细分成包的方式。系统分层的一种常用方式是将系统分为三层结构，即用户界面层、业务逻辑层和数据访问层，如图11-1所示。

用户界面层代表与用户进行交互的界面，既可以是Form窗口，也可以是Web的界面形式。业务逻辑层用来处理系统的业务流程，它接受用户界面请求的数据，并根据系统的业务规则返回最终的处理结果。这也是判断开发人员是否优秀的依据。数据访问层是程序中与数据库进行交互的层。

模型内的各个组成部分也通过各种关系相互连接，表现为层与层之间的关系、包与包之间的关系等。如果包的规划比较合理，那么它们能够反映系统的高层架构，包之间的依赖关系概述了包的内容之间的依赖关系。如图11-2所示为一个包图的标准形式。

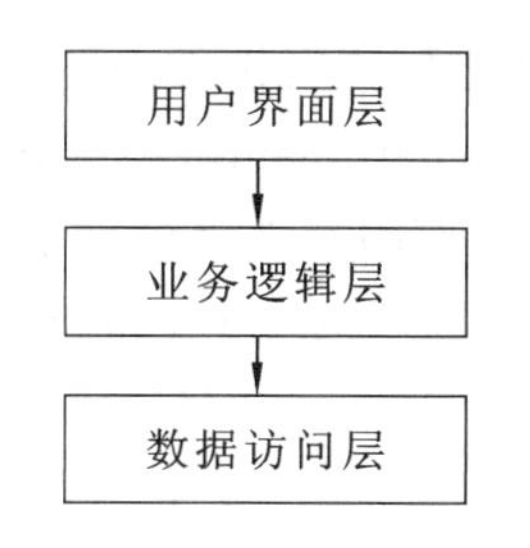

图11-1 系统的三层结构示例

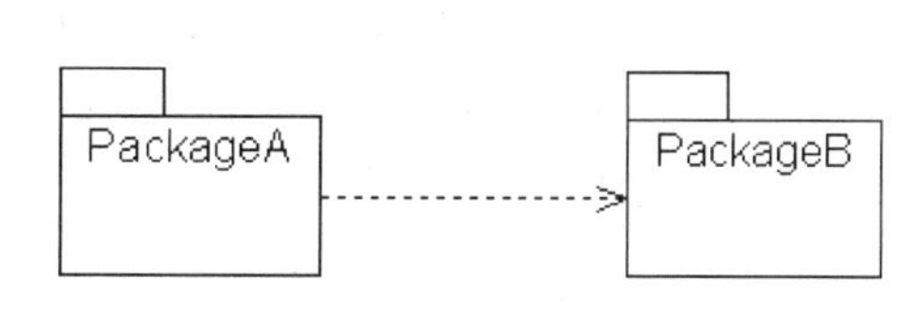

图11-2 包图的示例

11.1.2 包图作用

一个包图可以是任何一种的UML图组成，通常是UML用例图或UML类图。严格意义上来讲，包图并非是正式的UML图，但实际上它们是很有用的，包图的作用主要表现在以下几方面。

(1) 描述需求的高级概况。包有两种特殊形式，分别是业务分析模型和业务用例模型，通过包可以描述系统的业务需求，但是业务需求的描述不如用例等那样细化，只能是高级概况。

(2) 描述设计的高级概况。设计也是一样，可以通过业务设计包来组织业务设计模型，描述设计的高级概况。

(3) 在逻辑上把一个复杂的系统模块化。包图通过合理规划自身功能反映系统的高层架构，在逻辑上对系统进行模块化分解。

(4) 组织源代码。包图通常被描述成文件夹结构，是组织源代码的基本方式。

11.2 包图的组成元素

包图是一种维护和描述系统总体结构的重要建模工具，通过对图中各个包以及包之间关系的描述，展现系统的模块与模块之间的依赖关系。

11.2.1 包

包是包图中最重要的概念，它包含了一组模型元素和图。对于系统中的每个模型元素，如果它不是其他模型元素的一部分，那么它必须在系统中唯一的命名空间内进行声明。包含一个元素声明的命名空间被称为拥有这个元素。包是一个可以拥有任何种类的模型元素的通用的命名空间。如果将整个系统描述为一个高层的包，那么它就直接或间接地包含了所有的模型元素。在系统模型中，每个图必须被一个唯一确定的包拥有，同样这个包可能被另一个包所包含。包是进行配置控制、存储和访问控制的基础，所有的UML模型元素都能用包来进行组织。每一个模型元素或者为一个包所有，或者自己作为一个独立的包，模型元素的所有关系组成了一个具有等级关系的树状图。然而，模型元素可以引用其他包中的元素，所以包的使用关系组成了一个网状结构。

在UML中，包图的标准形式是使用两个矩形进行表示的，一个小矩形(标签)和一个大矩形，小矩形紧连在大矩形的左上角上，包的名称位于大矩形的中间，如图11-3所示。

与包相关的主要内容包括包的名称、包中拥有的元素以及包中元素的可见性。

1. 包的名称

与其他模型元素的名称一样，每个包都必须有一个与其他包相区别的名称。包的名称是一个字符串，它有两种形式：简单名(simple name)和路径名(path name)。其中，简单名仅包含一个名称字符串，路径名是以包处于的外围包的名字作为前缀并加上名称字符串，但是在Rational Rose中，使用简单名称后需要加上“(from 外围包)”的形式，如图11-4所示，PackageA包拥有PackageB包。

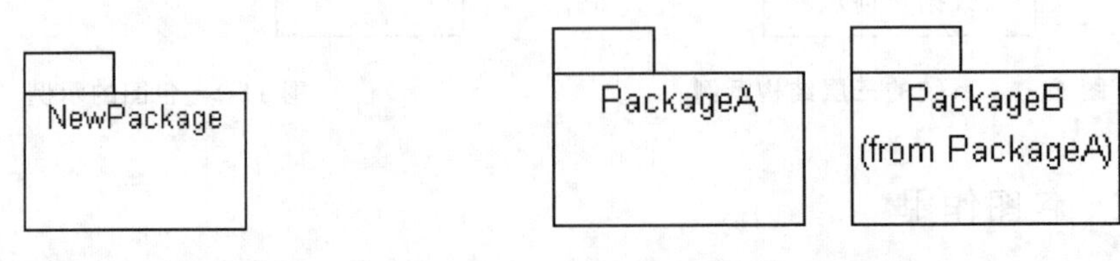

图11-3 包的图形表示　　图11-4 包的命名

2. 包中拥有的元素

在包下可以创建各种模型元素，如类、接口、构件、节点、用例、图以及其他包等。在包图下允许创建的各种模型元素是根据各种视图下所允许创建的内容决定，如在用例视图下的包中只能允许创建包、角色、用例、类、用例图、类图、活动图、状态图、序列图和协作图等。

对包中元素建模时，应注意以下几点。

- 一个模型元素不能被一个以上的包所拥有。
- 如果包被撤销，其中的元素也要被撤销。
- 一个包形成了一个命名空间，包中所有种类的元素的名称都是唯一的。

3. 包中元素的可见性

包的可见性用来控制包外部的元素对包内元素的访问权限。包对自身所包含的内部元素的可见性的定义，使用关键字 public、protected 或 private。

- public(公有的)"+"。

public 定义的公共元素对所有引入的包以及它们的后代都可见。

- protected(受保护的)"#"。

protected 定义的被保护的元素只对那些与包含这些元素的包有泛化关系的包可见。

- private(私有的)"-"。

private 定义的私有元素对包外部元素完全不可见。

这三种关键字在 Rational Rose 中的图形表示如图 11-5 所示，包含了 ClassA、ClassB 和 ClassC 三个类，分别被 public、protected 和 private 关键字修饰。

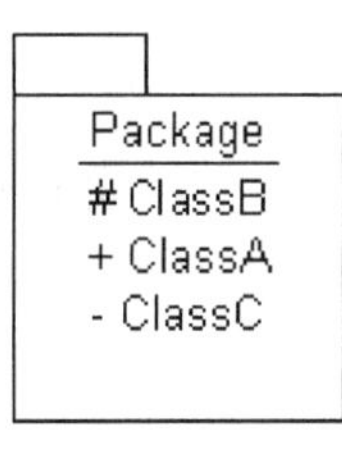

图 11-5　包中元素的可见性

一般来说，一个包不能访问另一个包的内容。包是不透明的，除非它们被访问或引入依赖关系才能打开。访问依赖关系直接应用到包和其他包容器中。在包中，访问依赖关系表示提供者包的内容可被客户包中的元素或嵌入于客户包中的子包所引用。提供者包中的元素在它的包中要有足够的可见性，使得客户可以看到它。通常一个包只能看到其他包中被指定为具有公有可见性的元素。具有受保护可见性的元素只对包含它的包的后代包具有可见性。可见性也可用于类的内容(如属性和操作)。一个类的后代可以看到它的祖先中具有公有可见性或受保护可见性的成员，而其他的类则只能看到具有公有可见性的成员。对于引用一个元素而言，访问许可和正确的可见性都是必须的，所以如果一个包中的元素要看到不相关的另一个包的元素，则第一个包必须访问或引入第二个包，且目标元素在第二个包中必须有公有可见性。

要引入包中的内容，可使用 PackageName::PackageElement 的形式，这种形式称为全限定名(fully qualified name)。

11.2.2　包的构造型和子系统

包有不同的构造型，表现为不同的特殊类型的包，如模型、子系统和系统等。在 Rational Rose 中创建包时不仅可以使用内部支持的一些构造型，也可以自己创建一些构造型，用户自定义的构造型也可标记为关键字，但是不能与 UML 预定义的关键字相冲突。

模型是从某一个视角观察到的对系统完全描述的包。它从一个视点提供一个系统的封闭的描述。它对其他包没有很强的依赖关系，如实现依赖或者继承依赖。跟踪关系表示某些连接的存在，是不同模型的元素之间的一种较弱形式的依赖关系，它不用特殊的语义锁门。通常，模型为树形结构。根包包含了存在于它体内的嵌套包，嵌套包组成了从给定观点出发的系统的所有细节。在 Rational Rose 中，支持业务分析模型包、业务用例模型包以及 CORBAModule 包，分别如图 11-6、11-7 和 11-8 所示。

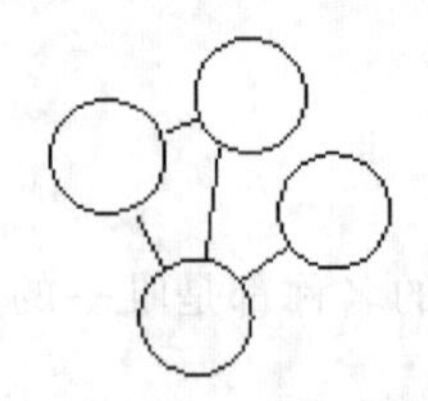

图 11-6 业务分析模型包

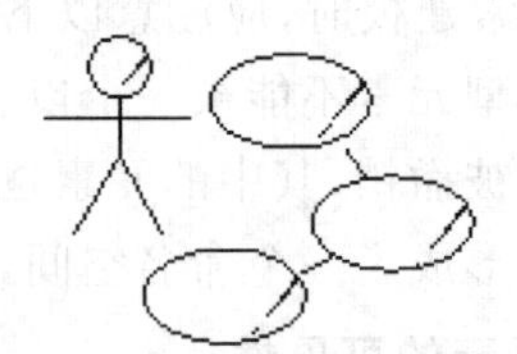

图 11-7 业务用例模型包

子系统是有单独的说明和实现部分的包。它表示具有对系统其他部分存在接口的模型单元，子系统使用具有构造型关键字“subsystem”的包表示。在 Rational Rose 中，子系统的表示形式如图 11-9 所示。

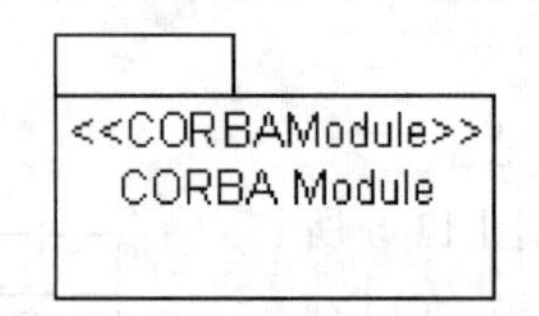

图 11-8 CORBAModule 包

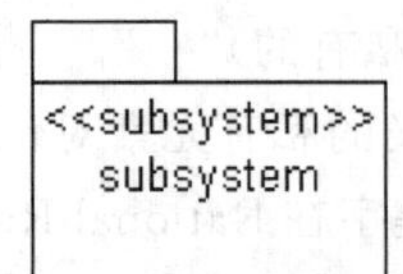

图 11-9 子系统

11.2.3 关系

包之间的关系总的来说可以概括为依赖关系和泛化关系。

1. 依赖关系

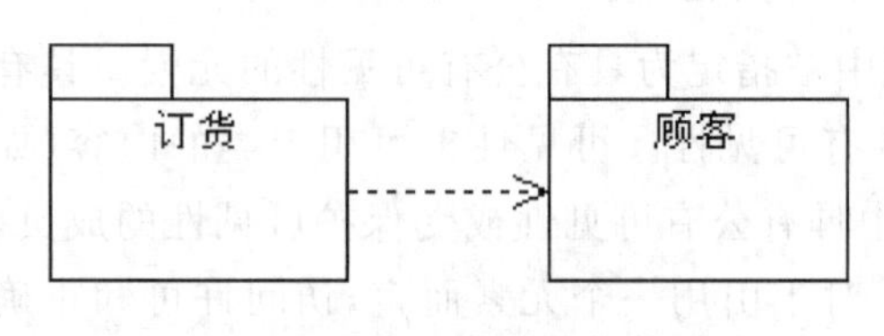

图 11-10 包之间的依赖关系

两个包之间存在着依赖关系通常是指这两个包所包含的模型元素之间存在着一个和多个依赖。对于由对象类组成的包，如果两个包的任何对象类之间存在着一种依赖，则这两个包之间就存在着依赖。人们通常希望显示包之间的依赖性（耦合），以便开发者能够看到系统内大型事物之间的耦合，UML 的依赖性即可用于此目的。包的依赖联系同样是使用一根带箭头的虚线表示的，虚线箭头从依赖源指向目的包，如图 11-10 所示。

图中，“订货”包和“顾客”包之间存在着依赖，因为“订货”包所包含的任何类依赖于“顾客”包所包含的任何类，没有顾客就没有订货，这是显而易见的道理。

依赖关系在独立元素之间出现，但是在任何规模的系统中，应从更高的层次观察它们。包之间的依赖关系概述了包中元素的依赖关系，即包之间的依赖关系可从独立元素间的依赖关系导出。包之间的依赖关系可以分为很多种，如实现依赖、继承依赖、访问和引入依赖等。实现依赖也被称为细化关系，继承依赖也被称为泛化关系。

包之间依赖关系的存在表示存在一个自底向上的方法（一个存在声明），或者存在一个自顶向下的方法(限制其他任何关系的约束),对应的包中至少有一个给定种类的依赖关系的关系元素。这是一个“存在声明”,并不意味着包中的所有元素都有依赖关系。这对建模者来说是表明存在更进一步的信息的标志,但是包之间依赖关系本身并不包含任何更深的信息,它仅仅是一个概要。

自顶向下的方法反映了系统的整个结构,自底向上方法可以从独立元素自动生成。在建模中两种方法有它们自己的地位,即使是在单个的系统中也是这样的。

独立元素之间属于同一类别的多个依赖关系被聚集到包之间的一个独立的包层依赖关系中,并且独立元素也包含在这些包中。如果独立元素之间的依赖关系包含构造型,为了产生单一的高层依赖关系,包层依赖关系中的构造型可能被忽略。

包的依赖性可以加上许多构造型来规定它的语义,其中最常见的是引入依赖。引入依赖(import dependency)是包与包之间的一种存取(access)依赖关系。引入是指允许一个包中的元素存取另一个包中输出的元素。输出(export)是包的公有部分。引入依赖是单向的。引入依赖的表示方法是在虚线箭头上标明构造型“<<import>>”,箭头从引入方的包指向输出方的包。引入依赖没有传递性,一个包的输出不能通过中间的包被其他的包引入。如图 11-11 所示的是一个引入依赖的示例。

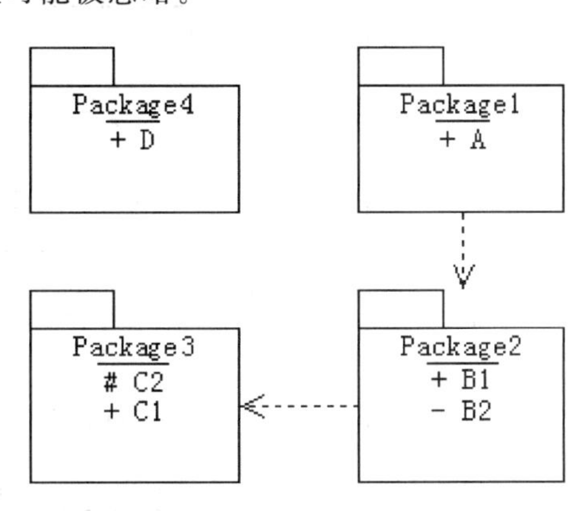

图 11-11 包之间的引入依赖

上图中,共有四个包,它们之间的关系描述如下。

● Package1 引入了 Package2,Package2 引入了 Package3。

● Package3::C1 对 Package2 内容可见的,但是 Package3::C2 受保护的,因此它不可见。同样 Package2::B2 对 Package1 内容也不可见,因为 B2 是私有的。

● Package4 没有引入 Package3,所以不允许 Package4 的内容访问 Package3 的任何内容。

2. 泛化关系

包之间的泛化关系与对象类之间的泛化关系十分类似,对象类之间泛化的概念和表示在此大都可以使用。泛化关系表达事物的一般和特殊关系。如果两个包之间存在泛化关系,就是指其中的特殊性包必须遵循一般性包的接口。实际上,对于一般性包可以加上一个性质说明,表明它只不过是定义了一个接口,该接口可以由多个特殊包实现。如图 11-12 所示的是一个包之间的泛化关系的示例。

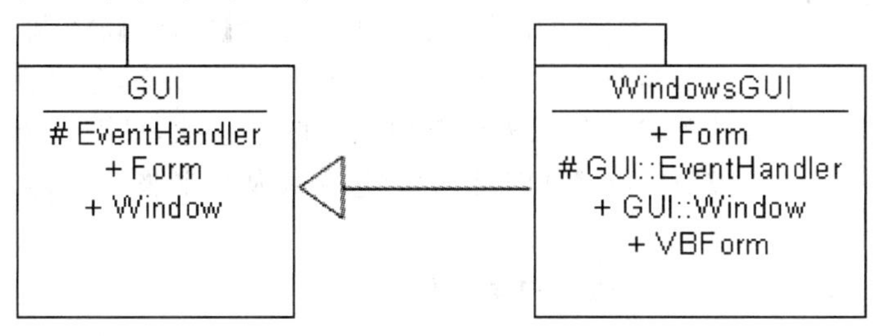

图 11-12 包之间的泛化关系

11.3 包的嵌套

包可以拥有其他包作为包内的元素，子包又可以拥有自己的子包，这样可以构成一个系统的嵌套结构，以表达系统模型元素的静态结构关系。

包的嵌套可以清晰表现系统模型元素之间的关系，但是在建立模型时包的嵌套不宜过深，包的嵌套层数一般以 2 到 3 层为宜。如图 11-13 所示的是一个包嵌套的示例。

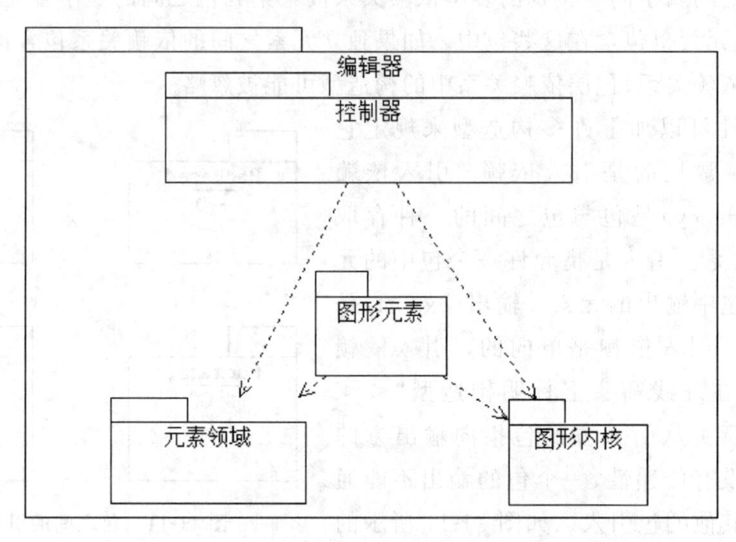

图 11-13　包的嵌套

11.4 使用 Rational Rose 建立包图的方法

下面介绍如何使用 Rational Rose 创建包图。

1. 创建删除包图

通过工具栏或菜单栏添加包的步骤如下。

(1) 在类图的图形编辑工具栏中，选择用于创建包的按钮，或者选择【Tools】/【Create】/【Package】命令。此时的光标变为“+”符号。

(2) 单击类图的任意一个空白处，系统在该位置创建一个包图，如图 11-14 所示，系统产生的默认名称为【NewPackage】。

(3) 将【NewPackage】重新命名成新的名称即可。

如果需要在模型中删除一个包，可以通过以下步骤进行。

(1) 在浏览器中右击要删除的包。

(2) 在弹出的快捷菜单中选择【Delete】命令即可删除。

这种方式是将包从模型中永久删除，包及其包中的内容都将被删除。如果需要将包从类图中移除，只需要选择类图中的包后，按【Delete】键即可，此时包仅仅从该类图中移除，在浏览器中仍然可以存在。

图 11-14　创建包图

2. 添加包中的信息

在包图中可以增加包所在目录下的类，如在 PackageA 包所在的目录下创建了两个类，分别是 ClassA 和 ClassB。如果需要将这两个类添加到包中，需要通过如下步骤进行。

(1) 右击【PackageA】包的图标，在弹出的快捷菜单中选择【Select Compartment Items...】选项，如图 11-15 所示，弹出如图 11-16 所示的对话框。

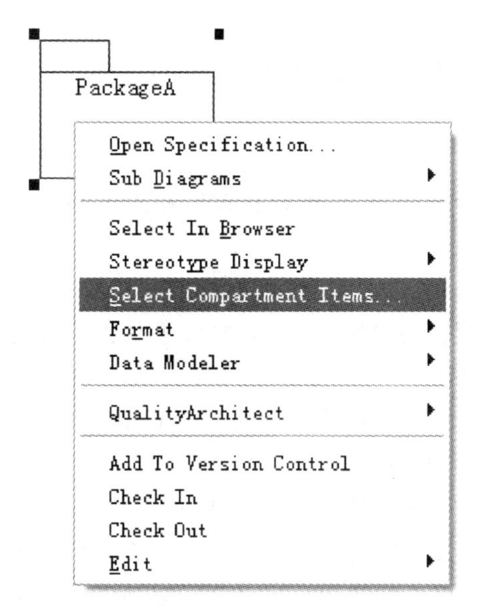

图 11-15 【Select Compartment Items...】选项

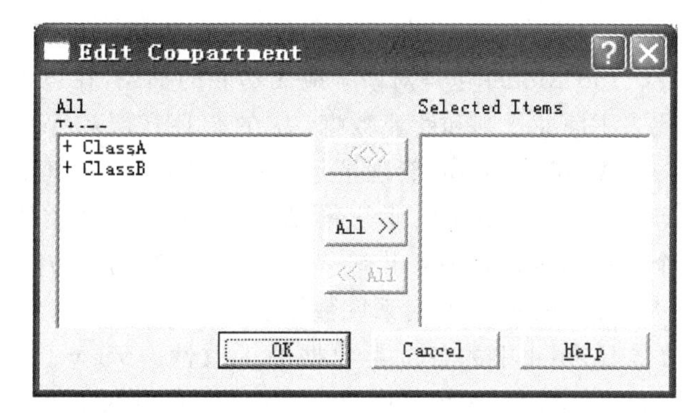

图 11-16 添加类对话框

(2) 在弹出对话框的左侧，显示了在该包目录下的所有的类，选中类，点击【All】按钮将【ClassA】和【ClassB】添加到右侧的框中。

(3) 添加完毕以后，点击【OK】按钮即可。生成的包图如图 11-17 所示。

3. 创建包的依赖关系

包和包之间与类和类之间一样，也可以有依赖关系，并且包的依赖关系也和类的依赖关系的表示形式一样，使用依赖关系的图标进行表示。如图 11-18 所示为从 PackageA 包中到 PackageB 包中的依赖关系。

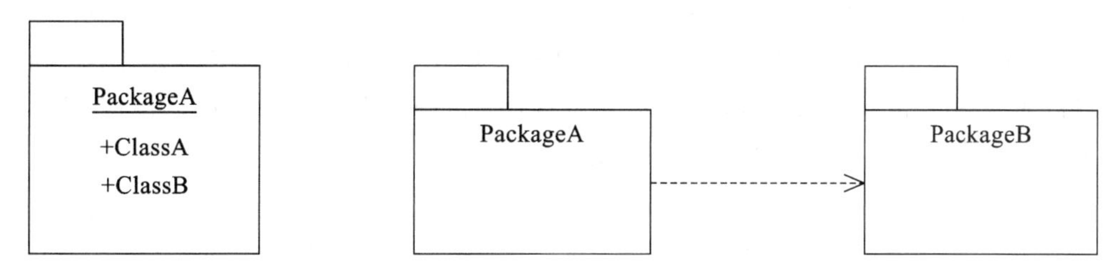

图 11-17 添加类后的包图　　　　图 11-18 包的依赖关系示例

11.5 包图建模案例分析

为了加深对包图建模的理解，本节先给出包图的一般建模步骤，然后通过对“BBS 论坛系统”相关包图的创建来讲解包图的分析与设计过程。

11.5.1 包图建模步骤

包作为一种维护和描述系统结构模型的重要建模方式，可以根据系统的相关分类准则，如功能、类型等，将系统的各种构成文件放置于不同的包中，并通过对各个包之间关系的描述，展现出系统的模块与模块之间的依赖关系。一般情况下，系统的包的划分往往包含很多划分的准则，但是这些准则通常需要满足系统架构设计的需要。

创建系统包图的一般步骤如下。

（1）根据系统的架构需求确定包的分类准则。

（2）在系统中创建相关的包，在包中添加各种文件，确定包之间的依赖关系。

11.5.2 BBS论坛系统包图

在设计BBS论坛系统中，如果采用MVC架构进行包的划分，可以在逻辑视图下确定三个包，分别为Model包、View包和Controller包。

（1）Model包是对系统应用功能的抽象，在包中的各个类封装了系统的状态。Model包代表了商业规则和商业数据，存在于EJB层和Web层。在Model包中包含了如User（用户）、Administrator（管理员）、Article（帖子）、Edition（版块）、Link（链接）、Advertise（广告）等参与者类或其他的业务类，在这些类中，一些类的数据需要对数据库进行存储和访问，这个时候通常采取提取出来一些单独用于数据库访问的类的方式。

（2）View包是对系统数据表达的抽象，在包中的各个类对用户的数据进行表达，并维护与Model中的各个类数据的一致性。View代表系统界面内容的显示，它完全存在于Web层，在J2EE项目中，一般由JSP、JavaBean和一些用户标签组成。JSP可以动态生成用于访问的网页内容，在用户标签中可以更方便地使用一些JavaBean。JSP通过JavaBean来读取Model对象中的数据，Model和Controller对象则负责对JavaBean的数据更新。在BBS论坛系统中，如在前面序列图中提到的user.jsp界面，存在于View包中。

（3）Controller包是对用户与系统交互事件的抽象，根据用户的操作和系统的上下文调用不同的数据。Controller对象协调Model和View，它把用户请求翻译成系统能够识别的事件，用来接受用户请求和同步View与Model之间的数据。在Web层，通常有一些Servlet来接受这些请求，并通过处理成为系统的事件。在BBS论坛系统中，如在前面序列图中提到的UserServlet，存在于Controller包中。

利用MVC架构创建的包如图11-19所示。

（4）接下来可以根据包之间的关系在图中将其表达出来。在MVC架构中，Controller包可以对Model包修改状态，并且可以选择View包的视图；View包可以使用Model包中的类进行状态查询。根据这些内容创建的包图如图11-20所示。

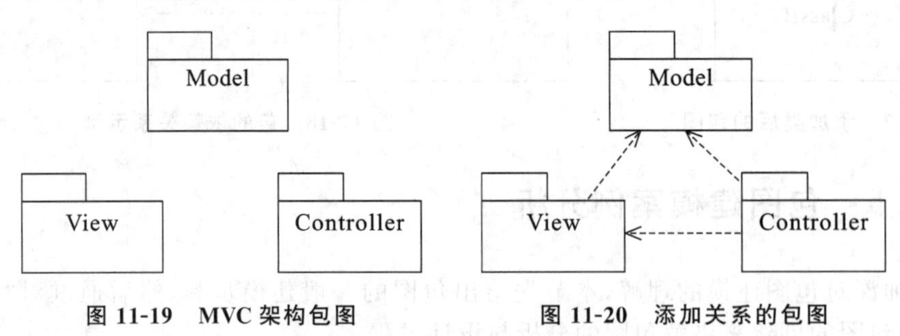

图11-19　MVC架构包图　　　图11-20　添加关系的包图

本章小结

本章对系统的模型组织结构——包进行介绍。在模型的组织结构中说明了为什么系统需要适当的组织结构，在现代软件系统的开发中，即使是一个小系统，也会涉及许多的领域，为确保其正确性，需要一种多层的方法，每一层都依赖其下面的层。常用的结构模型是三层结构模型。通过包的合理规划，可以反映出系统的高层次的架构。通过本章的学习，希望读者能够创建各种包，通过一些规则将系统进行合理的规划。

习 题 11

1. 填空题

(1) 在 UML 的建模机制中，模型的组织是通过________来实现的。

(2) 将系统分层很常用的一种方式是将系统分为三层的结构，分别是________、________和________。

(3) ________是一种维护和描述系统总体结构的模型的重要建模工具，通过对图中各个包以及包之间关系的描述，展现出系统的模块与模块之间的依赖关系。

(4) 包的组成包括________、包中________和这些元素的________、包的________以及包与包之间的关系。

2. 选择题

(1) 下列关于系统的模型组织结构的说法不正确的是________。

(A) 将系统的模型组织分层或分组能够将一个大系统进行分解，降低系统的复杂度

(B) 将系统的模型组织分层或分组使单块模型没有适用于其他情况的可重用的单元

(C) 将系统的模型组织分层或分组能够允许多个项目开发小组同时使用某个模型而不发生过多的相互牵扯

(D) 将系统的模型组织分层或分组使一个小的，独立的单元所进行的修改所造成的后果可以跟踪确定

(2) 下列关于包的用途，说法不正确的是________。

(A) 描述需求和设计的高级概况　　(B) 组织源代码

(C) 细化用例的表达　　(D) 在逻辑上把一个复杂的系统模块化

(3) 包图的组成不包括________。

(A) 包　　(B) 依赖关系　　(C) 发送者　　(D) 子系统

(4) 下列关于创建包的说法不正确的是________。

(A) 在序列图和协作图中可以创建包

(B) 在类图中可以创建包

(C) 如果将包从模型中永久删除，包及其包中的内容都将被删除

(D) 在创建包的依赖关系时，尽量避免循环依赖

3. 简答题

(1) 什么是模型的组织结构？为什么模型需要有自己的内部组织结构？

(2) 什么是包图？它有哪些作用？

(3) 包图有哪些组成部分？

4. 练习题

在“远程网络教学系统”中，假设我们需要三个包，分别是 Business 包、DataAccess 包和 Common 包，其中 Business 包依赖 DataAccess 包和 Common 包，DataAccess 包依赖 Common 包。在类图中试着创建这些包，并绘制其依赖关系。

第12章 构件图

在软件系统的建模过程中，可以借助用例模型描述系统期望达到的功能，可以借助静态模型来描述系统中存在的事物及关系，可以借助动态模型描述事物的行为活动及相互协作。在这些工作都完成以后，开发人员需要把以上的逻辑结构转化为物理结构（如设计执行文件、库和文档等），也就是建立物理模型。在进行物理建模时，需要用到构件图（component diagram）和部署图（deployment diagram）两种工具，构件图和部署图也统称为实现图。本章将首先介绍构件图的基本概念及其使用方法，部署图将放在下一章再进行介绍。

12.1 构件图概述

构件图提供系统的物理视图，在一个非常高的层次上显示系统中的构件与构件之间的依赖关系。

12.1.1 构件图的UML定义

构件图也称为组件图，用于显示一组软件构件及它们之间的关系。也就是说，借助构件图可以显示编译、链接或执行时构件之间的依赖关系。通常，构件图包含三种构成元素：构件（component）、接口（interface）和关系（relationship）。

如图12-1所示的是一个系统的简单构件图示例。

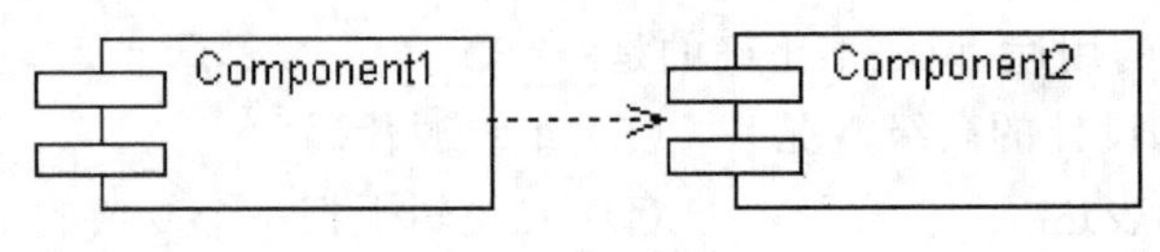

图12-1 构件图示例

12.1.2 构件图作用

构件图的作用主要体现在以下几个方面。

（1）为构件的所有源代码文件的配置进行建模。对源代码的图形化建模有助于可视化源代码文件之间的编译依赖关系。采用这种方式，UML构件可作为配置管理以及版本控制工具的图形接口。

（2）为组成系统的实现构件（可执行程序和对象库）建模。如果所开发的系统是由若干个可执行程序和若干个相关对象库构成的，那么进行构件建模有助于对其可视化和文档化。

（3）对系统中的表、文件和文档建模。例如，系统实现中可能包括数据文件、帮助文档、脚本、日志文件、初始化文件以及安装/卸载文件等。对这类构件建模也是系统配置的重要组成部分。

（4）对每个API的实现进行建模。这种建模工作是为了展示系统的详细精确的实现配置。

12.2 构件图的组成元素

构件图也称组件图，用于显示一组软件构件及它们之间的关系。也就是说，借助构件图可以显示构件的结构，可以显示编译、链接或执行时构件之间的依赖关系。下面分别介绍构件图包含的三种构成元素:构件(component)、接口(interface)和关系(relationship)。

12.2.1 构件

构件也称组件,是系统中可替换的物理部件,是定义了良好接口的物理实现模块。换言之,构件是遵从一组接口且提供其实现的、物理的、可替换的部分。例如,程序源代码、子系统、动态链接库、ActiveX 控件、JSP 页面等都可以被认为是构件。这些构件一般都包含很多类且实现许多接口。可以将构件可看成一个家庭娱乐系统,在该系统中人们可以轻易更新 DVD 播放机或扬声器,因为它们是系统中模块化的、可替换的部分,并且可以通过标准接口相互连接。

通常存在三种类型的构件:配置构件(deployment component)、工作产品构件(work product component)、执行构件(execution component)。

(1) 配置构件　也称二进制构件,这些构件构成了一个可执行的系统,如 DLL 文件、EXE 文件、COM+对象、CORBA 对象、EJB、动态 Web 页、数据库表等。

(2) 工作产品构件　也称源构件,这些构件属于开发过程产物,这些构件不直接参与可执行系统,而是开发中的工作产品,如源代码文件(.java,.cpp),数据文件等。

(3) 执行构件　这类构件是作为一个正在执行的系统的结果而被创建的,如由 DLL 实例化形成的.NET 对象。

以人们玩电脑游戏的整个过程为例,可以简单理解上述三种类型的构件。当单击游戏图标开始游戏时,该图标所对应的 EXE 文件就是配置构件;在游戏结束时会打开存储用户信息的数据文件,用于保持当前的最好成绩,这些都是工作产品构件;游戏结束后,系统会把相应的成绩更新到用户数据文件,这时又可以算是执行构件。

在 UML 中,构件被表示为左侧带有两个突出小矩形的大矩形,大矩形内部书写构件名称,如图 12-2 所示。

此外,在 Rational Rose 中,不同类型的构件使用不同的图标表示。

- 自定义构造型的构件,它们的表示形式是在构件上添加相关的构造型,如图 12-3 所示的是一个构造型为 Applet 的构件。

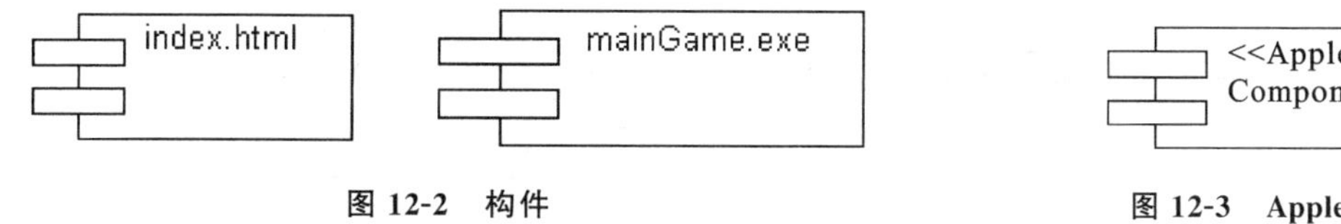

图 12-2　构件　　　　图 12-3　Applet 构件

- 数据库也被认为是一种构件,如图 12-4 所示。
- 系统是指组织起来的以完成一定目的的连接单元的集合,在系统中,肯定有一个文件用来指定系统的入口,也就是系统程序的根文件,这个文件被称为主程序,它也可以表示为一个构件,如图 12-5 所示。

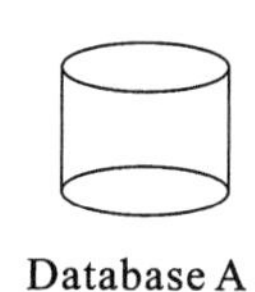

图12-4　Database 构件

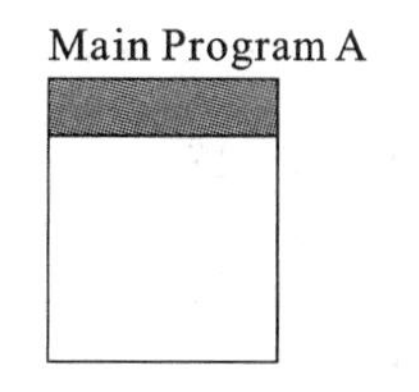

图 12-5　主程序构件

12.2.2 接口

接口用于描述类或构件提供的服务。在构件图中，构件可以通过其他构件的接口使用其他构件中定义的操作。通过使用接口，可以避免系统中各个构件之间直接发生依赖关系，有利于构件的替换。与前面章节介绍过的一样，在 UML 中，接口被表示为一个圆，其扩展形式是被表示为一个构造型类。

构件的接口可以分为两类：导入接口（import interface）和导出接口（export interface）。导入接口供访问操作的构件使用，导出接口由提供操作的构件提供。如图 12-6 所示，NewInterface 接口对于 NewComponent1 构件来说是导出接口，对于 NewComponent2 构件来说是导入接口。

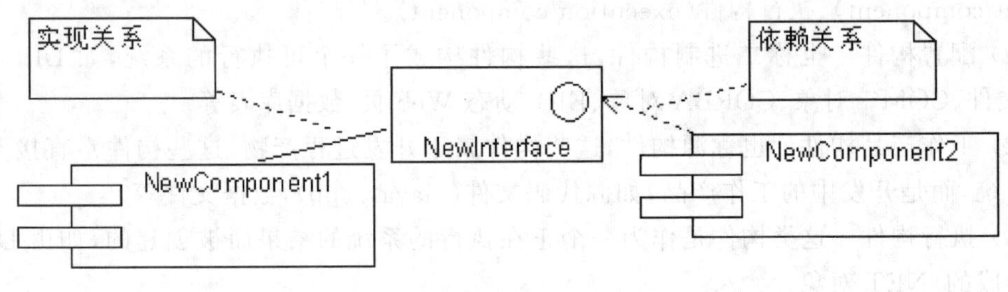

图 12-6　接口

12.2.3 关系

在构件图中，构件与接口之间可以存在两种关系：依赖（dependency）关系和实现（realization）关系。如果构件使用接口，那么构件和接口之间存在依赖关系即构件依赖接口；如果构件实现接口，那么构件和接口之间存在实现关系即构件实现接口。每个构件可能使用一些接口，并实现另一些接口。如图 12-6 所示，NewComponent1 构件实现 NenInterface 接口，NewComponent2 构件依赖 NenInterface 接口。

另外，构件和构件之间可以存在依赖关系。如图 12-7 所示，NewComponent1 构件依赖 NewComponent2 构件。

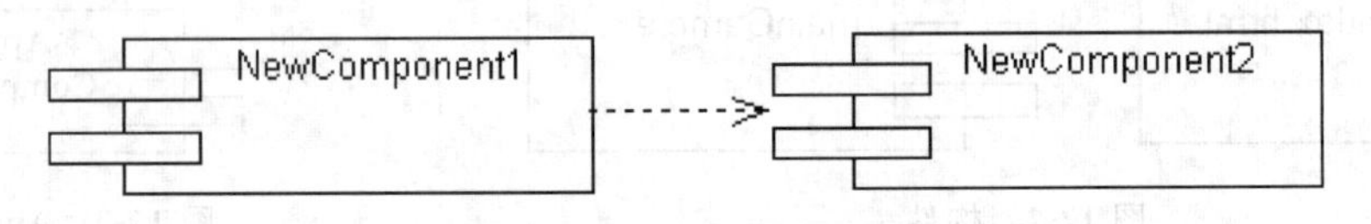

图 12-7　构件之间的依赖关系

12.3 使用 Rational Rose 建立构件图的方法

下面介绍如何使用 Rational Rose 创建构件图。为了描述方便，介绍过程中用到的一些命名信息来自图书馆管理系统中的部分对象。

1. 打开【Library】模型

按照前面章节的介绍打开【Library】模型。

2. 新建构件图

在视图区域树型列表中，右击【Component View】结点，然后在弹出的快捷菜单中选择

【New】/【Component Diagram】命令，如图 12-8 所示。此时默认的组件图名称为【New Diagram】，可以输入新的组件图名称为【Library Component】。

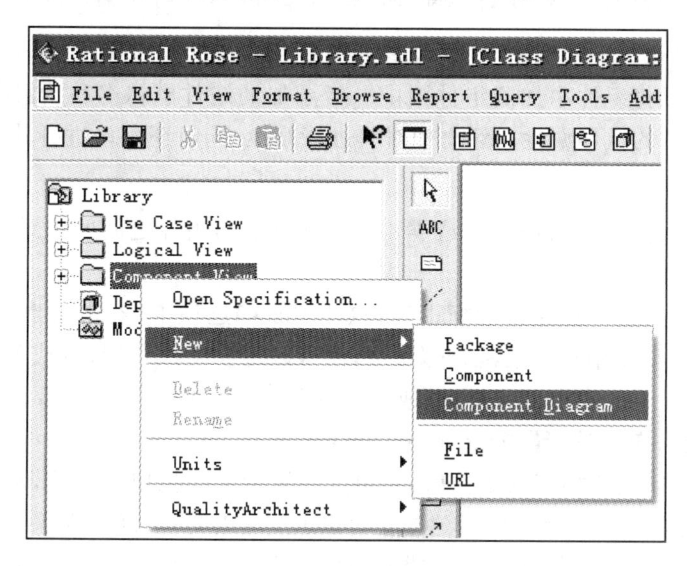

图 12-8　新建组件图

双击该组件图，在 Rational Rose 窗口内右侧空白处出现相应的编辑区，在编辑区中可进行后续操作。其中，组件图工具栏上的按钮名称及功能，详见表 12-1。

表 12-1　组件图工具栏按钮

按　钮	按钮名称	说　明
	Component	组件
	Package	包
	Dependency	依赖关系
	Subprogram Specification	子程序规范
	Subprogram Body	子程序体
	Main Program	主程序
	Package Specification	包规范
	Package Body	包体
	Task Specification	任务规范
	Task Body	任务体
	Database	数据库

3. 添加组件

在组件图工具栏中选择按钮【▭】即“Main Program”，然后在编辑区中单击鼠标左键，便可以将主程序添加到组件图中。类似的，在组件图工具栏中选择按钮【▭】即“Component”，可以将组件添加到组件图中。新添加的组件默认名称为【NewComponent】，可在如图 12-9 所示的组件属性对话框中对其进行修改，同时还可以进行其他详细设置。

4. 添加关系

对于在模型中已经存在的接口(或类)，可以建立其与组件之间的关系，具体操作方法有以下两种。

(1) 方法一 在组件属性对话框中选择【Realizes】选项卡，右击要建立关系的接口(或类)，在弹出的快捷菜单中选择【Assign】命令，便可以建立组件和接口(或类)之间的关系，如图 12-10 所示；如果要取消组件和接口(或类)之间的关系，则可以右击要取消关系的类或接口，在弹出的快捷菜单中选择【Remove Assign】命令。

(2) 方法二 创建了相应的组件后，采用按住鼠标左键拖曳的方式，从左侧视图区域中将相应的接口(或类)拖放到组件上，建立组件和接口(或类)之间的关系，通过【Realizes】选项卡可以查看到建立了关系的接口(或类)前面标记了一个红色的勾，同时在左侧视图区域中的接口(或类)也显示了与组件的关联性，如图 12-11 所示。

在具体的组件图中，还可以指定实现组件功能的文件，也就是建立组件和功能文件之间的关系，具体方法描述如下。在组件属性对话框中选择【Files】选项卡，然后在中间空白区域任意位置右击，会弹出如图 12-12 所示的快捷菜单，在弹出的快捷菜单中选择【Insert File】命令，可以添加实现该组件功能的文件。若指定的文件存在，如 D:\ch9temp\Login. java，双击该文件名可以查看文件的详细内容，如图 12-13 所示为 Login. java 文件的源代码。若指定的文件不存在，如 D:\ch9temp\Conn. java，双击该文件名会弹出如图 12-14 所示的对话框，该对话框提示的含义为：Rose 不能定位 D:\ch9temp\Conn. java 文件，您是否想要自己创建指定的文件，单击【是(Y)】按钮即可自行创建文件。

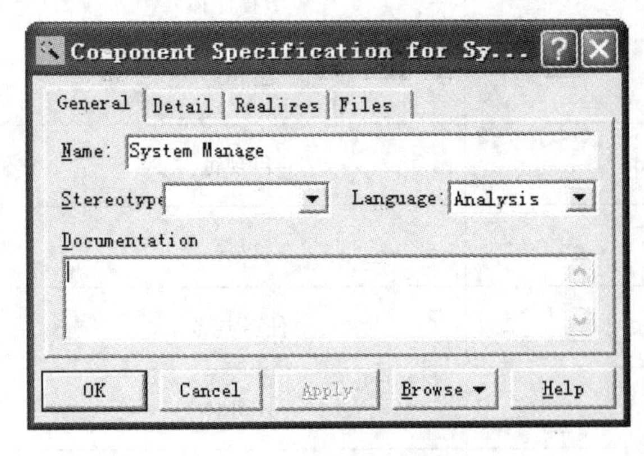

图 12-9 组件属性对话框

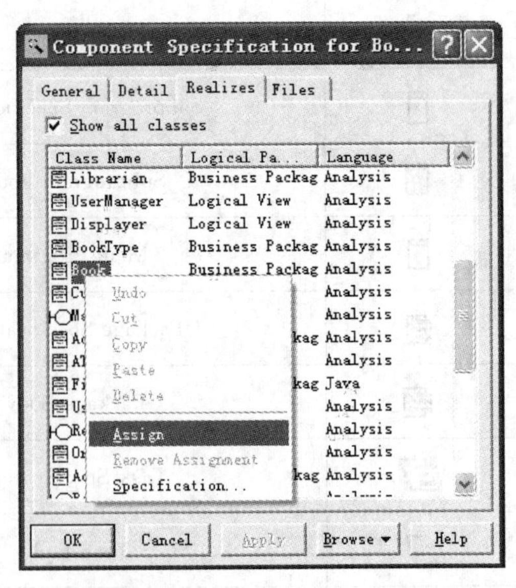

图 12-10 设置组件和接口(或类)的关系

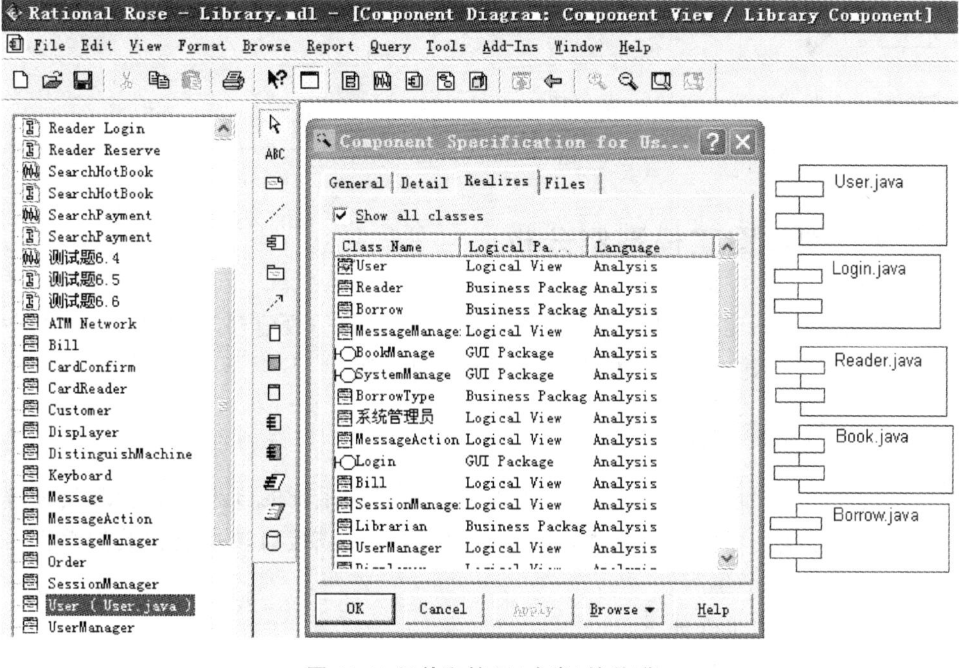

图 12-11 组件和接口(或类)的关联

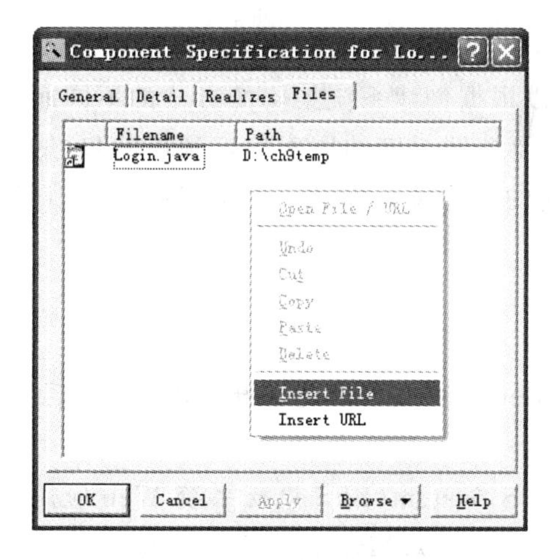

图 12-12 设置组件和功能文件之间的关系

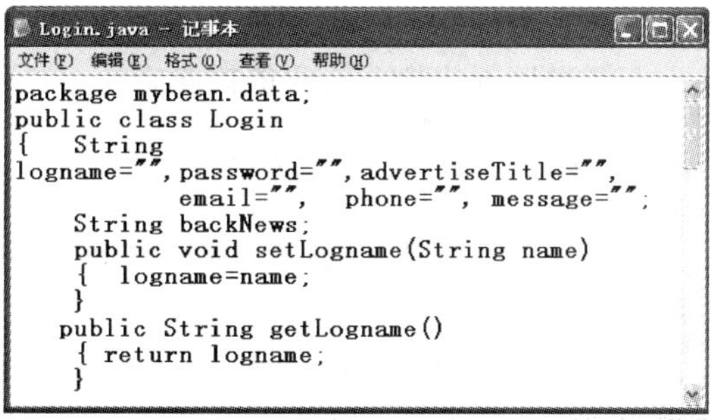

Login.java - 记事本

文件(F) 编辑(E) 格式(O) 查看(V) 帮助(H)

```
package mybean.data;
public class Login
{   String
logname="",password="",advertiseTitle="",
           email="",  phone="", message="";
    String backNews;
    public void setLogname(String name)
    {  logname=name;
    }
   public String getLogname()
    { return logname;
    }
```

图 12-13 查看 Login.java 文件内容

图 12-14 创建文件提示框

如前所述，组件和组件之间可以存在依赖关系，如“图书管理系统”中的 Main Program 组件依赖 SystemManage 组件。为描述这种关系，可以在编辑区工具栏中单击依赖关系符号【 】即“Dependency”，采用按住鼠标左键拖曳的方式，将 Main Program 组件和

SystemManage 组件连接起来。

注意：箭头应该指向 SystemManage 组件。

12.4 构件图建模案例分析

为了加深对构件图建模的理解，本节先给出构件图的一般建模步骤，然后通过对"BBS论坛系统"构件图的创建来介绍构件图的分析与设计过程。

12.4.1 构件图建模步骤

系统的构件图文档化了系统的架构，能够有效地帮助系统的开发者和管理员理解系统的概况。构件通过实现某些接口和类，能够直接将这些类或接口转换成相关的编程语言代码，从而简化系统代码的编写。

创建构件图的一般步骤如下。

(1) 根据用例或场景的需求确定系统的构件。

(2) 将系统中的类、接口等逻辑元素映射到构件中。

(3) 确定构件之间的依赖关系，并对构件进行细化。

以上步骤只是创建构件图的一个常用操作，可以根据创建系统架构的方法的不同而有所不同，如根据 MVC 架构创建的系统模型，那么需要按照一定的职责确定顶层的包，然后在包中创建各种构件并映射到相关类中。构件之间的依赖关系也是一个不好确定的因素，往往由于各种原因构件会彼此依赖起来。

12.4.2 BBS 论坛系统构件图

分析系统中的组件及组件间的关系，并借助 Rational Rose 工具绘制出"BBS 论坛系统"组件图。

通过分析，确定"BBS 论坛系统"中的组件有：BBS System(BBS 论坛系统 Web 应用程序)、Manager User(用户管理)、Manage Article(帖子管理)、Manage Edition(版块管理)、Manage Link(友情链接管理)、Manage Advertise(广告管理)。

以上各组件中有部分组件存在依赖关系，详见表 12-2。

表 12-2 "BBS 论坛系统"中组件间的关系

序 号	组 件 A	组 件 B	组件 A 和组件 B 之间的关系
1	BBS System	Manager User	依赖关系
2	BBS System	Manage Article	依赖关系
3	BBS System	Manage Edition	依赖关系
4	BBS System	Manage Link	依赖关系
5	BBS System	Manage Advertise	依赖关系

最终完成“BBS 论坛系统”组件图，如图 12-15 所示。

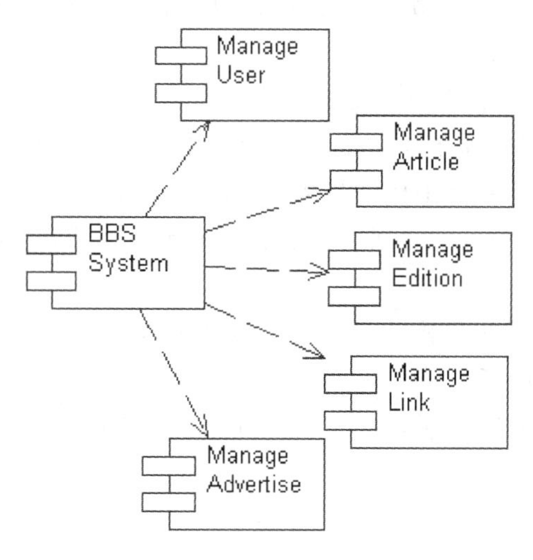

图 12-15 “BBS 论坛系统”组件图

本章小结

本章主要对 UML 中的构件图进行了介绍。构件图用来表示系统中构件与构件之间、定义的类或接口与构件之间的关系。在构件图中将系统中可重用的模块封装成为具有可替代性的物理单元，称为构件。接着介绍了构件图的组成元素以及如何创建这些模型元素。最后通过简单的示例说明如何去创建构件图。希望在学完本章之后，读者能够根据构件图的基本概念，创建图中的各种模型元素，描绘出系统的物理结构。

习　题　12

1. 填空题

（1）在构件图中，将系统中可重用的模块封装成为具有可替代性的物理单元，称为________。

（2）构件的________是指它包含和封装了实现系统功能的类或者其他元素的实现代码以及某些构成系统状态的实例对象。构件的________是指构件拥有身份和状态，用于定位在其上的物理对象。

（3）________是用来表示系统中构件与构件之间、定义的类或接口与构件之间的关系图。

（4）在构件图中，构件和构件之间的关系表现为________，定义的类或接口与类之间的关系表现为________或实现关系。

2. 选择题

（1）下列关于构件的说法不正确的是________。

（A）在构件图中，将系统中可重用的模块封装成为具有可替代性的物理单元，称为构件

（B）构件是独立的，是在一个系统或子系统中的封装单元，提供一个或多个接口，是系统高层的可重用部件

（C）构件作为系统定义良好接口的物理实现单元，但是它需要依赖于其他构件而不是

仅仅依赖于构件所支持的接口

(D) 构件作为系统中的一个物理实现单元，包括软件代码(包括源代码、二进制代码和可执行文件等)或者相应组成部分

(2) 下列关于构件图(组件图)的用途，说法不正确的是________。

(A) 在构件图中，可以将系统中可重用的模块封装成为具有可替代性的物理单元

(B) 构件图是用来表示系统中构件与构件之间、定义的类或接口与构件之间的关系图

(C) 在构件图中，构件和构件之间的关系表现为实现关系，定义的类或接口与类之间的关系表现为依赖关系

(D) 构件图通过显示系统的构件以及接口等之间的关系，形成一个更大的设计单元

(3) 构件图的组成不包括________。

(A) 接口　　(B) 构件　　(C) 发送者　　(D) 依赖关系

3. 简答题

(1) 什么是构件图?

(2) 构件图有什么作用?

4. 练习题

在“远程网络教学系统”中，以“系统管理员添加教师信息”用例为例，可以确定Administrator、Teacher、AddTeacher等类，根据这些类创建关于系统管理员添加教师信息的相关构件图。

第13章 部署图

对系统的物理方面进行建模时要用到两种图:构件图和部署图。上一章已经对构件图做了介绍,本章将介绍部署图。部署图是为面向对象系统进行物理方面建模的两个工具之一,也称配置图或实施图。

13.1 部署图概述

部署图主要用于描述系统硬件的物理拓扑结构以及在此结构上执行的软组件。也就是说,借助部署图可以显示出计算节点的拓扑结构、通信路径、节点上运行的软组件等内容。

注意:一个系统模型只能有一个部署图。通常情况下,这个部署图由体系结构设计师、网络工程师、系统工程师来进行描述。

13.1.1 部署图UML定义

部署图(deployment diagram)是由节点(node)以及节点之间的关联关系(association)所构成的UML物理模型视图,用于反映系统执行处理过程中系统资源元素的配置情况以及软件到这些资源元素的映射。如图13-1所示的是一个系统的部署图示例。

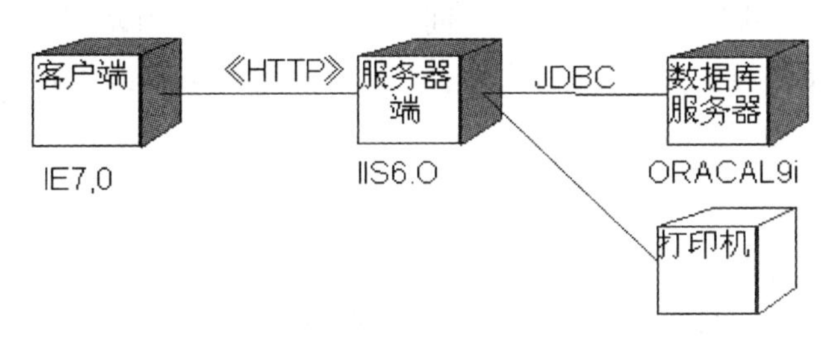

图13-1 部署图示例

部署图可以显示实际的计算机和设备节点以及它们之间的必要连接,也可以显示连接的类型。此外,部署图还可以显示配置和配置之间的依赖关系,但是每个配置必须存在于某些节点上。

部署图也可以包含包或子系统,它们都可以将系统中的模型元素组织成较大的组块。有时,当需要可视化一个硬件拓扑结构的实例时,需要在部署图中加入一个实例。

13.1.2 部署图作用

部署图的作用主要体现在以下几个方面。

(1) 描述一个具体应用的主要部署结构:通过对各种硬件、在硬件中的软件以及各种连接协议的显示,可以很好的描述系统是如何部署的。

(2) 平衡系统运行时的计算资源分布:运行时,在节点中包含的各个构件和对象是可以静态分配的,也可以在节点间迁移。如果含有依赖关系的构件实例放置于不同节点上,通过部署图可以展示出在执行过程中的瓶颈。

(3) 部署图也可以描述系统组织的硬件网络结构或者是嵌入式系统等具有多种硬件和软件相关的系统运行模型。

13.2 部署图组成元素

在一个部署图中,包含了两种基本的模型元素:节点(node)和节点之间的连接(connection)。

13.2.1 节点

节点是存在于运行时并拥有某些计算资源的物理元素,一般至少拥有一些内存,而且通常具有处理能力。节点包括两种类型:处理器(processor)和设备(device)。

处理器是具有处理能力的节点,即它可以执行组件,如服务器(server)、客户机(customer)等。

设备是无计算能力的外部设备,如调制解调器(modem)、打印机(printer)、扫描仪(scanner)等。

在 UML 中,处理器和设备都被表示为一个附有名称的三维立方体,但代表处理器的三维立方体中有两个侧面带有阴影,如图 13-2 所示。

13.2.2 连接

连接(connection)用来表示两个节点之间的硬件连接。采用光缆等方式直接连接,或通过卫星等方式非直接连接,一般都是双向的。UML 中用一条实线表示连接,实线上可以添加连接的名称和构造型,如图 13-3 所示。

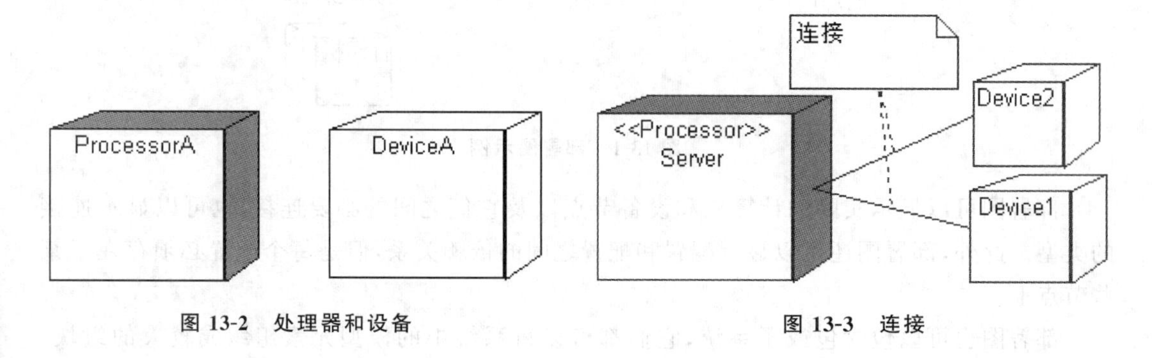

图 13-2 处理器和设备　　　　图 13-3 连接

13.3 使用 Rational Rose 建立部署图的方法

下面介绍如何使用 Rational Rose 创建部署图。为了描述方便,介绍过程中用到的一些命名信息来自图书馆管理系统中的部分对象。

1. 打开"Library"模型

按照前面章节介绍的方法打开【Library】模型。

2. 打开部署图

部署图并不需要创建，因为模型里面已经建立好了部署图，如图 13-4 所示，在视图区域树型列表中双击【Deployment View】打开部署图即可，被打开的部署名称为【Deployment Diagram】。其中，部署图工具栏上的按钮名称及功能，详见表 13-1。

表 13-1 部署图工具栏按钮

按　钮	按 钮 名 称	说　明
	Selection Tool	选择工具
ABC	Text Box	文本框
	Note	注释
	Anchor Note to Item	将图中的元素与注释连接
	Processor	处理器
	Connection	连接
	Device	设备

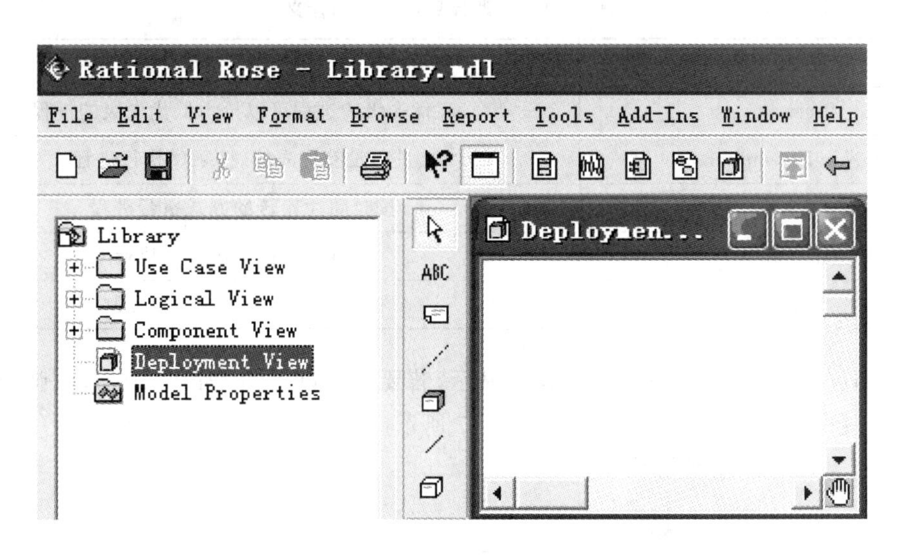

图 13-4 打开部署图

3. 添加节点

在部署图工具栏中选择按钮【】即“Processor”，然后在编辑区中单击鼠标左键，便可将处理器添加到部署图中。添加的处理器默认名称为【NewProcessor】，可在图 13-5 所示的处理器属性对话框中对其进行修改，同时还可以进行其他详细设置。在此处将处理器名称设置为【ApplicationServer】，节点类型设置为【Processor】。

由于处理器具有一定的处理能力，所以在绘图时可以为其指明处理性能、处理进程、处理计划等内容。具体操作方法是：在处理器属性对话框中选择【Detail】选项卡，然后在其【Characteristic】栏中书写性能指标；继而在其【Processes:】栏中的空白区域右击，在弹出的快捷菜单中选择【Insert】命令添加进程，如图 13-6 所示。同时，对话框下方的【Scheduling】（处理计划）栏中各选项的含义说明如下，详见表 13-2。

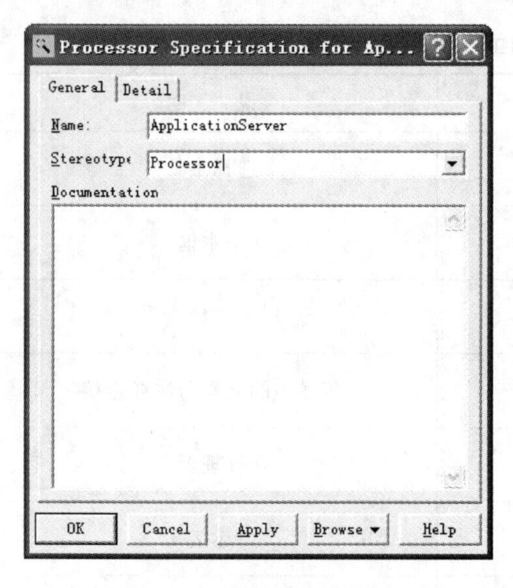

图 13-5　处理器属性对话框

图 13-6　为处理器添加处理内容

表 13-2　处理计划中选项的含义

选　　项	含　　义
Preemptive	高优先级的进程可以抢占低优先级的进程
Non Preemptive	进程没有优先级，按顺序执行进程
Cyclic	按时间片轮转的方式执行进程
Executive	通过算法控制进程的执行
Manual	进程的执行由用户手工控制

默认情况下，为处理器添加的进程不显示，若要显示则需右击该处理器，在弹出的快捷菜单中选择【Show Processes】命令，如图 13-7 所示。

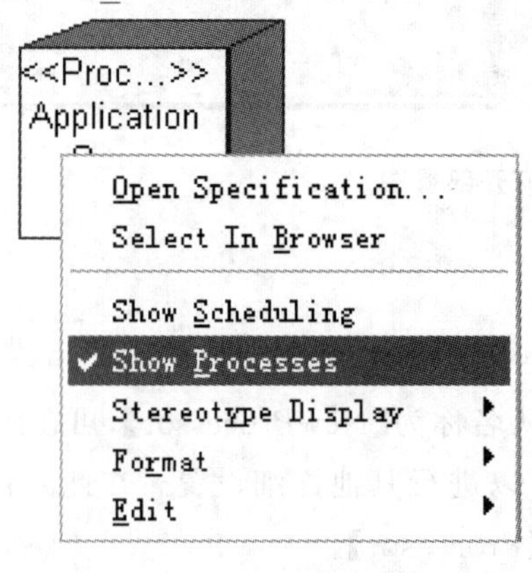

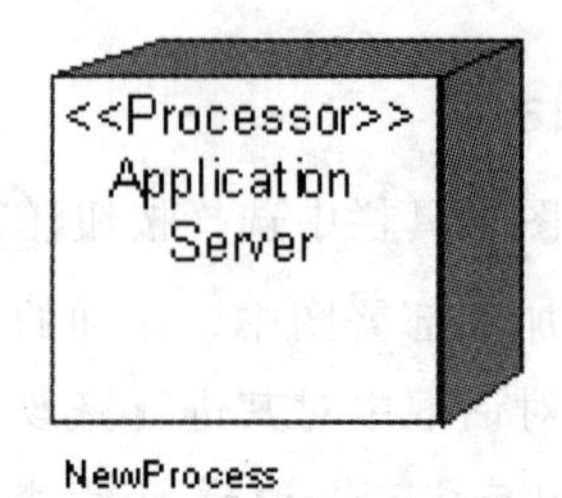

图 13-7　显示处理器的处理内容

类似地，在部署图工具栏中选择按钮【】即“Device”，便可以将设备节点添加到部署图中。

4. 添加连接

参照前面的分析，ApplicationServer 节点和 AdministratorPC 节点之间存在连接，为刻画这种关系，需要在编辑区工具栏中单击连接符号【／】即“Connection”，采用按住鼠标左键拖曳的方式，将 ApplicationServer 节点和 AdministratorPC 节点连接起来。

若要为连接指定更详细的内容，如连接名称和连接类型等，则可以在如图 13-8 所示的连接属性对话框中进行设置。

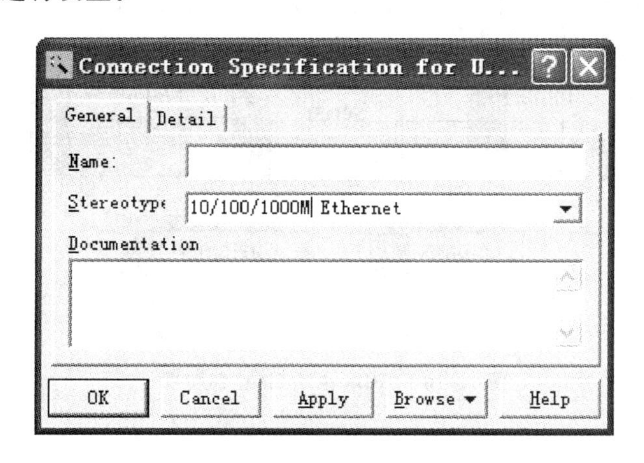

图 13-8　连接属性对话框

此处将连接类型设置为“10/100/1000M Ethernet”(10/100/1000M 自适应以太网)，设置完的效果如图 13-9 所示。

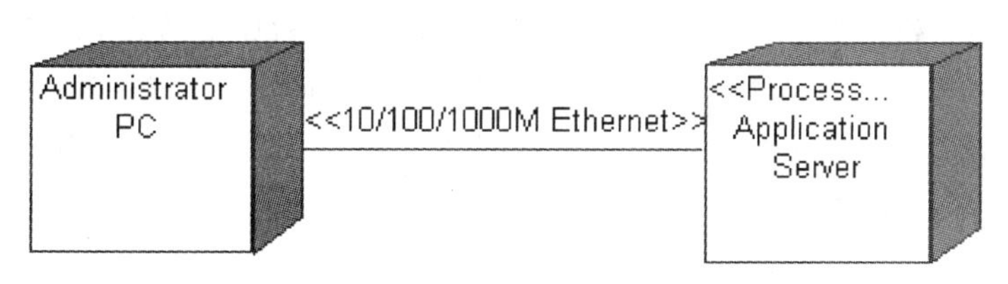

图 13-9　显示连接类型

13.4　部署图建模案例分析

为了加深对部署图建模的理解，本节先给出部署图的一般建模步骤，然后通过对“BBS 论坛系统”部署图的创建来讲解构件图的分析与设计过程。

13.4.1　部署图建模步骤

部署图表示了该软件系统如何部署到硬件环境中。因为部署图是对物理运行情况进行建模，在分布式系统中，常常被人们认为是一个系统的技术架构图或网络部署图。

创建部署图的一般步骤如下。

(1) 根据系统的物理需求确定系统的节点。

(2) 根据节点之间的物理连接将节点连接起来。

(3) 通过添加处理器的进程、描述连接的类型等细化对部署图的表示。

13.4.2 BBS论坛系统部署图

分析系统中的节点及节点间的连接,并借助 Rational Rose 工具绘制出“BBS论坛系统”部署图。通过分析,确定“BBS论坛系统”中的节点有:ApplicationServer(应用服务器)、DatabaseSever(数据库服务器)及若干个 Customer(客户机)。

显而易见,ApplicationServer(应用服务器)节点与其他各节点之间都存在连接。

借助 Rational Rose 工具绘制“BBS论坛系统”部署图,如图 13-10 所示。

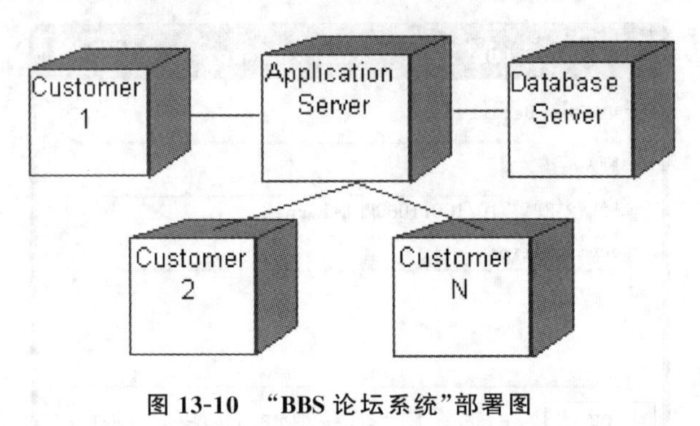

图 13-10 “BBS论坛系统”部署图

本章小结

本章主要对 UML 中的部署图进行了介绍。部署图描述了一个系统运行时的硬件节点、在这些节点上运行的软件构件将在何处物理运行,以及它们将如何彼此通信的静态视图。接着介绍了部署图的组成元素以及如何创建这些模型元素。最后通过简单的示例说明如何创建部署图。希望在学完本章之后,读者能够根据部署图的基本概念,创建图中的各种模型元素,描绘出系统的物理结构,并将前面介绍过的其他模型结合起来完成对整个系统的建模。

习 题 13

1. 填空题

(1) ________描述了一个系统运行时的硬件节点、在这些节点上运行的软件构件将在何处物理运行,以及它们将如何彼此通信的静态视图。

(2) 在一个部署图中,包含了两种基本的模型元素:________和________。

2. 选择题

(1) 下列关于部署图的说法不正确的是________。

(A) 部署图描述了一个系统运行时的硬件节点、在这些节点上运行的软件构件将在何处物理运行,以及它们将如何彼此通信的静态视图

(B) 使用 Rational Rose 2003 创建的每一个模型中可以包含多个部署图

(C) 在一个部署图中包含了两种基本的模型元素:节点和节点之间的连接

(D) 使用 Rational Rose 2003 创建的每一个模型中仅包含一个部署图

(2) 部署图的组成不包括________。

(A) 处理器　　(B) 设备　　(C) 构件　　(D) 链接

3. 简答题

(1) 什么是部署图?

(2) 部署图有什么作用?

4. 练习题

在"远程网络教学系统"中,该系统的需求分析如下:

- 学生或教师可以在客户的 PC 机上通过浏览器(如 IE6.0)登录到远程网络教学系统中。
- 在 Web 服务器端,我们安装 Web 服务器软件,如 Tomcat 等,部署远程网络教学系统,并通过 JDBC 与数据库服务器连接。
- 数据库服务器中使用 SQL Server 2000 提供数据服务。

根据以上的系统需求,创建系统的部署图。

第14章 双向工程

双向工程包括正向工程和逆向工程。正向工程是从模型到代码，而逆向工程则是从代码到模型。一旦设计完成以后，开发者就可以通过正向工程直接从模型生成代码框架，减少了编写代码的时间；如果某个开发团队希望了解以前某个软件的设计为现在的项目提供帮助，但是又没有设计文档在手，那么只要有源代码，就可以通过逆向工程得到这个软件的设计模型。本章将详细介绍 Rational Rose 中的双向工程。

14.1 双向工程概述

无论是把设计模型转换成代码，还是把代码转换为设计模型，都是一项非常复杂的工作。正向工程和逆向工程这两方面结合在一起，定义为双向工程。双向工程提供了一种机制，它使系统架构或者设计模型与代码之间进行双向交换。

正向工程把设计模型转换为代码框架，开发者不需要编写类、属性、方法代码。一般情况下，开发人员将系统设计细化到一定的级别，然后应用正向工程。

逆向工程是指把代码转换成设计模型。在迭代开发周期中，一旦某个模型作为迭代的一部分被修改，采用正向工程把新的类、方法、属性加入代码；同时，一旦某些代码被修改，采用逆向工程，将修改后的代码转换为设计模型。

自从 1997 年正式发布 UML 以后，出现了许多 UML 建模 CASE 工具。其中，最具代表性的两款 CASE 工具是 Sparx Systems 的 Enterprise Architect(以下简称为 EA)和 IBM 的 Rational Rose。EA 将生成的类的源代码放在同一个包里，而 Rational Rose 在 VC 和 VB 中则更多地涉及具体的项目。Rational Rose 也可以通过向导和提供代码模板来创建类，这样就可以极大地增加源代码生成的数量。另外，EA 和 Rational Rose 都可以应用设计模式。在 EA 中，用户必须自己创建模式，而 Rational Rose 则提供了 Java 的近 20 种 GOF 设计模式。

14.1.1 正向工程

正向工程(代码生成)是指把 Rational Rose 模型中的一个或多个类图转换为 Java 源代码的过程。Rational Rose 里的正向工程是以构件为单位的。即 Java 源代码的生成是以构件为单位的，不是以类为单位的。所以，创建一个类后需要把它分配给一个有效的 Java 构件。如果模型的默认语言是 Java，Rose 会自动为这个类创建一个构件。

当对一个设计模型元素进行正向工程时，模型元素的特征会映射成 Java 语言的框架结构。例如，Rational Rose 中的类会通过它的构件生成一个.java 文件；Rational Rose 中的包会生成一个 java 包。另外，当把一个 UML 包进行正向工程时，将把属于该包的每一个构件都生成一个.java 文件，每个.java 文件都包含了这个构件里某个类的定义。

Rational Rose 工具能够使代码与 UML 模型保持一致，每次创建或修改模型中的 UML 元素，它都会自动进行代码生成。默认情况下，这个功能是关闭的，可以通过选择【Tools】/【Java】/【Project Specification】命令打开该功能，选择【Code Generation】选项卡，选中

【Automatic Synchronization Mode】复选框。

如图 14-1 所示,【Code Generation】选项卡是代码生成时最常用的一个选项卡,下面对该选项卡中的每项进行详细的介绍。

● IDE:该项用于指定与 Rational Rose 相关联的 Java 开发环境。下拉框列出了系统注册表里的 IDE。Rational Rose 可以识别的开发环境有以下几种:VisualAge for Java,VisualCafe,Forte for Java 以及 JBuilder。默认的 IDE 是 Rose 内部编辑器,它使用 SUN 的 JDK。

● Default Data Types:该项用于设置默认的数据类型,当创建新的属性和方法时,Rational Rose 就会使用这个数据类型。默认情况下,属性的数据类型是 int,方法返回值的数据类型是 void。

● Prefixes:该项用于设定默认前缀(如果有的话),Rational Rose 会在创建实例和类变量的时候使用这个前缀。默认情况下不使用前缀。

● Generate Rose ID:该项用于设定 Rose 是否在代码中为每个方法都加唯一的标识符。Rational Rose 使用这个 RoseID 来识别代码中名称被改动的方法。默认情况下,将生成 RoseID。如果关闭了【Automatic Synchronization Mode】,就需要打开该功能。

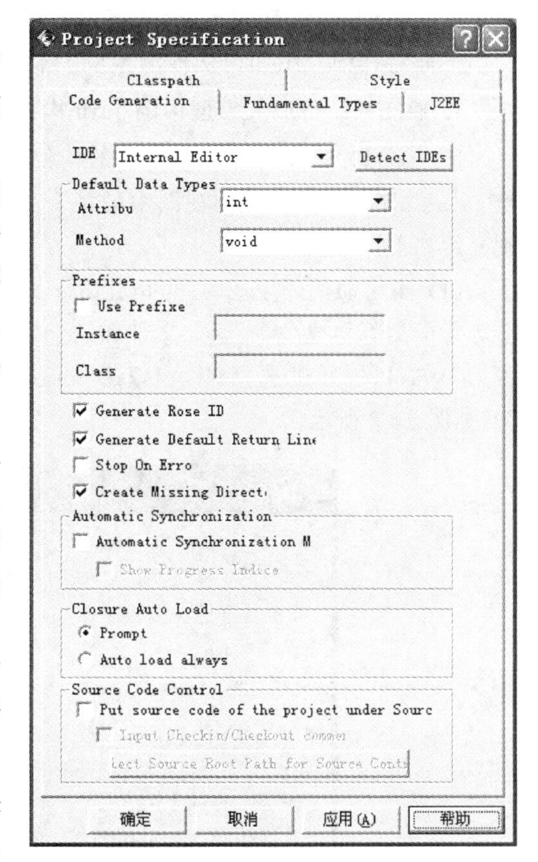

图 14-1 "Code Generation"窗口

● Generate Default Return Line:该项用于设定 Rose 是否在每个类声明后面都生成一个返回行。默认情况下,Rose 将生成返回行。

● Stop on Error:该项用于设定 Rose 在生成代码时,是否在遇到第一个错误时就停止。默认情况下这一项是关闭的,因此即使遇到错误,也会继续生成代码。

● Create Missing Directories:如果在 Rational Rose 模型中引用了包,该项将指定是否生成没有定义的目录。默认情况下,这个功能是开启的。

● Automatic Synchronization Mode:当启用此项时,Rational Rose 会自动保持代码与模型同步,也就是说代码中的任何变动都会立即在模型中反映出来,反过来也一样的。默认情况下,没有使用这个功能。

● Show Progress Indicator:该项用于指定 Rational Rose 是否在遇到复杂的同步操作时显示进度栏。默认情况下不会显示。

● Source Code Control:该项用于指定对哪些文件进行源码控制。

● Put source code of the project under Source Control:该项用于指定是否使用 Rose J/CM Intergration 对 Java 源代码进行版本控制。

● Input Checkin/Checkout comment:该项用于指定用户是否需要对检入/检出代码的活动进行说明。

● Select Source Root Path for Source Control：该项用于选择存放生成的代码文件的路径。

下面将详细介绍如何从模型生成Java代码。

1. 将UML类加入模型中的Java构件

Rose会将.java文件与模型中的构件联系起来。因此，Rational Rose要求模型中的每个Java类都必须属于构件视图中的某个Java构件。有两种给构件添加Java类的方法，分别介绍如下。

(1) 当启动代码生成时，可以让Rational Rose自动创建构件。如果这样，Rational Rose会为每个类都生成一个.java文件和一个构件。为使用这个功能，必须将模型的默认语言设置为Java，可以通过选择【Tools】/【Options】/【Notation】/【Default Language】命令进行设置，如图14-2所示。

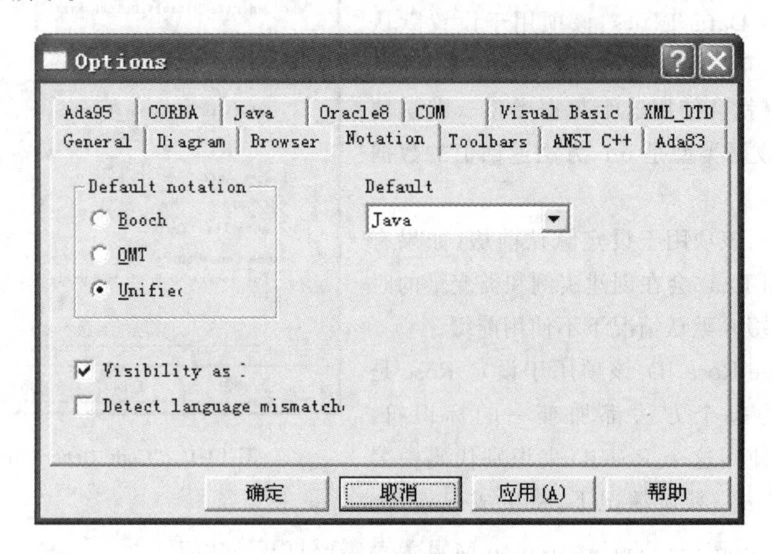

图14-2 修改默认语言

Rational Rose不会自动为多个类生成一个.java文件。如果将Java类分配给一个逻辑包，Rational Rose将为构件视图中的物理包创建一个镜像，然后用它创建目录或是基于模型中包的Java包。

(2) 可以自己创建构件，然后显式地将类添加到构件视图中。具体方法是使用浏览器将类添加到构件中。首先在浏览器视图中选择一个类，然后将类拖放到适当的构件上。这样，就会在该类名字后面列出其所在构件的名字，如图14-3所示。

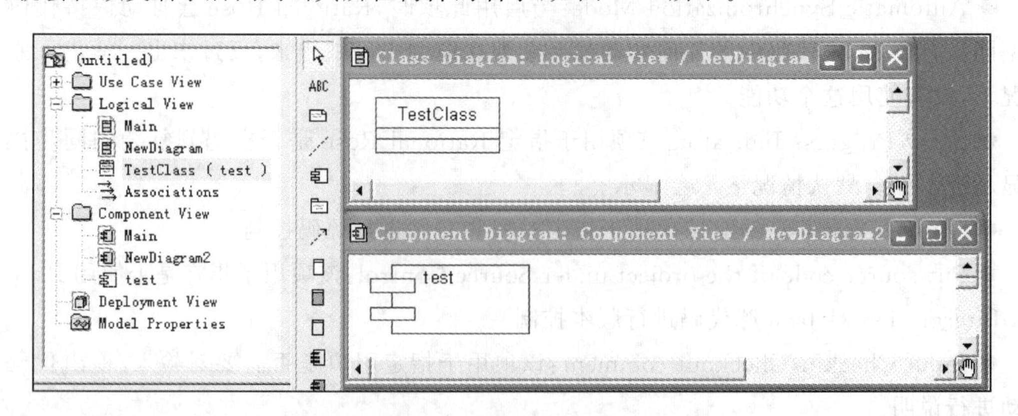

图14-3 将TestClass类添加到test构件

2. 语法检查

语法检查是一个可选的步骤。生成代码前,可以选择对模型构件的语法进行检查。在生成代码时 Rational Rose 会自动进行语法检查。Rational Rose 的 Java 语法检查是基于 Java 代码语义的。

可以通过以下的步骤对模型构件进行 Java 语法错误检查。

(1) 打开包含将用于生成代码的构件图。

(2) 在该图中选择一个或多个包和构件。

(3) 选择【Tools】/【Java/J2EE】/【Sysntax Check】对其进行语法检查。

(4) 查看 Rational Rose 的日志窗口。如果发现有语法错误,生成的代码有可能不能编译。

(5) 对构件进行修改。

3. 设置【Classpath】选项卡

选择【Tools】/【Java/J2EE】/【Project Specification..】命令打开 Rational Rose 中的【Project Specification】对话框,其中【ClassPath】选项卡可以用来为模型指定一个 Java 类路径,如图 14-4 所示。无论是从模型生成代码还是从代码产生模型,Rational Rose 都将使用该路径。

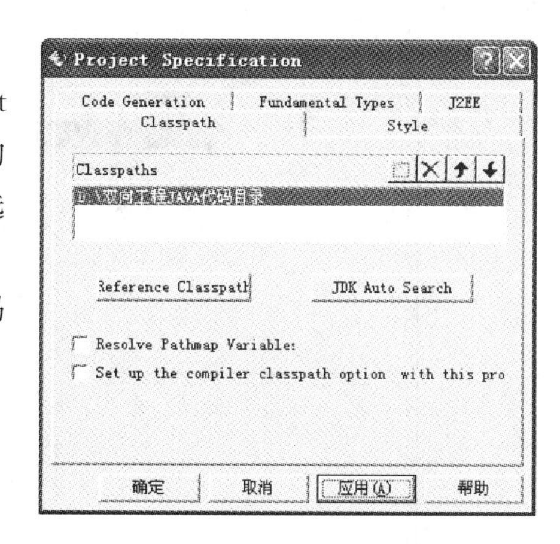

图 14-4 【Classpath】选项卡

4. 设置【Code Generation】参数

请参看图 14-1 的详细介绍,这里就不在复述了。

5. 备份文件

代码生成以后,Rational Rose 将会生成一份当前源文件的备份,它的前缀是. jv~。在用代码生成设计模型时,必须将源文件备份。如果多次为同一个模型生成代码,那么新生成的文件会覆盖原来的. jv~文件。

6. 生成 Java 代码

选择至少一个类或构件,然后选择【Tools】/【Java/J2EE】/【Generate Code】命令。如果是第一次使用该模型生成代码,那么会弹出一个映射对话框,它允许用户将包和构件映射到【Classpath】属性设置的文件夹中,如图 14-5 所示。

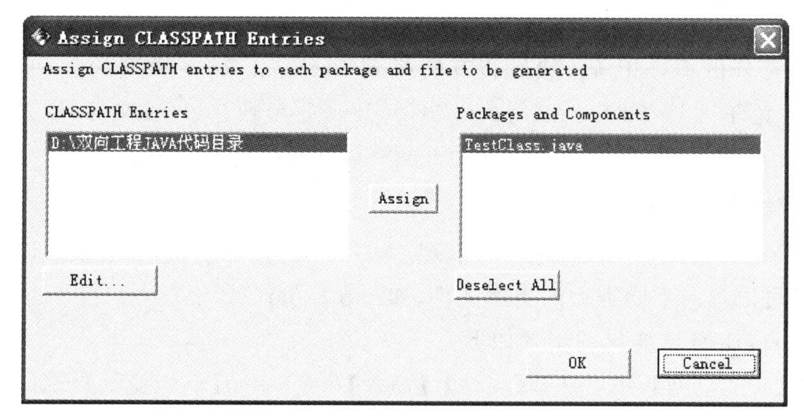

图 14-5 映射对话框

如果发生了错误，将会出现警告信息，用户可以在 Rational Rose 日志窗口查看这些信息。一旦代码生成完毕，. java 文件以及相关的目录将在设置的路径出现（即前面介绍的 Classpath）。用户也可以在 Rational Rose 中查看新生成的代码。右击已经生成代码的类或构件，在弹出的菜单中选择【Java/J2EE】/【Edit Code…】命令，如图 14-6 所示。

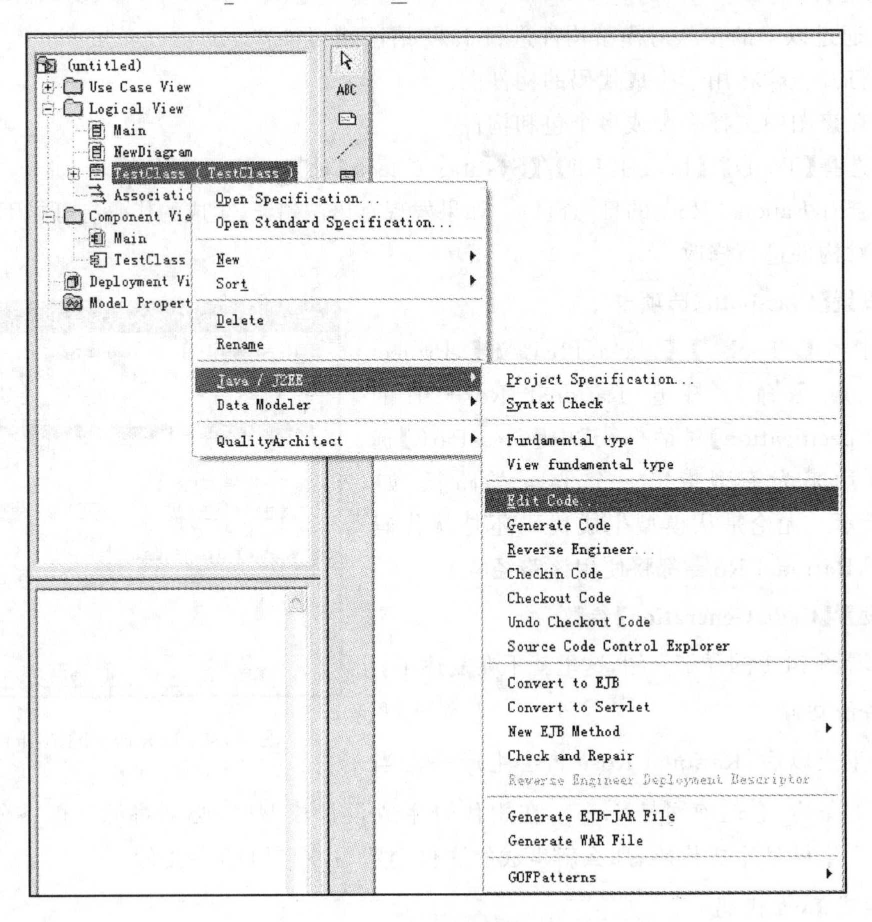

图 14-6 编辑代码

至此，就完成了代码的生成过程，读者可以试着做一个例子。

14.1.2 逆向工程

逆向工程是分析 Java 代码，然后将其转换到 Rational Rose 模型的类和构件的过程。Rational Rose 允许从 Java 源文件(. java 文件)、Java 字节码(. class 文件)以及一些打包文件(. zip . cab . jar 文件)中进行逆向工程。下面将详细介绍逆向工程的过程。

1. 设置或检查 Classpath 环境变量

Rational Rose 要求将 Classpath 环境设置为 JDK 的类库。根据使用的 JDK 的版本不同，Classpath 可以指向不同类型的类库文件，如. zip rt. jar 等。

设置 Classpath 环境变量的步骤如下。

(1) 右击【我的电脑】，然后选择【属性】/【高级】命令，单击【环境变量】按钮。

(2) 在【系统变量】区域中，首先查找是否已经有了 Classpath 环境变量。如果没有，单击【新建】按钮，如果有，则单击【编辑】按钮，然后在弹出的对话框中输入路径(. ；%JAVA_

HOME%\lib\dt.jar;%JAVA_HOME%\lib\tools.jar)。其中,JAVA_HOME 也是一个环境变量,用于设置 JDK 的安装目录(C:\Program Files\Java\jdk1.6.0_01),如果没有,请先新建 JAVA_HOME,再新建 Classpath。

(3) 另外,还需要为自己的库创建一个 Classpath 属性。可以使用图 14-4 所示的【Project Specification】对话框中的【Classpath】选项卡进行设置。

2. 启动逆向工程

有以下三种方式可以启动逆向工程。

(1) 选中一个或多个类,然后选择【Tools】/【Java/J2EE】/【Reverse Engineer】命令。

(2) 右击某个类,然后在弹出的菜单中选择【Java/J2EE】/【Reverse Engineer】命令。

(3) 将文件拖放到 Rational Rose 模型中的构件图或类图中。当拖放.zip 、.cab 和.jar 文件时,Rational Rose 会自动将它们解压。

注意:Rational Rose 不能将代码生成这种文件。

【Reverse Engineering】对话框会显示 Classpath 设置。如果打开该对话框发现左边没有显示目录结构,需要查看【Project Specification】对话框中的【Classpath】选项卡是否设置了。

3. 创建和修改类图与构件图

完成逆向工程后,就可以在 Rational Rose 浏览器中浏览生成的类模型和构件模型。默认情况下,Rational Rose 并不会自动将逆向工程生成的类和构件放在图中。按照下列步骤可以将类或者构件加入图中。首先,将它们从浏览器中拖放到新的或已经存在的图中;然后选择【Query】/【Add Classes】命令或【Query】/【Add Components】命令。

注意:使用【Query】菜单时,根据关注的问题不同,可用的选项也会发生变化。如果在类图或浏览器的逻辑视图中,将会得到关于类的选项;如果是在构件图或浏览器的构件视图里,将会得到关于构件的选项。

4. 浏览和扩展源文件

在完成逆向工程后,可能需要浏览和扩展与不同模型元素关联的源文件。浏览源文件,可以使用前面介绍的方法,即右击某个类,然后选择【Java/J2EE】/【Edit Code…】命令。

14.2 双向工程案例实现

为了加深对双向工程的理解,本节以类图为例来介绍双向工程的实现。

14.2.1 正向工程实现

由于 Rational Rose 的正向工程只能从类生成代码,所以首先必须创建出类图。下面以如图 14-7 所示的类图为例来进行介绍。

选中这些类,然后选择【Tools】/【Java/J2EE】/【Generate Code】命令。如果设置了

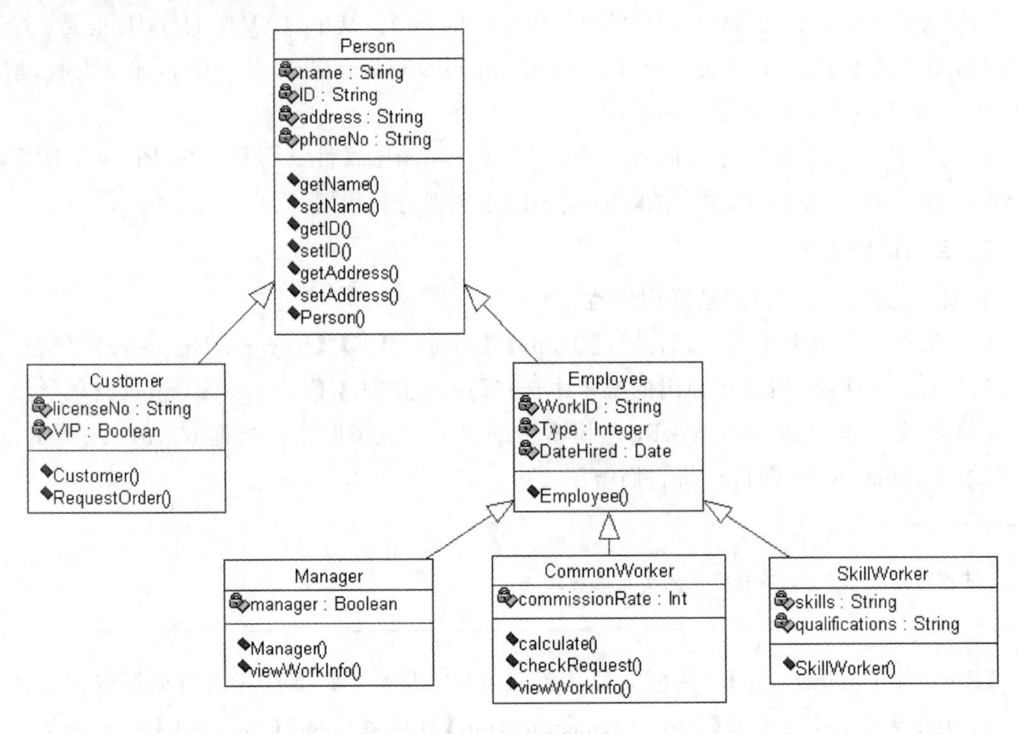

图 14-7 类图

【Classpath】,那么会弹出一个对话框,要求选择 Classpath,这个过程在前面有详细的介绍。选择设定的 Classpath,然后在右侧选中所有的类,最后点击【OK】按钮,Rational Rose 就开始生成 Java 代码,如图 14-8 所示。

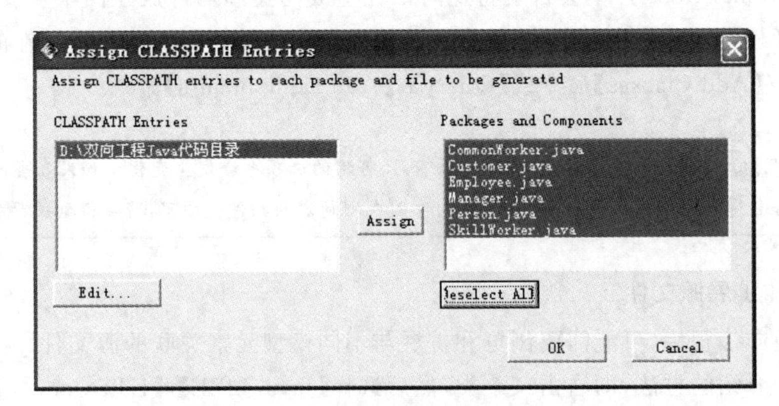

图 14-8 选择 Classpath

在 Classpath 下可以找到 Java 代码,父类 Person 的源代码如下。

```
//Source file:D:\\双向工程 Java 代码目录\\Person.java
public class Person
{
    private String name;
    private String ID;
    private String address;
    private String phoneNo;
```

```
    /**
     *@roseuid 534B38A302BF
     */
    public Person()
    {
    }
    /**
     *@roseuid 534B386A00AB
     */
    public void getName()
    {
    }
    /**
     *@roseuid 534B3880008C
     */
    public void setName()
    {
    }
    /**
     *@roseuid 534B3886009C
     */
    public void getID()
    {
    }
    /**
     *@roseuid 534B388C03A9
     */
    public void setID()
    {
    }
    /**
     *@roseuid 534B38910213
     */
    public void getAddress()
    {
    }
    /**
     *@roseuid 534B389B0128
     */
    public void setAddress()
    {
    }
}
```

再看看，Rose是否在代码里保持了模型中的泛化关系，以Customer子类为例，其代码如下。

```
//Source file: D:\\双向工程 Java代码目录\\Customer.java
public class Customer extends Person
{
     private String licenseNo;
     private Boolean VIP;
     /**
      * @roseuid 534B394D005D
      */
     public Customer()
     {
     }
     /**
      *@roseuid 5A41D6B7036B
      */
     public void RequestOrder()
     {
     }
}
```

令人欣喜的是，它保持了模型中的泛化关系。代码生成后，开发者就可以在这个代码框架中实现具体的方法，大大节省了开发的时间。

14.2.2 逆向工程实现

修改Customer类，在里面加入一个print方法，暂时不加入任何实现内容，再去掉RequestOrder成员变量。

```
Public void print(){ }
```

在Rational Rose的逻辑视图中右击Customer类，在弹出的快捷菜单中选择【Java/J2EE】/【Reverse Engineer】命令，弹出如图14-9所示的窗口。

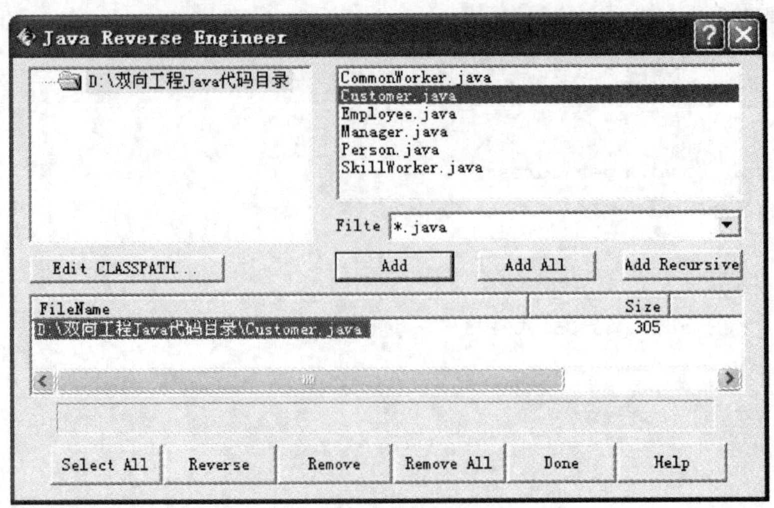

图14-9 【Java Reverse Engineer】窗口

在左侧的目录结构中选择【D:\双向工程代码目录】，然后右侧就会显示出该目录下的.java文件，选中Customer.java文件，点击【Reverse】按钮，完成以后点击【Done】按钮。在类图中，可以发现Customer类发生了变化，如图14-10所示。

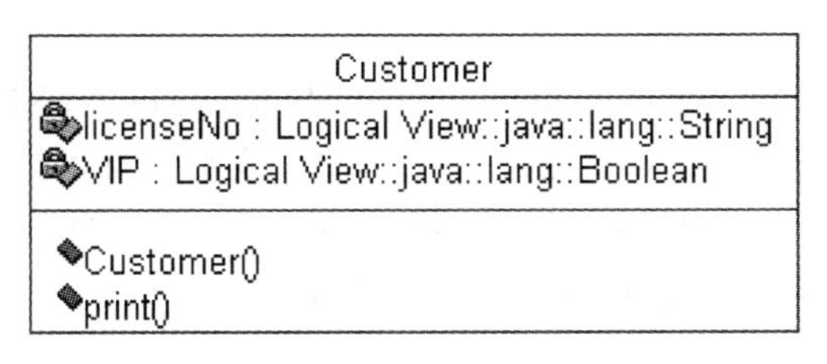

图 14-10 Customer 类

本章小结

本章介绍了双向工程的主要内容。双向工程包括正向工程和逆向工程。正向工程是指把设计模型映射为代码；逆向工程是指将代码转换成设计模型。正向工程把设计模型转换为代码框架，开发者不需要编写类、属性、方法代码。一般情况下，开发人员将系统设计细化到一定的级别，然后应用正向工程。逆向工程是分析Java代码，然后将其转换为Rational Rose模型的类和构件的过程。Rational Rose允许从Java源文件(.java文件)、Java字节码(.class文件)以及一些打包文件(.zip .cab .jar文件)中进行逆向工程。通过本章的学习，希望读者能掌握Rational Rose双向工程的使用方法。

习 题 14

1. 什么是双向工程？
2. 支持双向工程的主流建模工具有哪些？
3. 简述Rational Rose中正向工程的步骤。
4. 简述Rational Rose中逆向工程的步骤。

第15章 项目案例综合实践

前面的章节详细系统地介绍了UML（统一建模语言）的各种模型视图、建模元素的概念以及创建方法。通过所学的这些知识，现在应该可以很熟练的对软件系统进行建模。本章主要通过两个项目实例（“BBS论坛系统”和“基于Web的求职招聘系统”）的介绍，加深读者对UML知识与Rational Rose建模方法的理解和掌握。

15.1 BBS论坛系统

15.1.1 项目需求

BBS(bulletin board system，电子公告牌系统)俗称论坛系统，是互联网上一种交互性极强、网友喜闻乐见的信息服务形式。根据相应的权限，论坛用户可以进行浏览信息、发布信息、回复信息、管理信息等操作，从而加强不同用户间的文化交流和思想沟通。

经过调查分析，最终确定“BBS论坛系统”的基本模块有：用户管理、版块管理、帖子管理、友情链接管理、广告管理等。

其中各基本模块的功能具体说明如下。

(1) 用户管理主要包括用户注册、用户登录、用户资料修改等功能。

(2) 版块管理主要包括增加版块、编辑版块、删除版块等功能。

(3) 帖子管理主要包括发布帖子、回复帖子、浏览帖子、转移帖子、编辑帖子、删除帖子、帖子加精、帖子置顶等功能。

(4) 友情链接管理主要包括增加链接、修改链接、删除链接等功能。

(5) 广告管理主要包括放置广告、删除广告等功能。

另外，需要说明的是，以上各项功能中有些功能只需要普通用户权限就能够完成，而有些功能则需要版主或管理员权限才能完成。

结合前述需求分析，可以得出论坛系统的总体结构图，如图15-1所示。

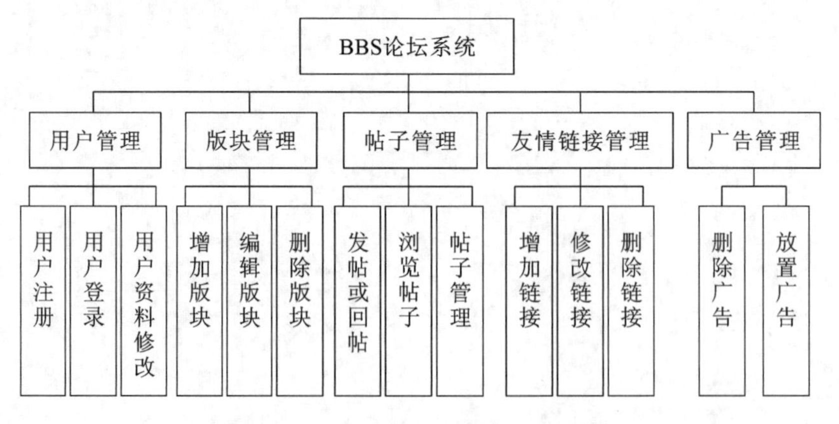

图15-1 “BBS论坛系统”总体结构图

15.1.2 项目目标

根据15.1.1中相关内容的介绍，借助 Rational Rose 工具，按照用例建模、静态建模、动态建模、物理建模、双向工程的顺序对“BBS 论坛系统”进行 UML 建模。

15.1.3 项目目标的具体要求

1. 用例建模

(1) 分析系统参与者。

(2) 分析系统用例，并使用自然语言对主要用例进行文档阐述。

(3) 分析系统用例模型中的关系。

(4) 借助 Rational Rose 工具绘制“BBS 论坛系统”用例图。

2. 静态建模

(1) 识别系统中的类，并根据实际情况确定类的属性和操作。

(2) 识别系统中各类之间的关系。

(3) 借助 Rational Rose 工具绘制“BBS 论坛系统”类图。

3. 动态建模

(1) 识别系统中既定场景的对象、消息等要素，并借助 Rational Rose 工具绘制相应的时序图。

(2) 识别系统中既定场景的对象、消息等要素，并借助 Rational Rose 工具绘制相应的协作图，或将现有的时序图转换成协作图。

(3) 捕获系统中指定对象的状态，并借助 Rational Rose 工具绘制相应的状态图。

(4) 捕获系统中指定对象或指定用例的活动，并借助 Rational Rose 工具绘制相应的活动图。

4. 物理建模

(1) 分析系统中的组件及组件间的关系，并借助 Rational Rose 工具绘制“BBS 论坛系统”组件图。

(2) 结合静态模型，借助 Rational Rose 工具绘制“BBS 论坛系统”数据模型图。

(3) 分析系统中的节点及节点间的连接，并借助 Rational Rose 工具绘制“BBS 论坛系统”部署图。

5. 双向工程

(1) 利用 Rational Rose 工具的正向工程，将“BBS 论坛系统”的类模型生成相应的 Java 源代码。

(2) 利用 Rational Rose 工具的逆向工程，将“BBS 论坛系统”已有的 Java 源代码(即正向工程中得到的源代码)生成类模型。

15.1.4 项目实践

1. 用例建模

1) 分析系统参与者

遵循识别参与者的方法，可以初步分析出“BBS 论坛系统”中的主要参与者有：

AnonymousUser(匿名用户)、Member(注册用户)、Editor(版主)、Administrator(管理员),如图 15-2 所示。

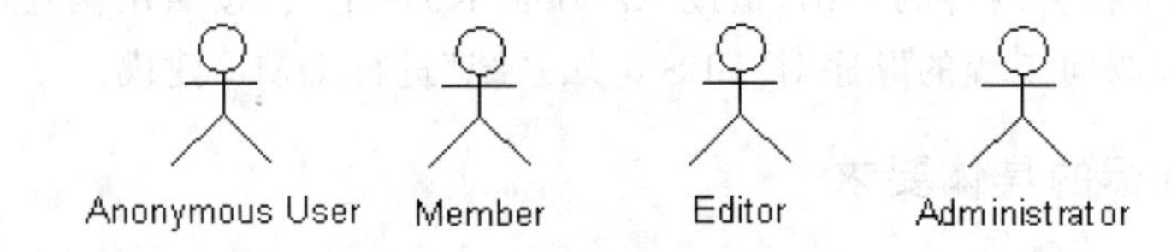

图 15-2 “BBS 论坛系统”的参与者

- AnonymousUser(匿名用户):通过使用系统进行帖子搜索、帖子浏览等。
- Member(注册用户):通过使用系统进行帖子搜索、帖子浏览、帖子发布、帖子回复、帖子编辑以及个人信息修改等。
- Editor(版主):除拥有普通用户的职责外,还可以通过使用系统进行版块管理、公告发布等。
- Administrator(管理员):除拥有普通用户的职责外,还可以通过使用系统进行用户管理、帖子管理、版块管理、公告管理等。

2) 分析系统用例,并使用自然语言对主要用例进行文档阐述

针对分析出的系统主要参与者(包括匿名用户、注册用户、版主、管理员等)的功能需求,可以初步确定“BBS 论坛系统”中主要用例包括:Search Article(搜索帖子)、Browse Article(浏览帖子)、Register(注册)、Login(登录)、Issue Article(发布帖子)、Reply Article(回复帖子)、Modify Article(修改帖子)、Modify Info(修改资料),Displace Article(转移帖子)、Delete Article(删除帖子)、Place Peak(帖子置顶)、Extract Article(帖子加精)、Add Edition(增加版块)、Modify Edition(修改版块)、Delete Edition(删除版块)、Add Link(增加链接)、Modify Link(修改链接)、Delete Link(删除链接)、Add Advertise(增加广告)、Delete Advertise(删除广告)。

综合对“BBS 论坛系统”中参与者和相关系统功能的分析,将该系统的全部用例说明如下,详见表 15-1。

表 15-1 “BBS 论坛系统”用例说明

用例名称	功能描述	输入内容	输出内容
SearchArticle	根据需要搜索帖子	搜索条件	符合搜索条件的帖子
Browse Article	浏览任意版块的帖子	选择任意话题帖子	该话题帖子及其回复
Register	检测注册信息	用户名等注册信息	注册结果(是否成功)
Login	合法用户通过验证进入系统	用户名、密码	登录状态(是否成功)
Issue Article	根据需要发布帖子	用户的言论	用户的言论
Reply Article	回复已存在的话题帖子	用户的回复	用户的回复
Modify Article	修改曾经发过的帖子	修改的内容	修改后的内容
Modify Info	根据当前状况修改个人信息	修改的信息	修改信息(是否成功)

用例名称	功能描述	输入内容	输出内容
Displace Article	根据实际情况移动帖子位置	“移动”命令	移动结果(是否成功)
Delete Article	删除违规帖子	“删除”命令	删除结果(是否成功)
Place Peak	将重要话题帖子放置于最上方	“置顶”命令	添加置顶图标的帖子
Extract Article	将重要话题帖子列为精华帖子	“加精”命令	添加加精图标的帖子
Add Edition	添加版块、设置版主	版块的相关信息	版块列表
Modify Edition	修改版块信息	版块的修改信息	修改结果(是否成功)
Delete Edition	删除版块	“删除”命令	删除结果(是否成功)
Add Link	接受友情链接申请,等待验证	友情网站的信息	友情网站的链接
Modify Link	验证并修改友情链接信息	友情链接信息	修改后的友情链接
Delete Link	清理不合格的友情链接	“删除”命令	删除结果(是否成功)
Add Advertise	选择已有位置发布广告	广告语、URL 地址	前台广告
Delete Advertise	清理已发布的广告	“删除”命令	原有的广告消失

3) 分析系统用例模型中的关系

显然,四个参与者即 AnonymousUser(匿名用户)、Member(注册用户)、Editor(版主)、Administrator(管理员)之间依次存在泛化关系。

另外,还可以确定 AnonymousUser(匿名用户)、Member(注册用户)、Editor(版主)、Administrator(管理员)和与其相关的用例之间存在关联关系。

Member(注册用户)相关的 Issue Article(发布帖子)用例、Reply Article(回复帖子)用例、Modify Article(修改帖子)用例、Modify Info(修改资料)用例包含一个公共的用例,就是 Login(登录)用例,它们与 Login(登录)用例存在包含关系;同样 Login(登录)用例与 Register(注册)用例之间也存在包含关系。

4) 借助 Rational Rose 工具绘制“BBS 论坛系统”用例图

根据以上分析,借助 Rational Rose 工具绘制系统参与者之间的关系,如图 15-3 所示;绘制 AnonymousUser(匿名用户)与其关联的用例之间的关系,如图 15-4 所示;绘制 Member(注册用户)与其关联的用例之间的关系,如图 15-5 所示;绘制 Editor(版主)与其关联的用例之间的关系,如图 15-6 所示;绘制 Administrator(管理员)与其关联的用例之间的关系,如图 15-7 所示。最后,得到“BBS 论坛系统”总体用例图,如图 15-8 所示。

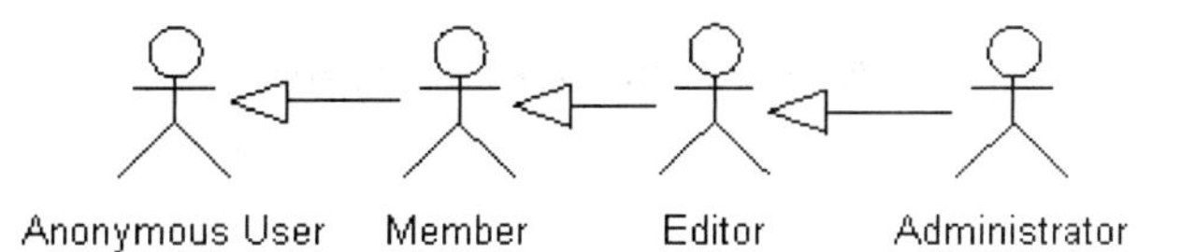

图 15-3　系统参与者之间的关系

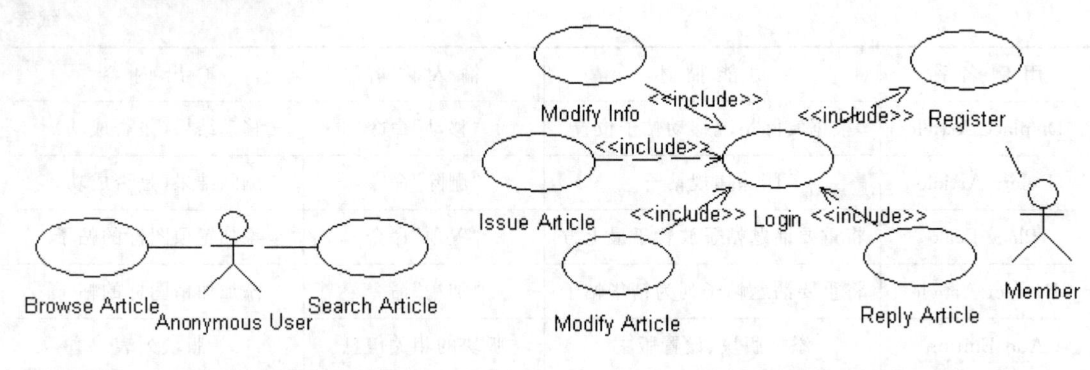

图 15-4　匿名用户与其关联的用例

图 15-5　注册用户与其关联的用例

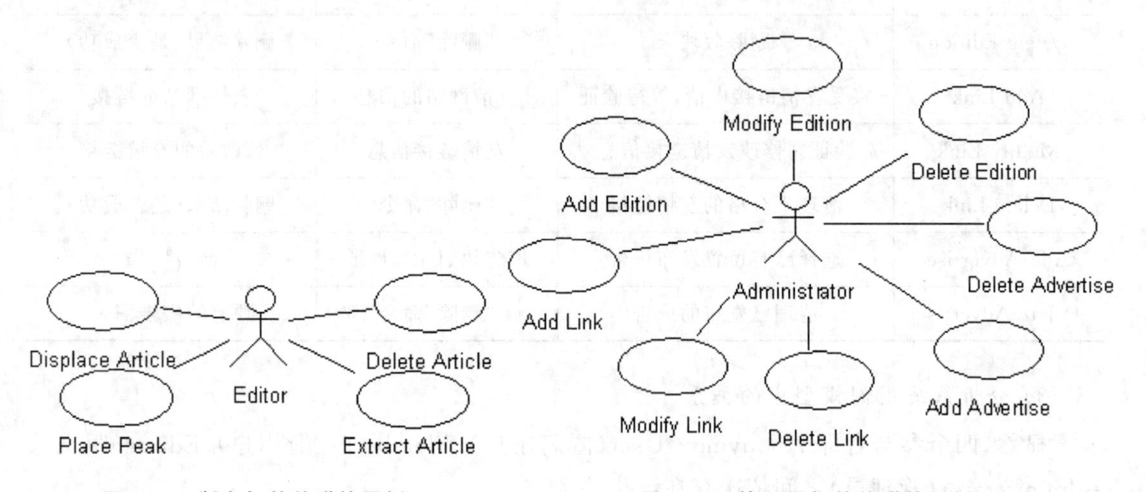

图 15-6　版主与其关联的用例

图 15-7　管理员与其关联的用例

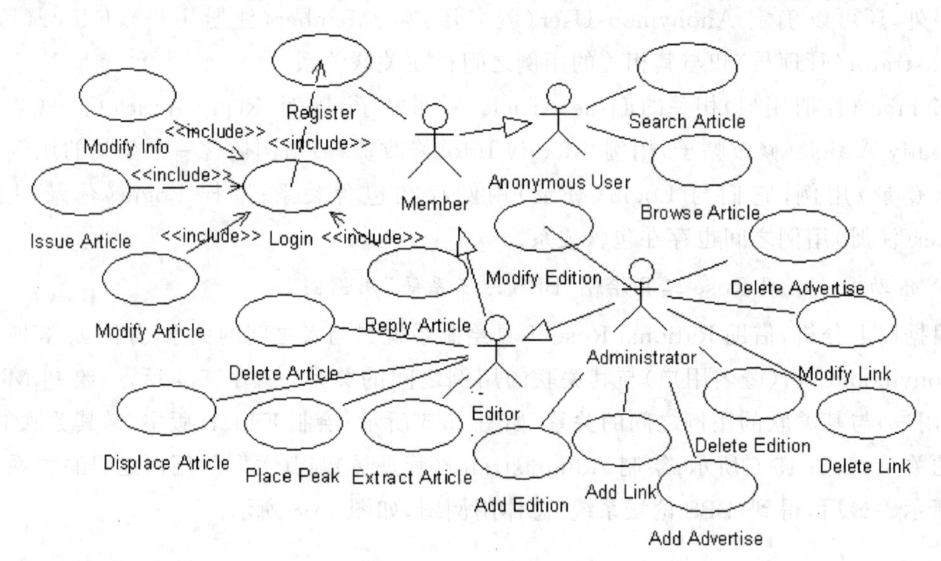

图 15-8　“BBS 论坛系统”用例图

2. 静态建模

1）识别系统中的类，并根据实际情况确定类的属性和操作

基于 MVC 三层架构的思想，将系统中的类按照实体类、边界类、控制类来划分。

其中，实体类有：User（用户）、Administrator（管理员）、Article（帖子）、Edition（版块）、Link（链接）、Advertise（广告）、UserData（用户信息）、ArticleData（帖子信息）、EditionData（版块信息）、LinkData（链接信息）、AdvertiseData（广告信息）、Conn（数据库连接），如图 15-9 所示。

说明：识别类时将 AnonymousUser（匿名用户）、Member（注册用户）、Editor（版主）统一抽象为 User（用户）类，并依据 userGrade 属性值标识其具体身份。

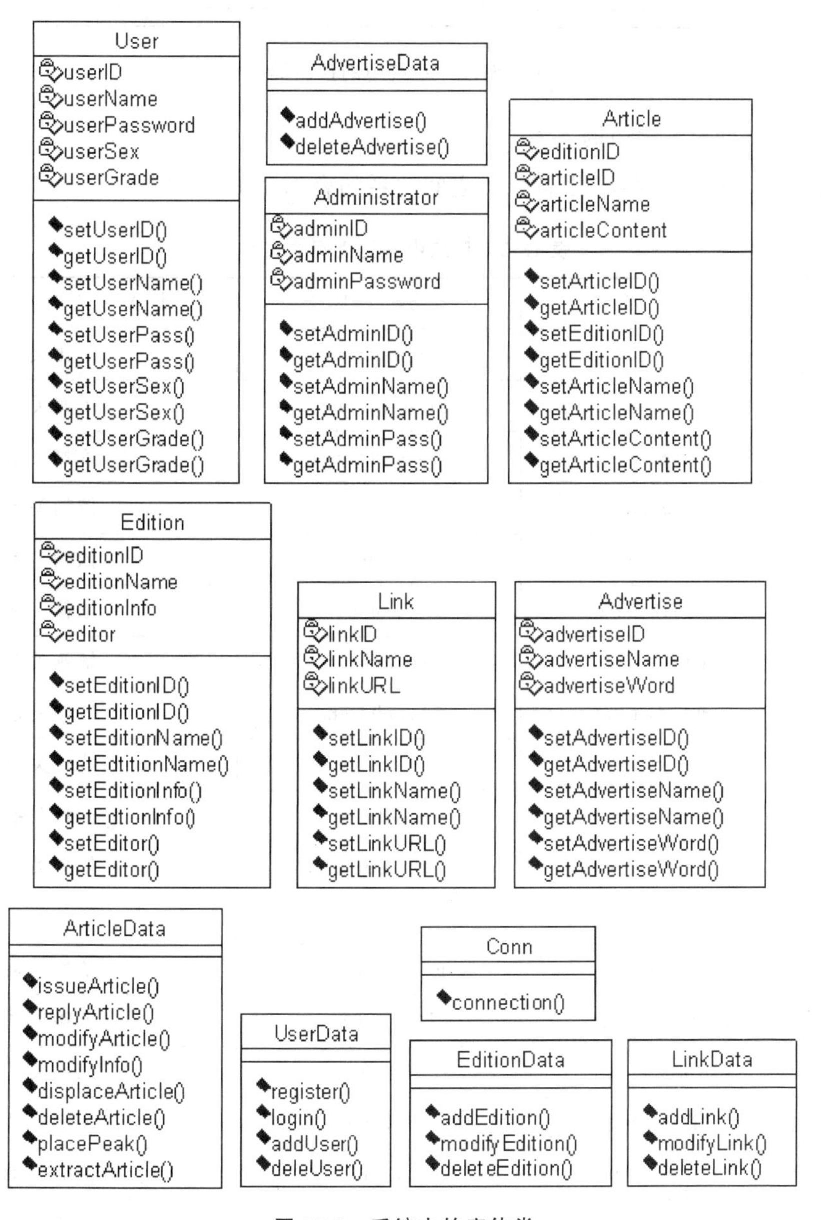

图 15-9　系统中的实体类

其中，边界类有：index. jsp，user. jsp，article. jsp，edition. jsp，link. jsp，advertise. jsp，如图 15-10 所示。

index.jsp user.jsp article.jsp edition.jsp link.jsp advertise.jsp

图 15-10 系统中的边界类

其中控制类有：UserServlet，ArticleServlet，EditionServlet，LinkServlet，AdvertiseServlet，如图 15-11 所示。

图 15-11 系统中的控制类

2）识别系统中各类之间的关系

分析得出“BBS 论坛系统”中各个类之间关系如表 15-2 所示。

表 15-2 系统中各类之间的关系

序号	类 A	类 B	类 A 和类 B 之间的关系
1	User	Administrator	泛化关系
2	user. jsp	UserServlet	依赖关系
3	UserServlet	UserData	依赖关系
4	UserServlet	User	依赖关系
5	UserData	User	依赖关系
6	UserData	Conn	依赖关系
7	article. jsp	ArticleServlet	依赖关系
8	ArticleServlet	ArticleData	依赖关系
9	ArticleServlet	Article	依赖关系
10	ArticleData	Article	依赖关系
11	ArticleData	Conn	依赖关系
12	Article	Edition	依赖关系
13	edition. jsp	EditionServlet	依赖关系
14	EditionServlet	EditionData	依赖关系
15	EditionServlet	Edition	依赖关系
16	EditionData	Edition	依赖关系
17	EditionData	Conn	依赖关系
18	link. jsp	LinkServelet	依赖关系
19	LinkServelet	LinkData	依赖关系
20	LinkServelet	Link	依赖关系

续表

序　　号	类　　A	类　　B	类 A 和类 B 之间的关系
21	LinkData	Link	依赖关系
22	LinkData	Conn	依赖关系
23	advertise. jsp	AdvertiseServlet	依赖关系
24	AdvertiseServlet	AdvertiseData	依赖关系
25	AdvertiseServlet	Advertise	依赖关系
26	AdvertiseData	Advertise	依赖关系
27	AdvertiseData	Conn	依赖关系
28	index. jsp	user. jsp	关联关系
29	index. jsp	article. jsp	关联关系
30	index. jsp	edition. jsp	关联关系
31	index. jsp	link. jsp	关联关系
32	index. jsp	advertise. jsp	关联关系

3）借助 Rational Rose 工具绘制“BBS 论坛系统”类图

由于该系统总体类图较复杂，所以将其划分为如下六个子图：Mange User（用户管理）子图，如图 15-12 所示；Manage Article（帖子管理）子图，如图 15-13 所示；Manage Edition（版块管理）子图，如图 15-14 所示；Manage Link（友情链接管理）子图，如图 15-15 所示；Manage Advertise（广告管理）子图，如图 15-16 所示；Manage Module（模块管理）子图，如图 15-17 所示。

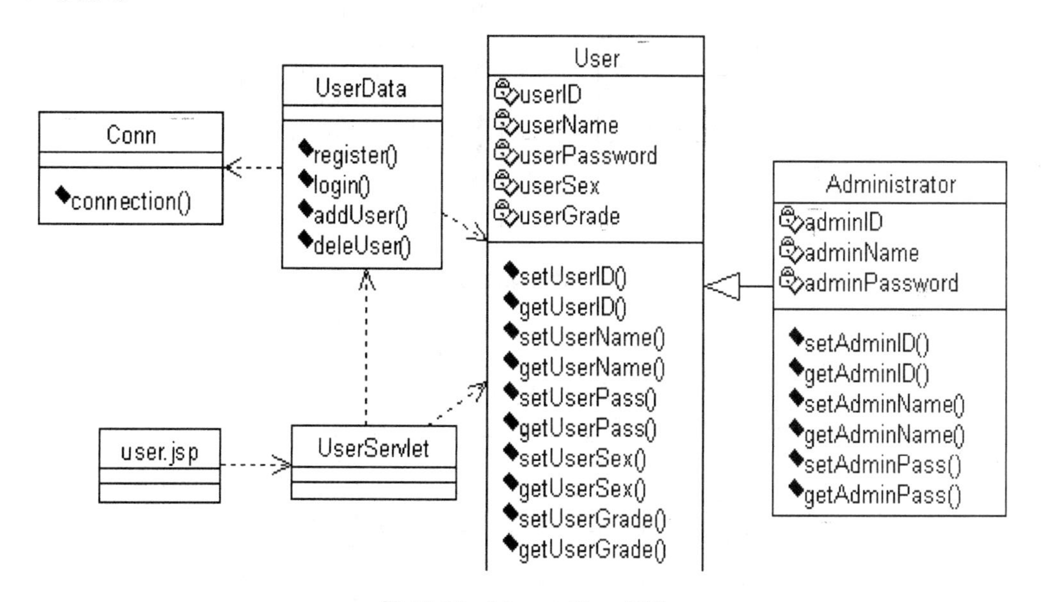

图 15-12　Manage User 子图

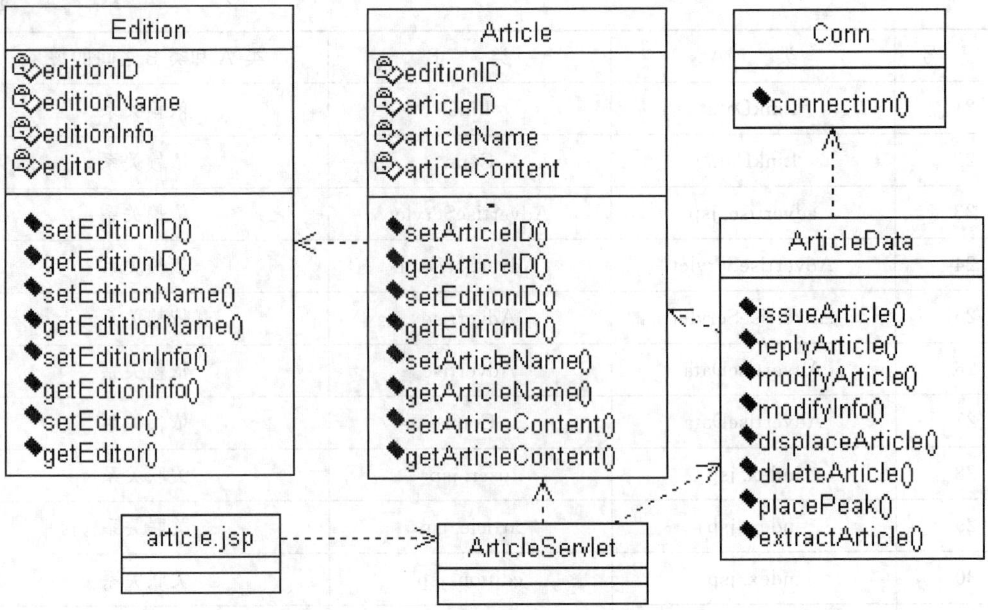

Edition
editionID
editionName
editionInfo
editor
setEditionID()
getEditionID()
setEditionName()
getEdtitionName()
setEditionInfo()
getEdtionInfo()
setEditor()
getEditor()
Article
editionID
articleID
articleName
articleContent
setArticleID()
getArticleID()
setEditionID()
getEditionID()
setArticleName()
getArticleName()
setArticleContent()
getArticleContent()
Conn
connection()
ArticleData
issueArticle()
replyArticle()
modifyArticle()
modifyInfo()
displaceArticle()
deleteArticle()
placePeak()
extractArticle()
article.jsp
ArticleServlet

图 15-13 **Manage Article 子图**

edition.jsp
EditionServlet
EditionData
addEdition()
modifyEdition()
deleteEdition()
Edition
editionID
editionName
editionInfo
editor
setEditionID()
getEditionID()
setEditionName()
getEdtitionName()
setEditionInfo()
getEdtionInfo()
setEditor()
getEditor()
Conn
connection()

图 15-14 **Manage Edition 子图**

link.jsp
LinkServlet
Link
linkID
linkName
linkURL
setLinkID()
getLinkID()
setLinkName()
getLinkName()
setLinkURL()
getLinkURL()
Conn
connection()
LinkData
addLink()
modifyLink()
deleteLink()

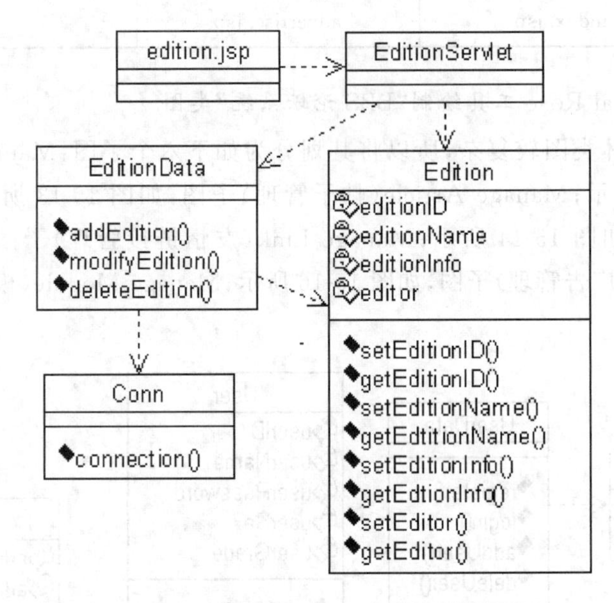

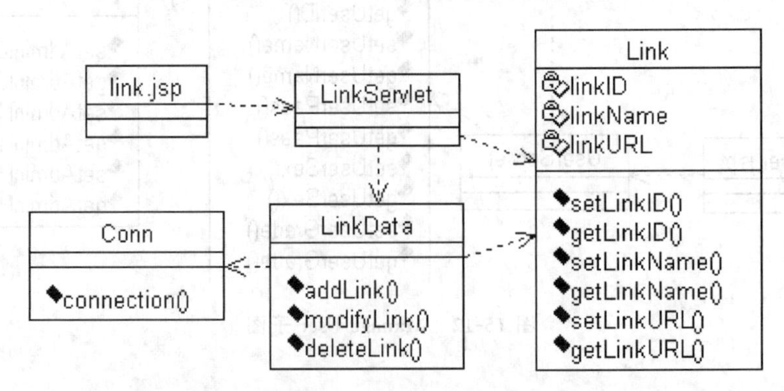

图 15-15 **Manage Link 子图**

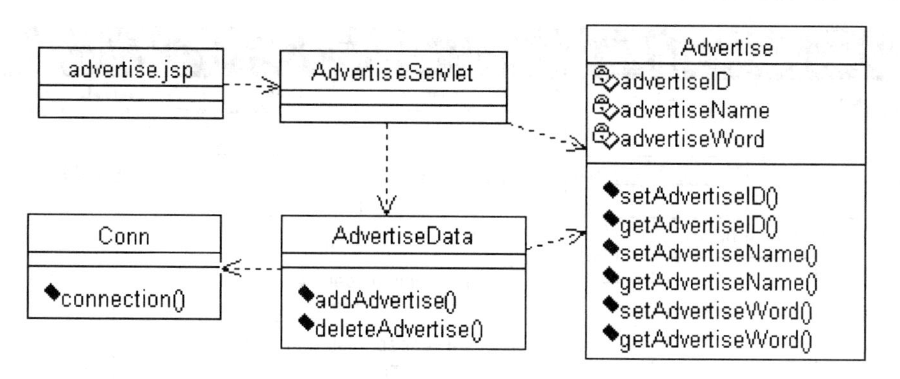

图 15-16 Manage Advertise 子图

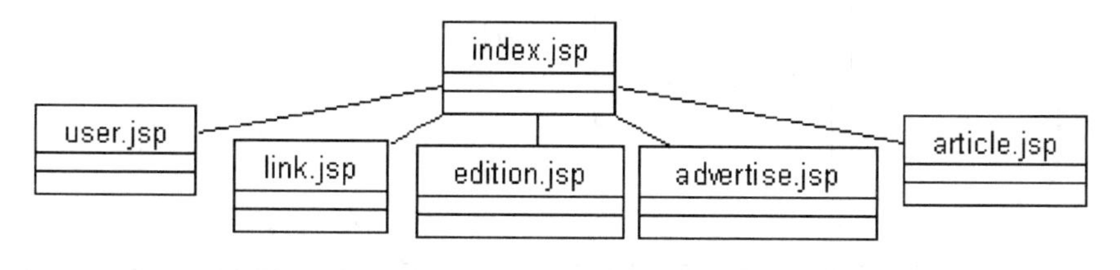

图 15-17 Manage Module 子图

3. 动态建模

1）绘制时序图

识别系统中既定场景的对象、消息等要素，并借助 Rational Rose 工具绘制相应的时序图。

此处以“Login”（用户登录）场景和“Add Edition”（增加版块）为例进行分析和建模。

“Login”（用户登录）的具体处理流程为：User（用户）通过 user. jsp 输入登录信息，然后其登录信息交由 UserServlet 处理，继而 UserServlet 将登录信息传递给 User 进行封装，接着再由 UserData 查询判断用户输入的登录信息是否与数据库中的信息一致，最后由 UserServlet 根据判断结果给出是否成功登录的提示信息。具体如图 15-18 所示。

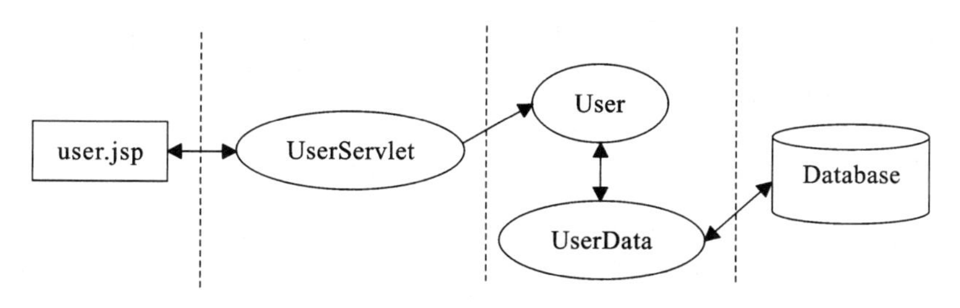

图 15-18 “Login”的处理流程

根据以上处理流程，得出“Login”（用户登录）场景时序图，如图 15-19 所示。

“Add Edition”（增加版块）的具体处理流程为：Administrator（管理员）通过 edition. jsp 输入版块相关信息，然后交由 EditionServlet 处理，继而 EditionServlet 将版块信息传递给 Edition 进行封装，接着 EditionServlet 调用 EditionData 中相应的方法对数据库进行操作。具体如图 15-20 所示。

根据以上处理流程，得出“Add Edition”（增加版块）场景时序图，如图 15-21 所示。

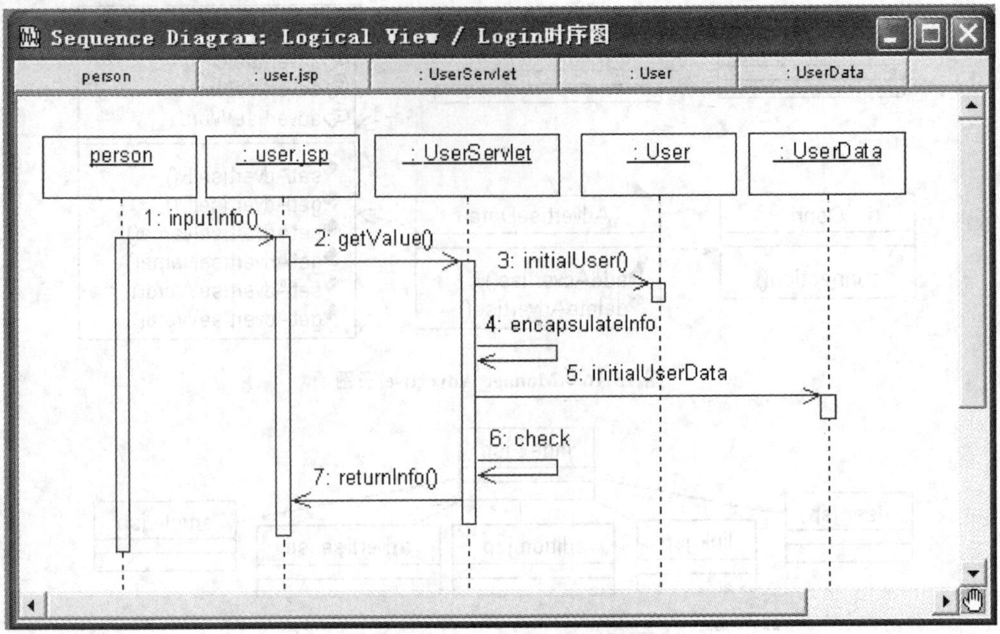

图 15-19 “Login”时序图

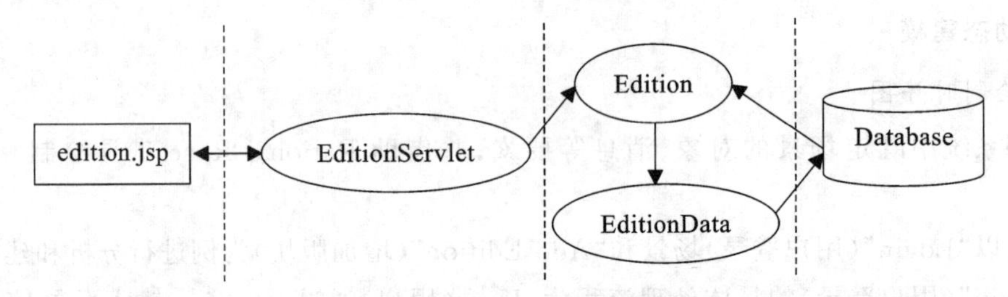

图 15-20 “Add Edition”的处理流程

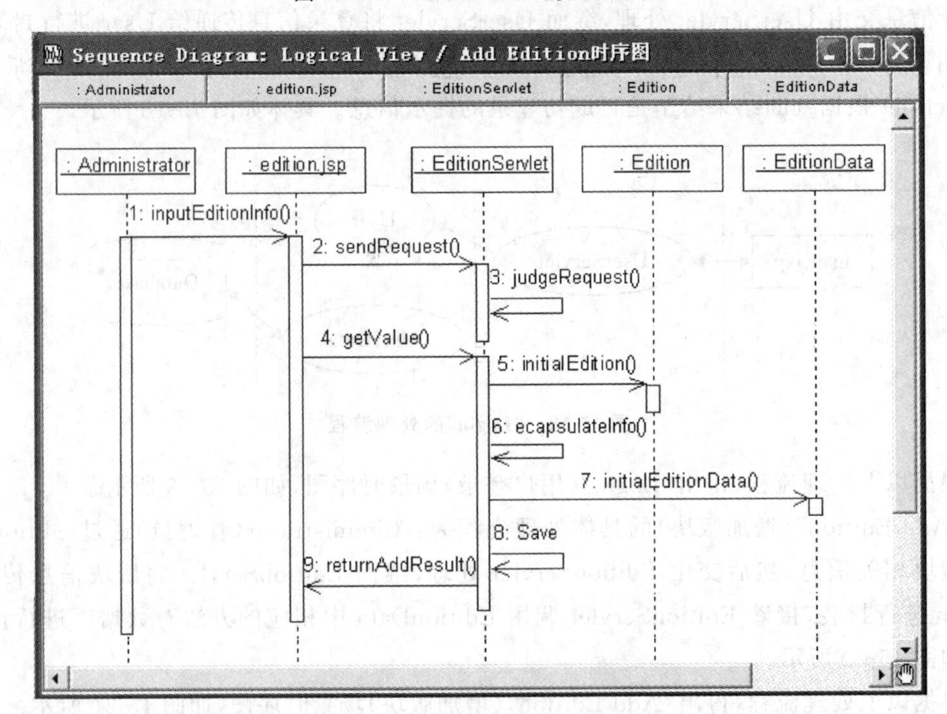

图 15-21 “Add Edition”时序图

2）绘制协作图

识别系统中既定场景的对象、消息等要素，并借助 Rational Rose 工具绘制出相应的协作图，或将现有的时序图转换成协作图。

此处仍以“Login”（用户登录）场景和“Add Edition”（增加版块）为例，利用 Rational Rose 工具将其时序图直接转化成协作图。

最终生成的“Login”（用户登录）场景协作图，如图 15-22 所示，生成的“Add Edition”（增加版块）场景协作图，如图 15-23 所示。

4: encapsulateInfo
6: check
person
1: inputInfo()
2: getValue()
: UserServlet
: user.jsp
7: returnInfo()
5: initialUserData
3: initialUser()
: User
: UserData

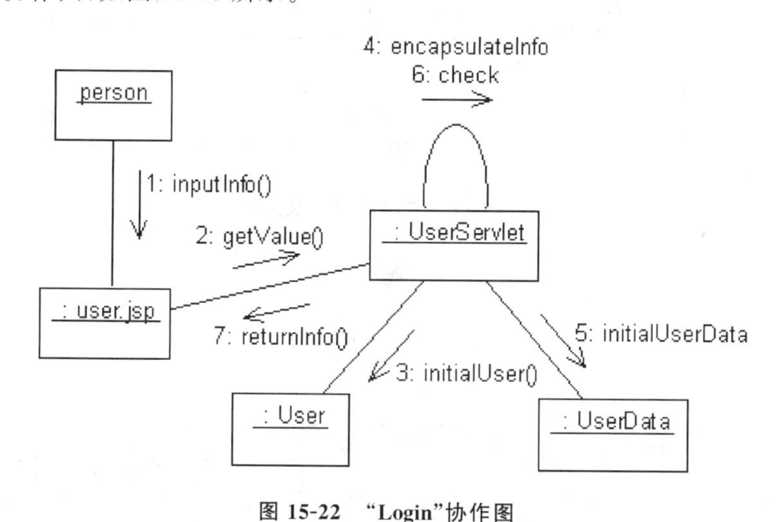

图 15-22 “Login”协作图

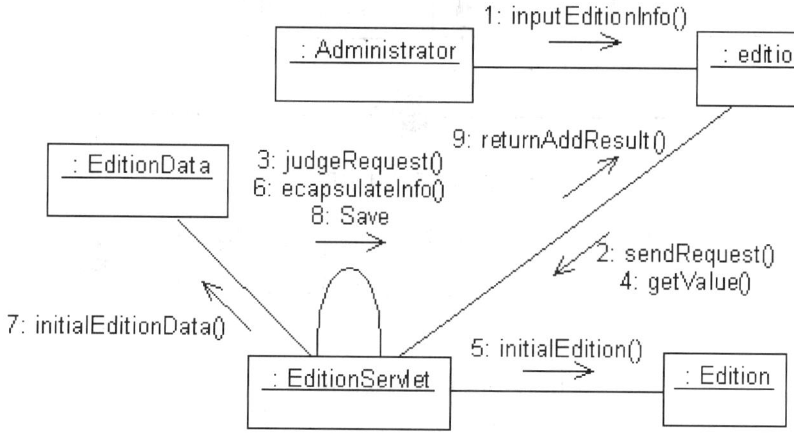

1: inputEditionInfo()
: Administrator
: edition.jsp
9: returnAddResult()
: EditionData
3: judgeRequest()
6: ecapsulateInfo()
8: Save
2: sendRequest()
4: getValue()
7: initialEditionData()
5: initialEdition()
: EditionServlet
: Edition

图 15-23 “Add Edition”协作图

3）绘制状态图

捕获系统中指定对象的状态，并借助 Rational Rose 工具绘制出相应的状态图。

此处以 Member（注册用户）对象、Article（帖子）对象、Edition（版块）对象为例，绘制其状态图。

最终得到注册用户的状态图如图 15-24 所示，帖子的状态图如图 15-25 所示，版块的状态图如图 15-26 所示。

4）绘制活动图

捕获系统中指定对象或指定用例的活动，并借助 Rational Rose 工具绘制出相应的活

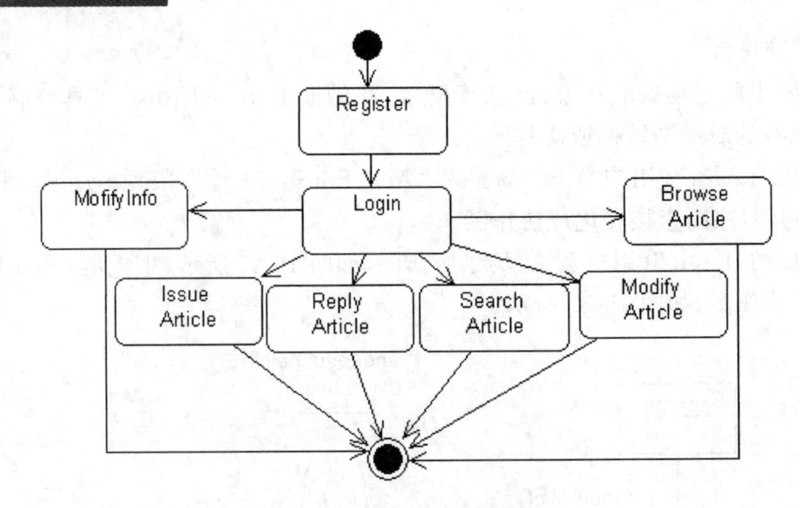

图 15-24 注册用户的状态图

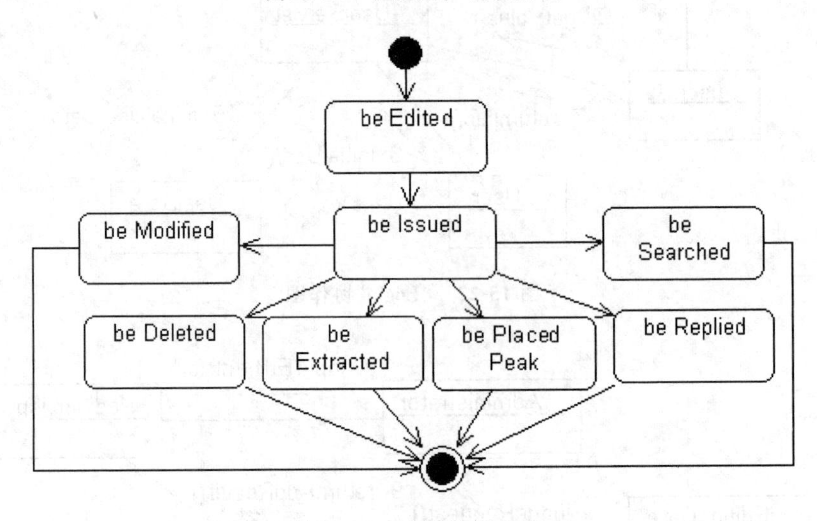

图 15-25 帖子的状态图

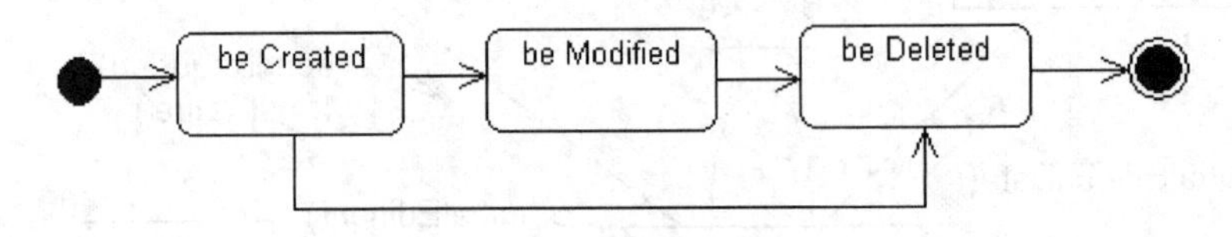

图 15-26 版块的状态图

动图。

以捕获“Search Article”(搜索帖子)用例的活动为例,绘制“Search Article”活动图如图 15-27 所示。

再以捕获“Delete Edition”(删除版块)用例的活动为例,绘制“Delete Edition”活动图如图 15-28 所示。

4. 物理建模

1) 绘制组件图

分析系统中的组件及组件间的关系,并借助 Rational Rose 工具绘制出“BBS 论坛系统”组件图。

通过分析,确定“BBS 论坛系统”中的组件有:BBS System(BBS 论坛系统 Web 应用程

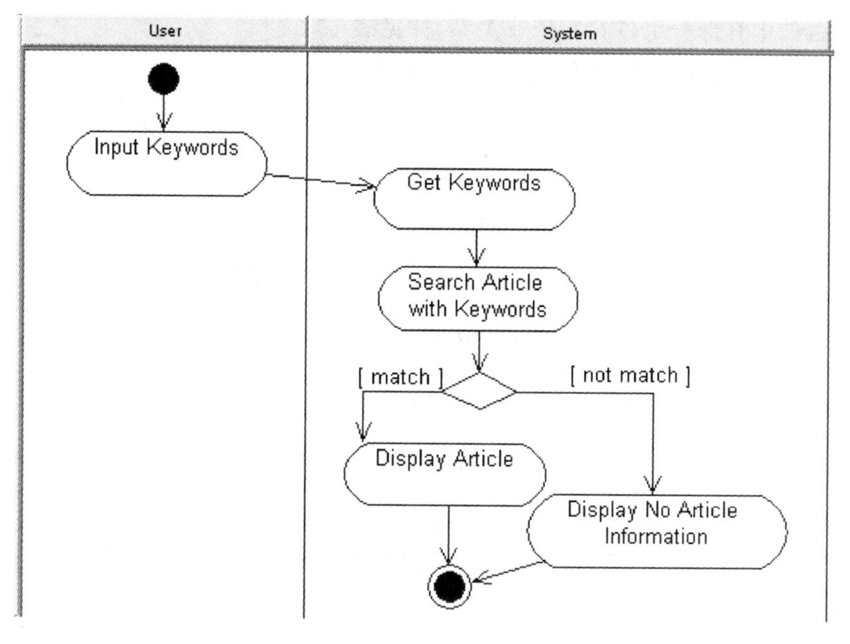

图 15-27 “Search Article”活动图

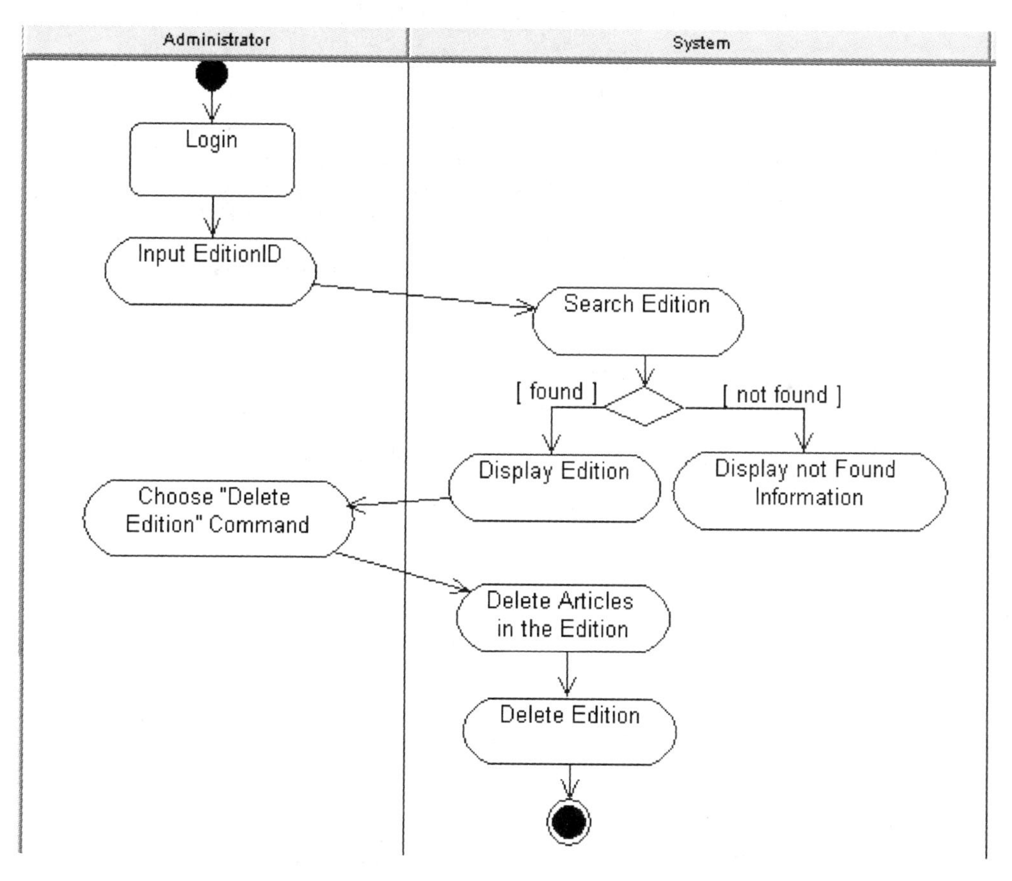

图 15-28 “Delete Edition”活动图

序)、Manager User(用户管理)、Manage Article(帖子管理)、Manage Edition(版块管理)、Manage Link(友情链接管理)、Manage Advertise(广告管理)等。

以上各组件中有部分组件存在依赖关系,详见表 15-3。

最终完成"BBS 论坛系统"组件图,如图 15-29 所示。

表 15-3 "BBS 论坛系统"中组件间的关系

序 号	组 件 A	组 件 B	组件 A 和组件 B 之间的关系
1	BBS System	Manager User	依赖关系
2	BBS System	Manage Article	依赖关系
3	BBS System	Manage Edition	依赖关系
4	BBS System	Manage Link	依赖关系
5	BBS System	Manage Advertise	依赖关系

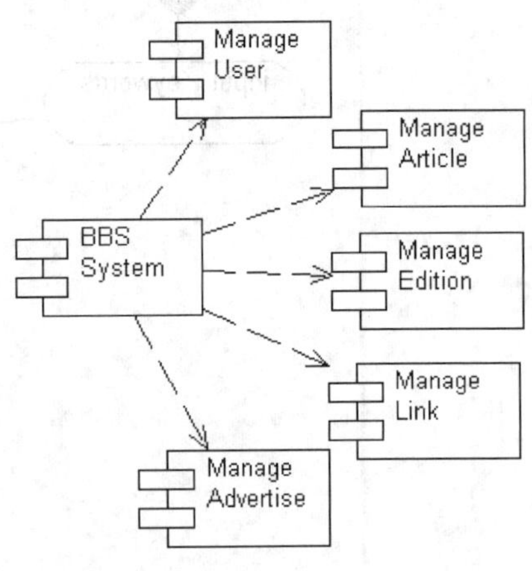

图 15-29 "BBS 论坛系统"组件图

2) 绘制数据模型图

结合静态模型,借助 Rational Rose 工具绘制"BBS 论坛系统"数据模型图。

借助 Rational Rose 工具绘制"BBS 论坛系统"数据模型图,如图 15-30 所示。

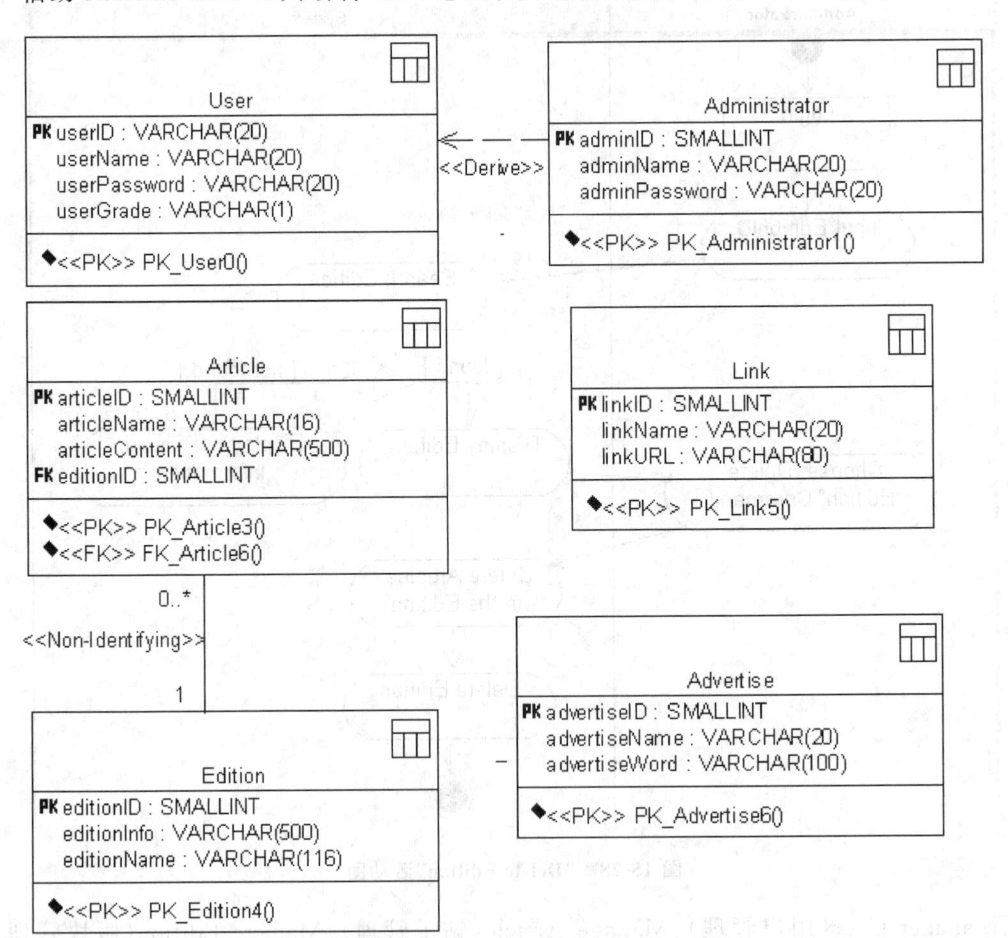

图 15-30 "BBS 论坛系统"数据模型图

另外,还可以从以上数据模型中导出数据库或 DDL(数据库定义语言)脚本,导出的"BBS_DB. ddl"脚本文件具体内容如下。

```
CREATE TABLE Link (
    linkID SMALLINT NOT NULL,
    linkName VARCHAR ( 20 ) NOT NULL,
    linkURL VARCHAR ( 80 ) NOT NULL,
    CONSTRAINT PK_Link5 PRIMARY KEY (linkID)
);
CREATE TABLE Administrator (
    adminID SMALLINT NOT NULL,
    adminName VARCHAR ( 20 ) NOT NULL,
    adminPassword VARCHAR ( 20 ) NOT NULL,
    CONSTRAINT PK_Administrator1 PRIMARY KEY (adminID)
);
CREATE TABLE Article (
    articleID SMALLINT NOT NULL,
    articleName VARCHAR ( 16 ) NOT NULL,
    articleContent VARCHAR ( 500 ) NOT NULL,
    editionID SMALLINT NOT NULL,
    CONSTRAINT PK_Article3 PRIMARY KEY (articleID)
);
CREATE TABLE Edition (
    editionID SMALLINT NOT NULL,
    editionInfo VARCHAR ( 500 ) NOT NULL,
    editionName VARCHAR ( 156 ) NOT NULL,
    CONSTRAINT PK_Edition4 PRIMARY KEY (editionID)
);
CREATE TABLE Advertise (
    advertiseID SMALLINT NOT NULL,
    advertiseName VARCHAR ( 20 ) NOT NULL,
    advertiseWord VARCHAR ( 100 ) NOT NULL,
    CONSTRAINT PK_Advertise6 PRIMARY KEY (advertiseID)
);
CREATE TABLE User (
    userID VARCHAR ( 20 ) NOT NULL,
    userName VARCHAR ( 20 ) NOT NULL,
    userPassword VARCHAR ( 20 ) NOT NULL,
    userGrade VARCHAR ( 1 ) NOT NULL,
    CONSTRAINT PK_User0 PRIMARY KEY (userID)
);
ALTER TABLE Article ADD CONSTRAINT FK _ Article6 FOREIGN KEY (editionID)
REFERENCES Edition (editionID)  ON DELETE NO ACTION ON UPDATE NO ACTION;
```

3) 绘制部署图

分析系统中的节点及节点间的连接,并借助 Rational Rose 工具绘制出"BBS 论坛系统"

部署图。

通过分析，确定“BBS 论坛系统”中的节点有：ApplicationServer（应用服务器）、DatabaseSever（数据库服务器）及若干个 Customer（客户机）等。

显而易见，ApplicationServer（应用服务器）节点与其他各节点之间都存在连接。

借助 Rational Rose 工具绘制“BBS 论坛系统”部署图，如图 15-31 所示。

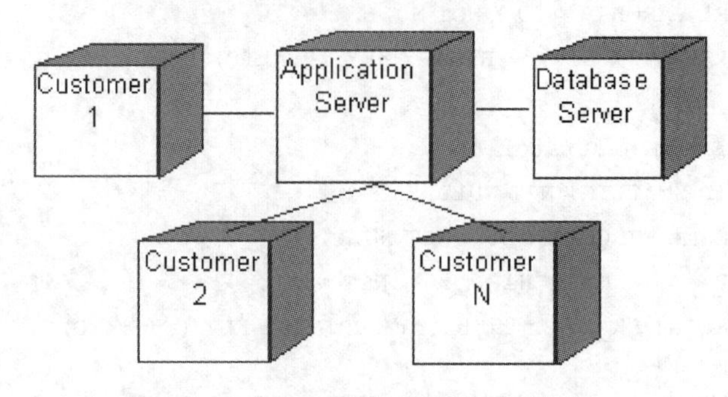

图 15-31 “BBS 论坛系统”部署图

5. 双向工程

1）正向工程

利用 Rational Rose 工具的正向工程，将“BBS 论坛系统”的类模型生成相应的 Java 源代码。

借助 Rational Rose 的正向工程将类模型生成代码以后，可以在保存路径中找到对应的 Java 源文件，如图 15-32 所示。

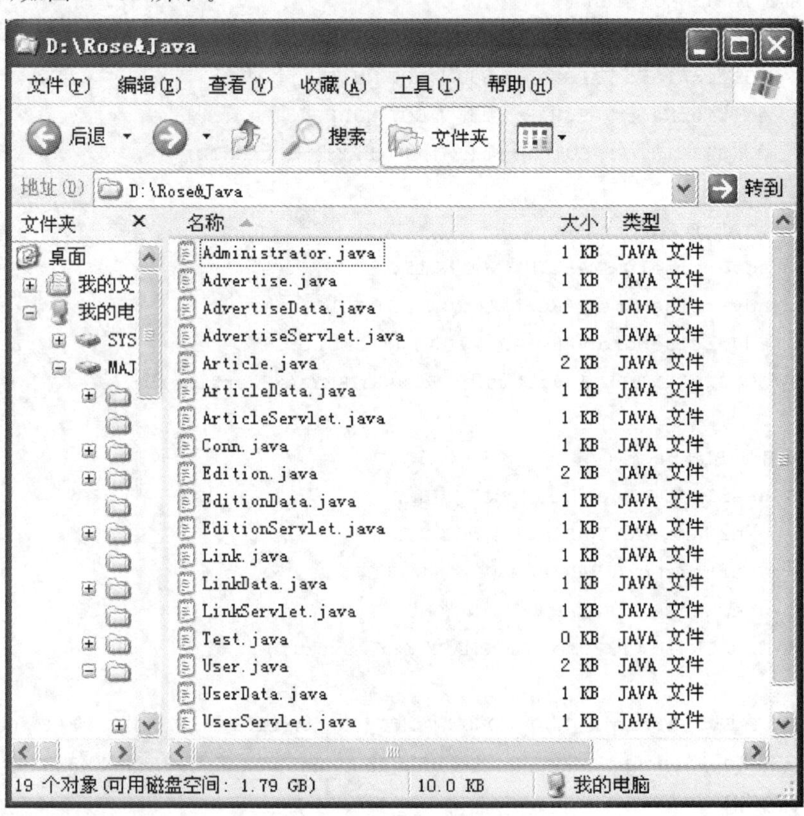

图 15-32 生成 Java 源文件

Administrator. java 文件的详细代码如下。

```
//Source file: D:\\Rose&Java\\Administrator.java
public class Administrator extends User
{
    private int adminID;
    private int adminName;
    private int adminPassword;
    /**
     *@roseuid 4D622F1902EE
     */
    public Administrator()
    {
    }
    /**
     *@roseuid 4D5C9989036B
     */
    public void setAdminID()
    {
    }
    /**
     *@roseuid 4D5C98D6032C
     */
    public void getAdminID()
    {
    }
    /**
     *@roseuid 4D5C99B701B5
     */
    public void setAdminName()
    {
    }
    /**
     *@roseuid 4D5C98DF0203
     */
    public void getAdminName()
    {
    }
    /**
     *@roseuid 4D5C99BD02FD
     */
    public void setAdminPass()
    {
    }
    /**
     *@roseuid 4D5C99C90290
```

```
        */
        public void getAdminPass()
        {
        }
    }
```

2) 逆向工程

利用 Rational Rose 工具的逆向工程，将“BBS 论坛系统”已有的 Java 源代码（即正向工程中得到的源代码）生成类模型。

读者可参照第 14 章双向工程的介绍自行练习，将“BBS 论坛系统”已有的 Java 源代码生成类模型。

15.1.5 能力训练

选择一个熟悉的软件系统（如“学生管理系统”、“教务管理系统”等），借助 Rational Rose 工具，按照用例建模、静态建模、动态建模、物理建模、双向工程的顺序对其进行 UML 建模。

15.1.6 知识扩展

1. 传统的瀑布开发模型

最早的软件开发模型是 1970 年提出的瀑布模型，而后随着软件工程学科的发展和软件开发实践的推进，又相继出现了原型模型、演化模型、增量模型、喷泉模型等。瀑布模型将软件生命周期划分为八个阶段，即问题定义、可行性研究、需求分析、总体设计、详细设计、编码实现、测试运行、使用维护等，如图 15-33 所示。其中，各个阶段的工作按顺序开展，上一个阶段的工作成果是下一个阶段的工作前提。

不难看出，瀑布模型规定了一个标准流程，整个软件开发过程严格按照这个流程来实施，有效避免了盲目、混乱局面的出现。但是也必须看到，瀑布模型仍有其与生俱来的局限性。因为它要求在软件开发的初始阶段就捕获用户的全部需求，这显然是十分困难的，甚至是不切实际的。另外，在需求确定以后，如果用户临时提出变更需求，那么瀑布模型由于其不可回溯性也将不能灵活应对。

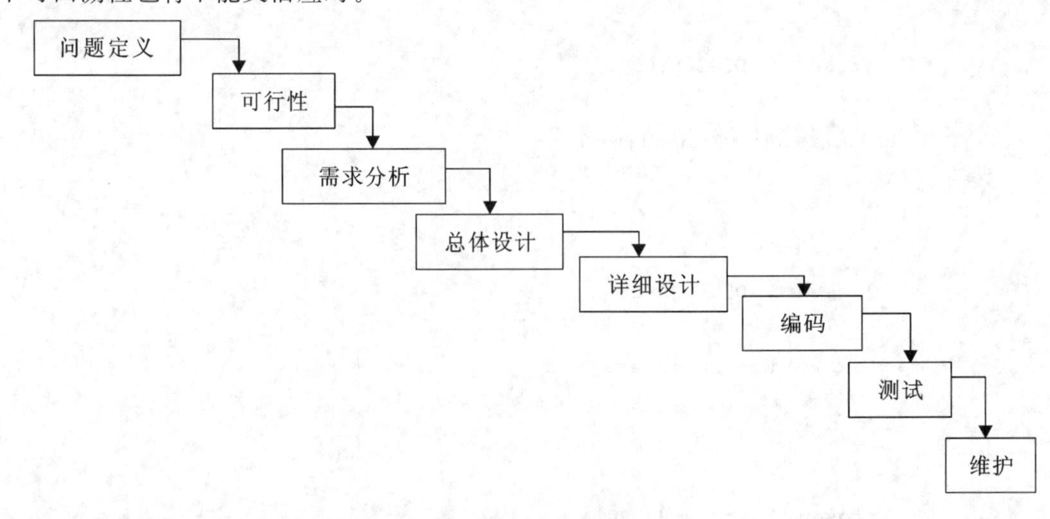

图 15-33　瀑布模型

2. RUP 的迭代开发模型

RUP(Rational unified process,统一软件过程)是由 Rational 公司推出的软件开发模型框架,它吸收了多种开发模型的优点,具有良好的操作性和实用性。

RUP 可以用二维坐标来描述,如图 15-34 所示。其中,横轴以时间来组织,是过程展开的生命周期特征,体现开发过程的动态结构,用于描述它的术语主要包括周期、阶段、迭代和里程碑;纵轴以内容来组织,为自然的逻辑活动,体现开发过程的静态结构,用于描述它的术语,主要包括活动、产物、工作者和工作流等。

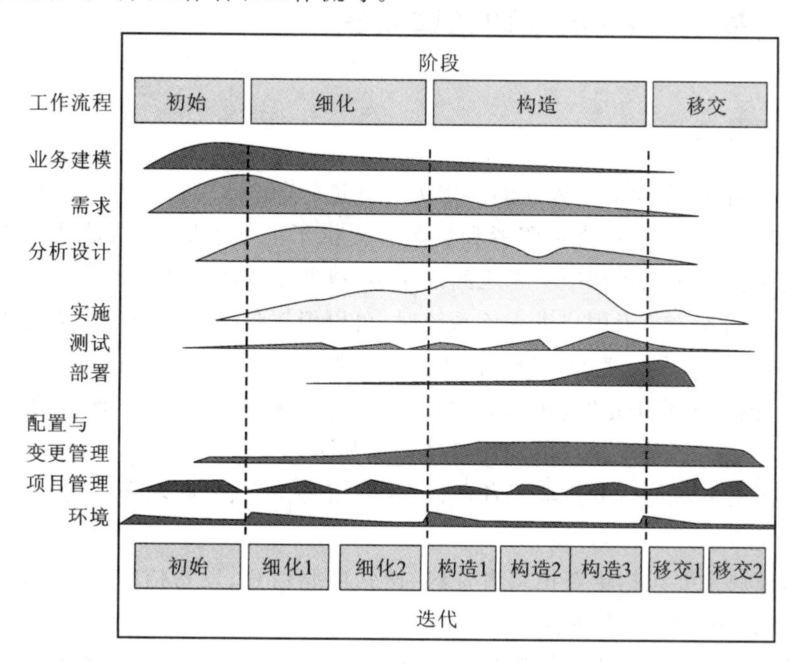

图 15-34　RUP 开发模型

从上图可以看出,RUP 将软件生命周期划分为四个阶段:初始(Inception)阶段、细化(Elaboration)阶段、构造(Construction)阶段、交付(Transition)阶段。

1) *初始(Inception)阶段*

初始阶段是项目的基础阶段,该阶段的主要参与人员是项目经理和系统设计师。初始阶段的目标是对系统进行可行性分析、创建基本需求、识别软件系统的关键任务。

2) *细化(Elaboration)阶段*

细化阶段的目标是创建可执行的构件基准、精化风险评估、定义质量属性、捕获大部分的系统功能需求用例,为构造阶段创建详细的计划。细化阶段是开发过程中最重要的阶段。细化的焦点是需求、分析和设计工作流。

3) *构造(Construction)阶段*

构造阶段的目标是完成所有的需求、分析和设计。细化阶段的成果将演化为最终系统,构造的主要问题是维护系统框架的完整性。构造的焦点是实现工作流。

4) *交付(Transition)阶段*

交付阶段的目标是将完整的系统部署到用户所处的环境。交付的内容包括修复系统缺陷、为用户环境准备新软件、创建用户使用手册和系统文档、提供用户咨询。

RUP的每个阶段可以进一步分解为迭代。一个迭代是一个完整的开发循环，产生一个可执行的产品版本，即最终产品的子集，它增量式地发展（从一个迭代过程到另一个迭代过程），直到成为最终的软件系统。

与传统的瀑布模型相比，RUP的迭代模型降低了开发风险，因为开发人员重复某个迭代承担的只是本次迭代的开发风险。另外，与传统的瀑布模型相比，RUP的迭代模型加快了开发进程，因为开发人员清楚问题的焦点所在，这样使得工作更有效率。

15.2 基于Web的求职招聘系统

15.2.1 项目需求

极速发展的时代，企业对于人才的需求突飞猛进。“基于Web的求职招聘系统”正是在这样的背景下应运而生的，它为求职者和招聘者提供了一个虚拟化、智能化的人才市场，其主要目的是为了拉近求职者和应聘者之间的距离，以便于求职者能够找到合适的工作，招聘者能够找到合适的人才。当用户进入该系统时，可以根据各自的需求和权限注册为求职者、招聘者以及管理员，然后行使系统为其提供的相应功能。

经过调查分析，最终确定“基于Web的求职招聘系统”的基本模块有：求职模块、招聘模块、管理模块。其中，各基本模块的功能具体说明如下。

（1）求职模块主要包括更新求职者资料、搜索招聘信息、发布求职意向、投递简历、查看求职邮箱等功能。

（2）招聘模块主要包括更新招聘者资料、搜索应聘信息、发布招聘信息、查看招聘邮箱、浏览应聘简历、回复求职者等功能。

（3）管理模块主要包括更新管理员资料、管理求职者、管理招聘者、管理新闻等功能。

结合前述需求分析，可以得出论坛系统的总体结构图如图15-35所示。

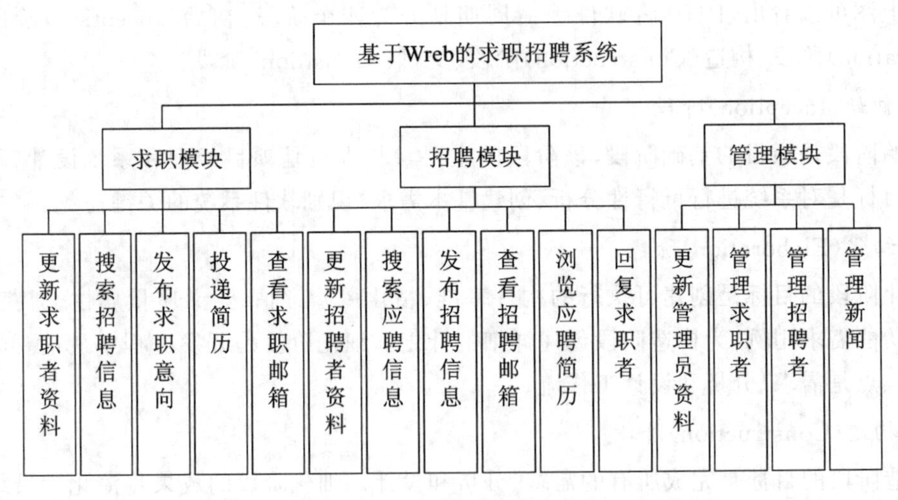

图15-35 “基于Web的求职招聘系统”总体结构图

15.2.2 项目目标

根据15.2.1中相关内容的介绍，借助Rational Rose工具，按照用例建模、静态建模、动态建模、物理建模、双向工程的顺序，对“基于 Web 的求职招聘系统”进行 UML 建模。

15.2.3 项目目标的具体要求

1. 用例建模

(1) 分析系统参与者。

(2) 分析系统用例。

(3) 分析系统用例模型中的关系。

(4) 借助 Rational Rose 工具绘制“基于 Web 的求职招聘系统”用例图。

2. 静态建模

(1) 识别系统中的类，并根据实际情况确定类的属性和操作。

(2) 识别系统中各类之间的关系。

(3) 借助 Rational Rose 工具绘制“基于 Web 的求职招聘系统”类图。

3. 动态建模

(1) 识别系统中既定场景的对象、消息等要素，并借助 Rational Rose 工具绘制相应的时序图。

(2) 识别系统中既定场景的对象、消息等要素，并借助 Rational Rose 工具绘制相应的协作图，或将现有的时序图转换成协作图。

(3) 捕获系统中指定对象的状态，并借助 Rational Rose 工具绘制相应的状态图。

(4) 捕获系统中指定对象或指定用例的活动，并借助 Rational Rose 工具绘制相应的活动图。

4. 物理建模

(1) 分析系统中的组件及组件间的关系，并借助 Rational Rose 工具绘制“基于 Web 的求职招聘系统”组件图。

(2) 结合静态模型，借助 Rational Rose 工具绘制“基于 Web 的求职招聘系统”数据模型图。

(3) 分析系统中的节点及节点间的连接，并借助 Rational Rose 工具绘制“基于 Web 的求职招聘系统”部署图。

5. 双向工程

(1) 利用 Rational Rose 工具的正向工程，将“基于 Web 的求职招聘系统”的类模型生成相应的 Java 源代码。

(2) 利用 Rational Rose 工具的逆向工程，将“基于 Web 的求职招聘系统”已有的 Java 源代码(即正向工程中得到的源代码)生成类模型。

15.2.4 项目实践

1. 用例建模

1) 分析系统参与者

遵循识别参与者的方法，可以初步分析出“基于 Web 的求职招聘系统”中的主要参与者：User(用户)、Seeker(求职者)、Inviter(招聘者)、Administrator(管理员)，如图 15-36 所示。其中，User(用户)是为了实际需要，抽象出来

图 15-36 “基于 Web 的求职招聘系统”的参与者

的参与者。

2）分析系统用例

针对分析出的系统主要参与者（即用户、求职者、应聘者、管理员），可以初步确定"图书管理系统"中主要用例包括：Register（注册）、Login（登录）、Modify Info（更新资料）、Seek Job（搜索招聘信息）、Issue Application（发布求职意向）、Post Resume（投递简历）、Browse SeekMail（查看求职邮箱），Search SeekInfo（搜索应聘信息）、Issue Invitation（发布招聘信息）、Browse Resume（浏览应聘简历）、Browse InviteMail（查看招聘邮箱）、Reply Seeker（回复求职者）、Manage Seeker（管理求职者）、Manage Inviter（管理招聘者）、Manage News（管理新闻）等。

下面给出 Modify Info（更新资料）用例的阐述文档，其余用例阐述文档读者可以通过自行练习来完成。

```
用例编号:003
用例名称:Modify Info
参与者:User(用户)
用例概述:用户针对当前的实际情况,修改了个人资料
前置条件:用户已经成功登录到求职招聘系统
后置条件:用户资料更新成功,新的个人资料生效
基本事件流:
    1.用户登录到求职招聘系统
    2.用户发出更新资料请求
    3.系统接受请求,并提示用户输入新的资料
    4.用户输入新的个人资料并确认
    5.系统显示更新后的用户资料
备选流:
1a.资料格式输入有误
1a1.系统提示用户输入信息有误,提供正确的格式范例
补充说明:无
```

3）分析系统用例模型中的关系

显然，User（用户）、Seeker（求职者）、Inviter（招聘者）、Administrator（管理员）和与其相关的用例之间存在关联关系。User（用户）相关的用例 Login（登录）与 Register（注册）之间、Modify Info（更新资料）与 Login（登录）之间存在包含关系。

另外，还可以确定参与者 User（用户）和 Seeker（求职者）、Inviter（招聘者）、Administrator（管理员）之间依次存在泛化关系。

4）借助 Rational Rose 工具绘制"基于 Web 的求职招聘系统"用例图

根据以上分析，借助 Rational Rose 工具绘制 User（用户）与其关联的用例之间的关系，如图 15-37 所示；绘制 Seeker（求职者）与其关联的用例之间的关系，如图 15-38 所示；绘制 Inviter（招聘者）与其关联的用例之间的关系，如图 15-39 所示；绘制 Administrator（管理员）与其关联的用例之间的关系，如图 15-40 所示；绘制系统参与者之间的关系，如图 15-41 所示。最后，得到"基于 Web 的求职招聘系统"总体用例图，如图 15-42 所示。

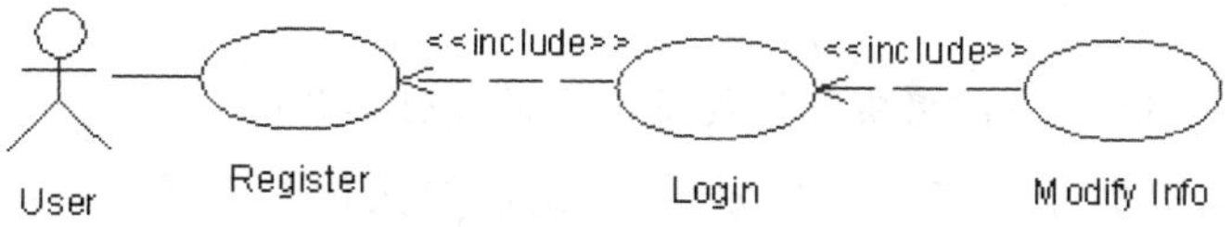

图 15-37　用户与其关联的用例

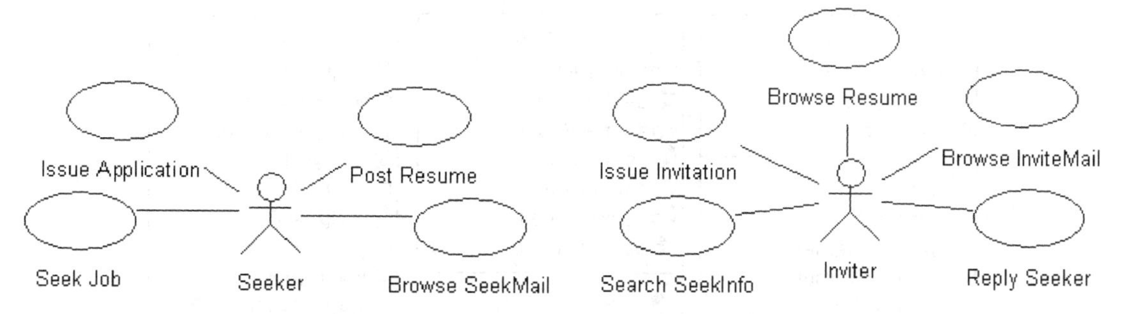

图 15-38　求职者与其关联的用例

图 15-39　招聘者与其关联的用例

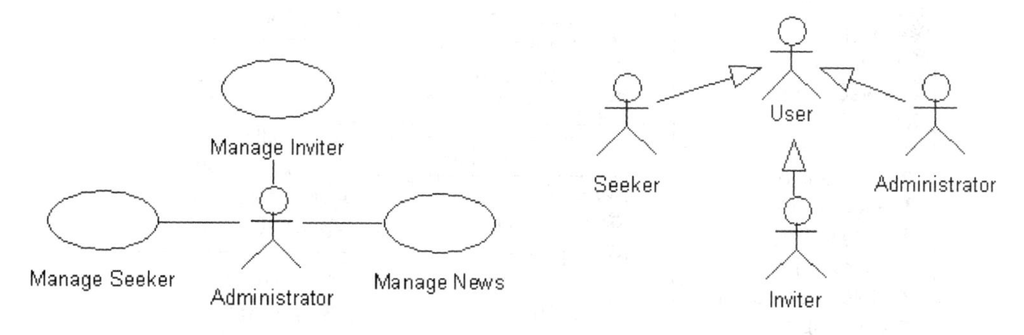

图 15-40　管理员与其关联的用例

图 15-41　系统参与者之间的关系

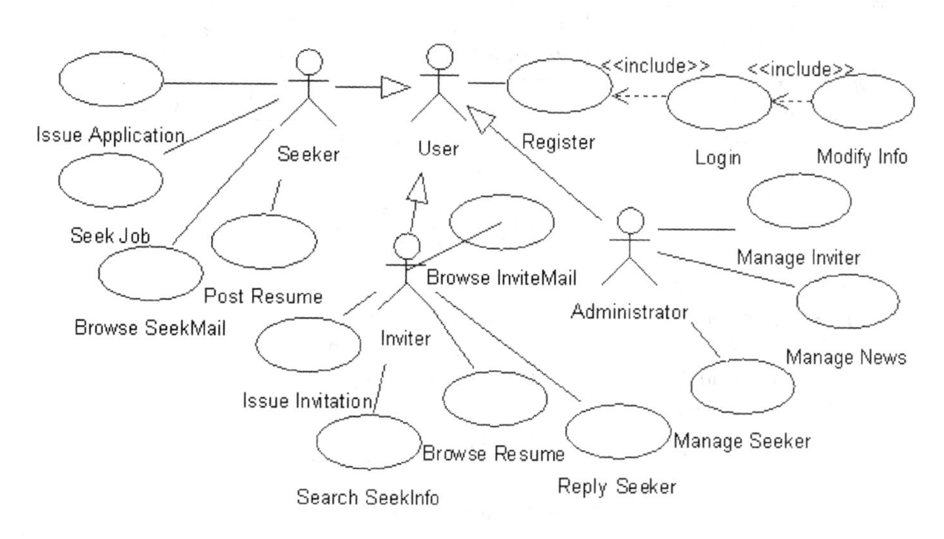

图 15-42　“基于 Web 的求职招聘系统”总体用例图

2. 静态建模

1）识别系统中的类，并根据实际情况确定类的属性和操作

此处只对系统中部分实体类进行分析，识别出的实体类有 User（用户）、Seeker（求职者）、Inviter（招聘者）、Administrator（管理员）、Application（求职信息）、Invitation（招聘信息）、Resume（简历）、News（新闻），如图 15-43 所示。

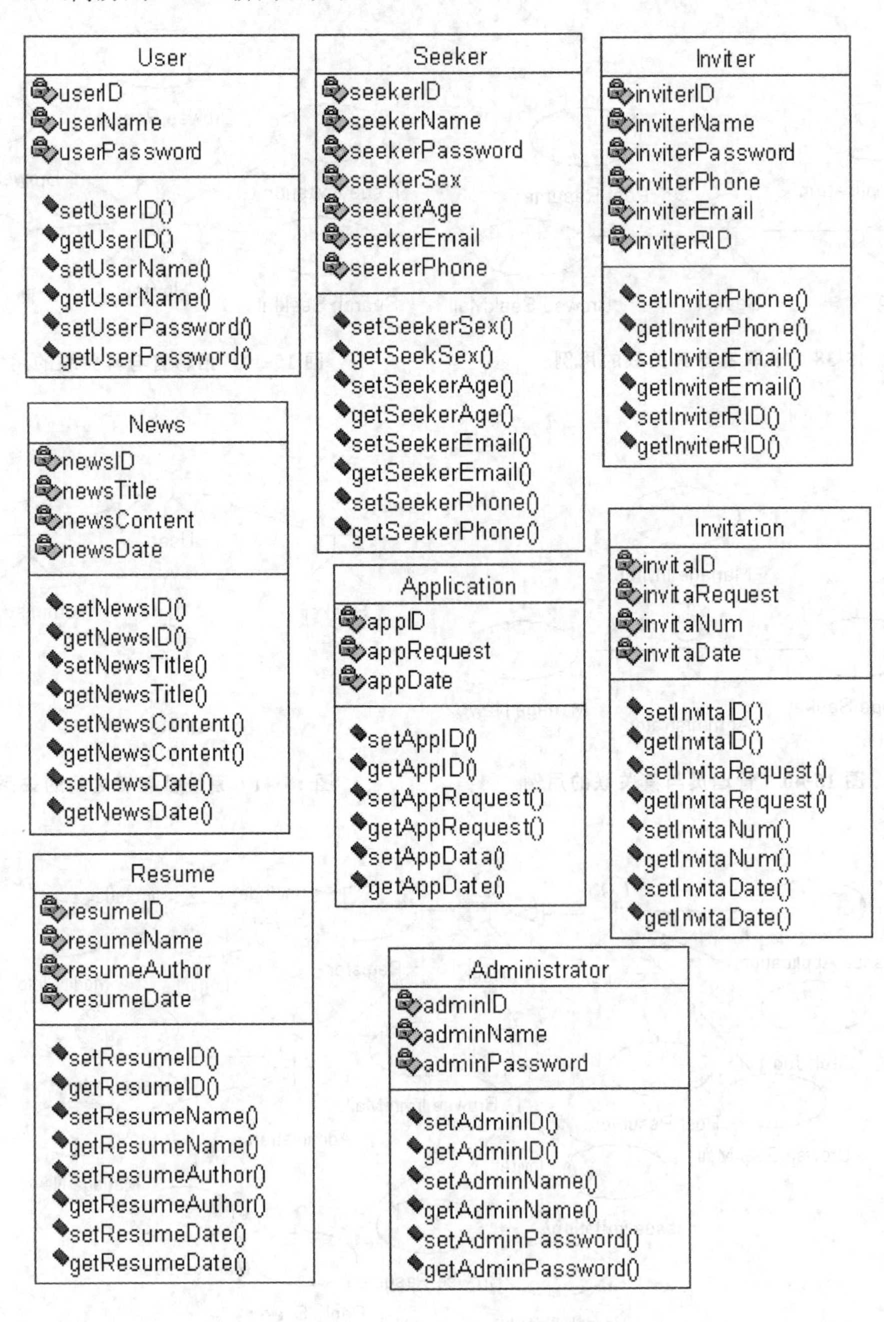

图 15-43　系统中的实体类

2）识别系统中各类之间的关系

分析得出“基于 Web 的求职招聘系统”中各实体类之间关系如表 15-4 所示。

表 15-4　系统中各实体类之间的关系

序　　号	类　　A	类　　B	类 A 和类 B 之间的关系
1	User	Seeker	泛化关系
2	User	Inviter	泛化关系
3	User	Administrator	泛化关系
4	Administrator	News	关联关系
5	Seeker	Resume	关联关系
6	Seeker	Invitation	关联关系
7	Seeker	Application	关联关系
8	Seeker	News	关联关系
9	Inviter	Resume	关联关系
10	Inviter	Invitation	关联关系
11	Inviter	Application	关联关系
12	Inviter	News	关联关系

3）借助 Rational Rose 工具绘制"基于 Web 的求职招聘系统"类图

由于该系统总体类图较复杂，所以将其划分为如下三个子图：Manage（管理模块）子图，如图 15-44 所示；Seek（求职模块）子图，如图 15-45 所示；Invite（招聘模块）子图，如图 15-46 所示。

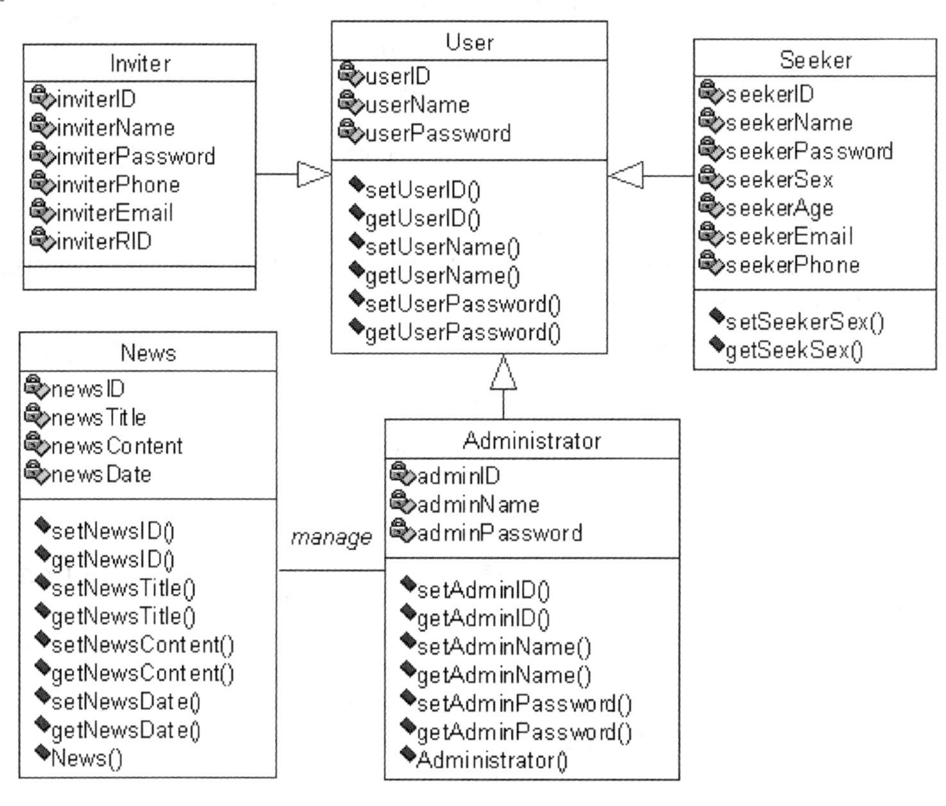

图 15-44　Manage 子图

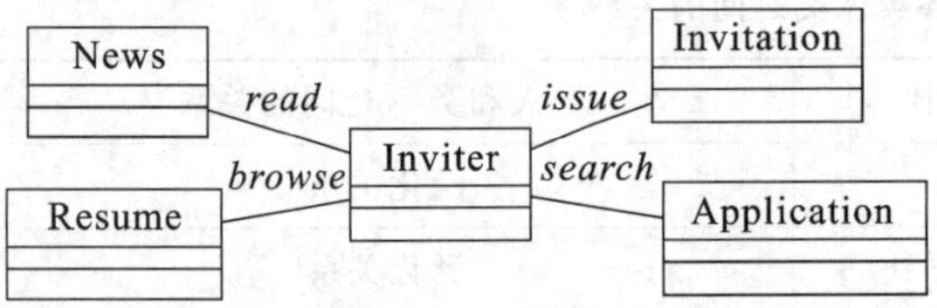

图 15-45　Seek 子图 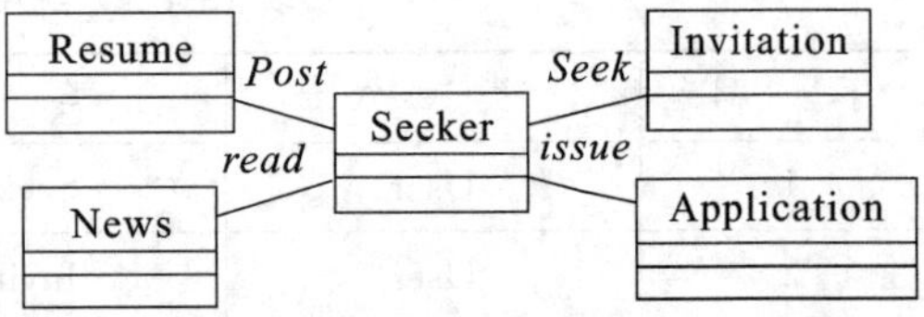　　　　图 15-46　Invite 子图

3. 动态建模

1）绘制时序图

识别系统中既定场景的对象、消息等要素，并借助 Rational Rose 工具绘制相应的时序图。此处以“Register”场景为例进行分析和建模，得到的时序图如图 15-47 所示。

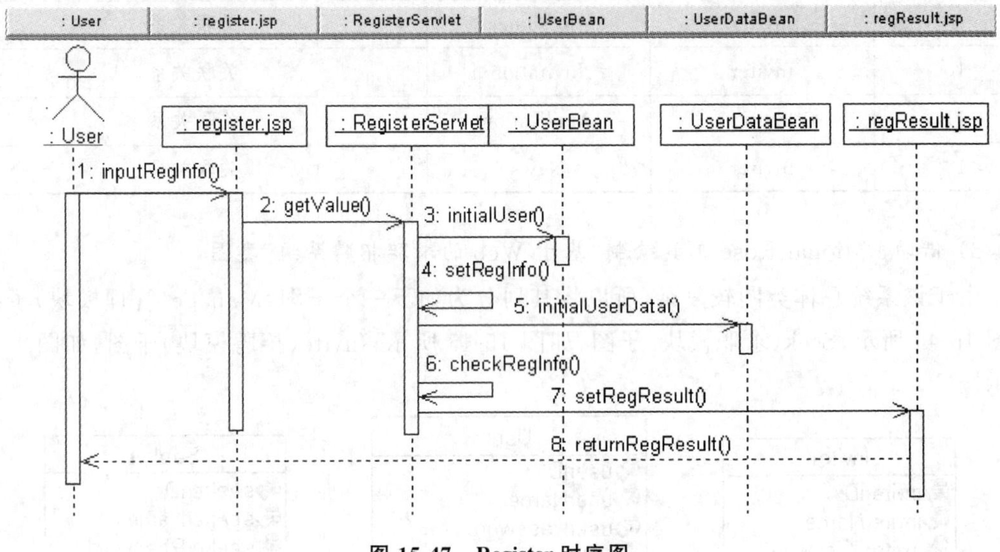

图 15-47　Register 时序图

2）绘制协作图

识别系统中既定场景的对象、消息等要素，并借助 Rational Rose 工具绘制出相应的协作图，或将现有的时序图转换成协作图。

此处仍以“Register”场景为例，利用 Rational Rose 工具将其时序图直接转化成协作图。生成的“Register”场景协作图，如图 15-48 所示。

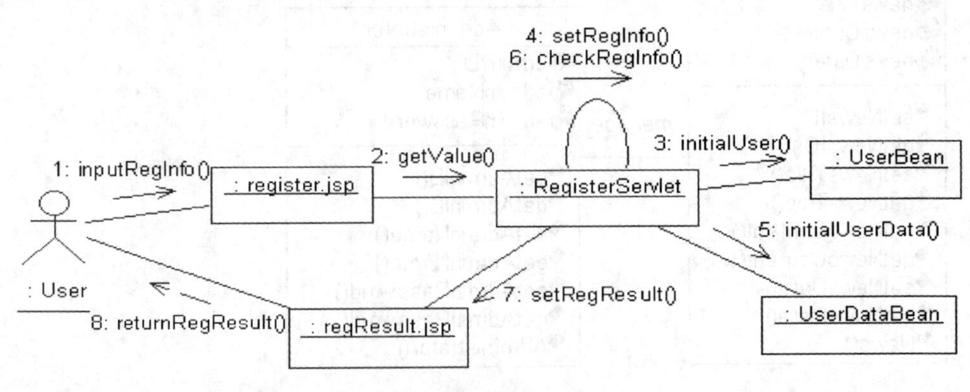

图 15-48　Register 协作图

3）绘制状态图

捕获系统中指定对象的状态，并借助 Rational Rose 工具绘制出相应的状态图。此处以 Seeker（求职者）对象为例，绘制其状态图，如图 15-49 所示。

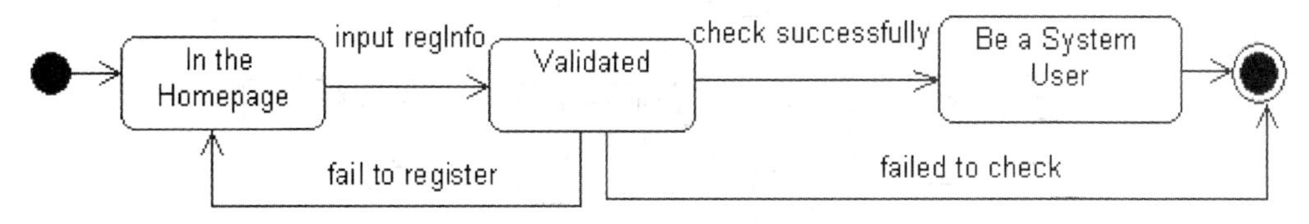

图 15-49 Seeker 的状态图

4）绘制活动图

捕获系统中指定对象或指定用例的活动，并借助 Rational Rose 工具绘制出相应的活动图。以捕获“Modify Info”（更新信息）用例的活动为例，绘制“Modify Info”活动图如图 15-50 所示。

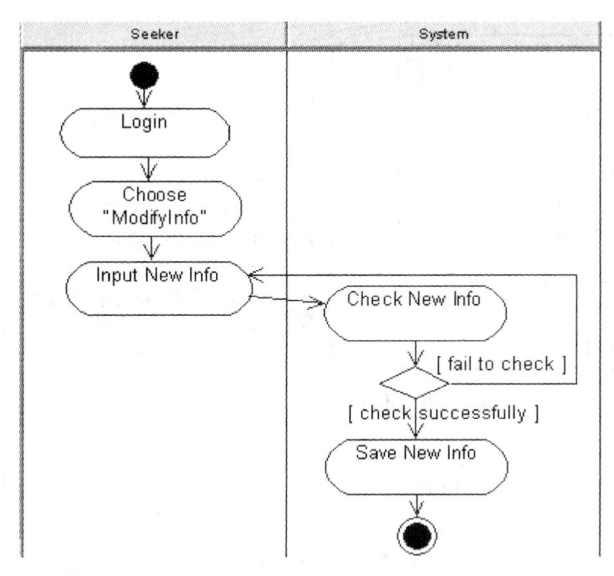

图 15-50 Modify Info 活动图

4. 物理建模

1）绘制组件图

分析系统中的组件及组件间的关系，并借助 Rational Rose 工具绘制出“基于 Web 的求职招聘系统”组件图。

通过分析，确定“基于 Web 的求职招聘系统”中的组件有：Application System（求职招聘系统的 Web 应用程序）、Seek（求职）、Invite（招聘）、Manage（管理）等。以上各组件中有部分组件存在依赖关系，详见表 15-5 所示。

表 15-5 “基于 Web 的求职招聘系统”中组件间的关系

序　号	组　件　A	组　件　B	组件 A 和组件 B 之间的关系
1	Application System	Seek	依赖关系
2	Application System	Invite	依赖关系
3	Application System	Manage	依赖关系

最终完成“基于 Web 的求职招聘系统”组件图，如图 15-51 所示。

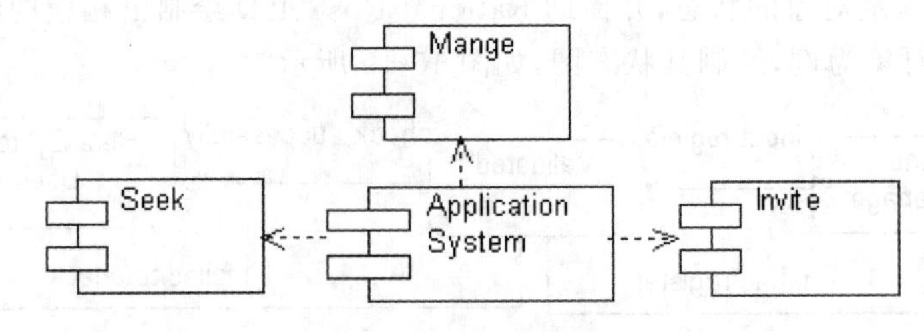

图 15-51 “基于 Web 的求职招聘系统”组件图

2）绘制数据模型图

结合静态模型，借助 Rational Rose 工具绘制“基于 Web 的求职招聘系统”数据模型图。借助 Rational Rose 绘制“基于 Web 的求职招聘系统”部分数据模型图如图 15-52 所示。

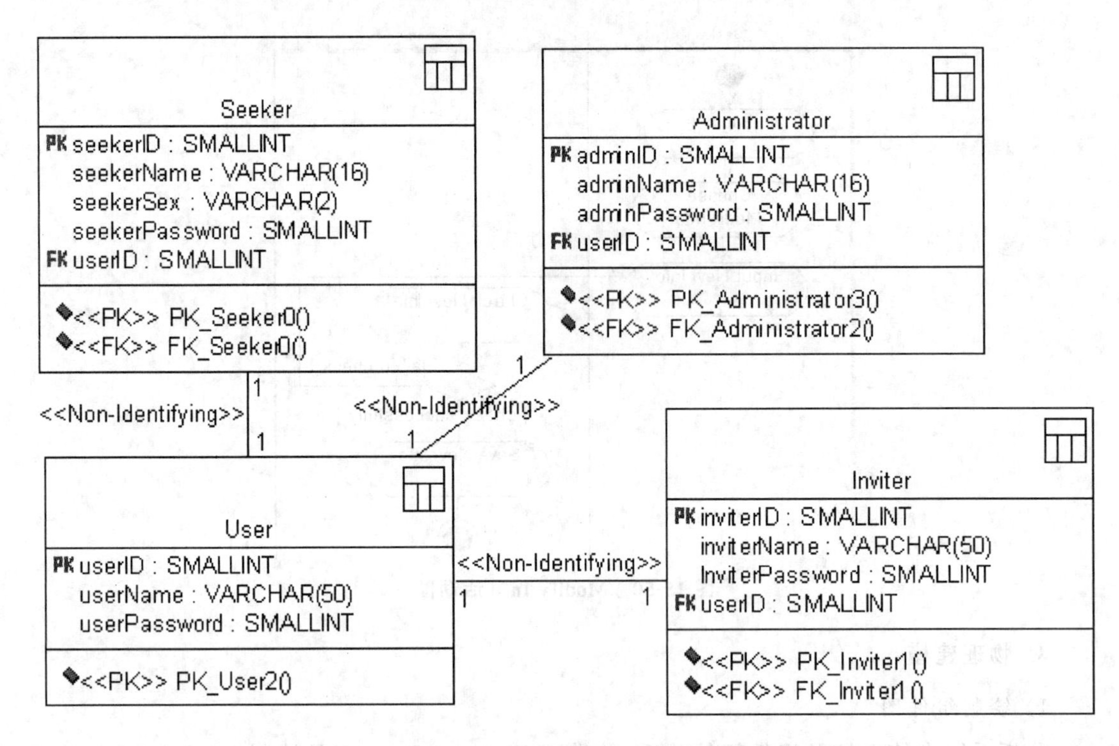

图 15-52 “基于 Web 的求职招聘系统”部分数据模型图

另外，还可以从以上数据模型中导出数据库或 DDL（数据库定义语言）脚本，导出的“S&I. ddl”脚本文件的具体内容如下。


```
CREATE TABLE Seeker (
    seekerID SMALLINT NOT NULL,
    seekerName VARCHAR ( 16 ) NOT NULL,
    seekerSex VARCHAR ( 2 ) NOT NULL,
    seekerPassword SMALLINT NOT NULL,
    userID SMALLINT NOT NULL,
    CONSTRAINT PK_Seeker0 PRIMARY KEY (seekerID)
    );
CREATE TABLE Inviter (
```

```
    inviterID SMALLINT NOT NULL,
    inviterName VARCHAR ( 50 ) NOT NULL,
    InviterPassword SMALLINT NOT NULL,
    userID SMALLINT NOT NULL,
    CONSTRAINT PK_Inviter1 PRIMARY KEY (inviterID)
    );
CREATE TABLE User (
    userID SMALLINT NOT NULL,
    userName VARCHAR ( 50 ) NOT NULL,
    userPassword SMALLINT NOT NULL,
    CONSTRAINT PK_User2 PRIMARY KEY (userID)
    );
CREATE TABLE Administrator (
    adminID SMALLINT NOT NULL,
    adminName VARCHAR ( 16 ) NOT NULL,
    adminPassword SMALLINT NOT NULL,
    userID SMALLINT NOT NULL,
    CONSTRAINT PK_Administrator3 PRIMARY KEY (adminID)
    );
ALTER TABLE Administrator ADD CONSTRAINT FK _ Administrator2 FOREIGN KEY
(userID) REFERENCES User (userID) ON DELETE NO ACTION ON UPDATE NO ACTION;
ALTER TABLE Seeker ADD CONSTRAINT FK_Seeker0 FOREIGN KEY (userID) REFERENCES
User (userID) ON DELETE NO ACTION ON UPDATE NO ACTION;
ALTER TABLE Inviter ADD CONSTRAINT FK_Inviter1 FOREIGN KEY (userID) REFERENCES
User (userID) ON DELETE NO ACTION ON UPDATE NO ACTION;
```

3）绘制部署图

分析系统中的节点及节点间的连接，并借助 Rational Rose 工具绘制“基于 Web 的求职招聘系统”部署图。

通过分析，确定“基于 Web 的求职招聘系统”中的节点有：ApplicationServer（应用服务器）、DatabaseSever（数据库服务器）、SeekerPC（求职者客户机）、InviterPC（招聘者客户机）、AdminPC（管理员 PC）等。

显而易见，ApplicationServer（应用服务器）节点与其他各节点之间都存在连接。

借助 Rational Rose 工具绘制“基于 Web 的求职招聘系统”部署图，如图 15-53 示。

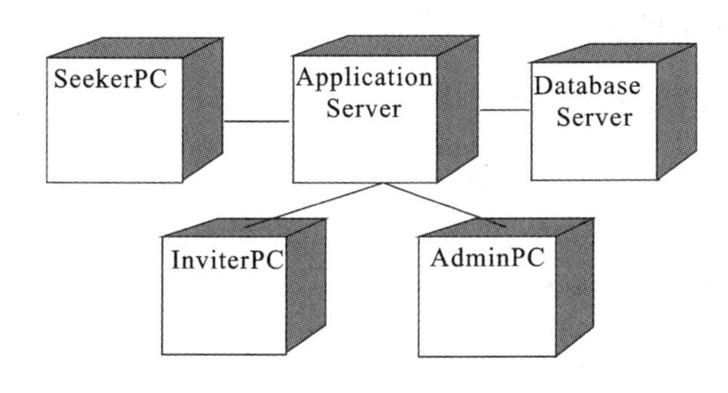

图 15-53 “基于 Web 的求职招聘系统”部署图

5. 双向工程

1）正向工程

利用 Rational Rose 工具的正向工程，将“基于 Web 的求职招聘系统”的类模型生成相应的 Java 源代码。

借助 Rational Rose 的正向工程将类模型生成代码以后，可以在保存路径中找到对应的 Java 源文件。

以浏览 Inviter.java 文件为例，其详细代码如下。

```
//Source file: D:\\Rose&Java\\Inviter.java
public class Inviter extends User
{
   private int inviterID;
   private int inviterName;
   private int inviterPassword;
   private int inviterPhone;
   private int inviterEmail;
   private int inviterRID;
   public Resume theResume;
   public Application theApplication;
   public Invitation theInvitation;
   public News theNews;
   /**
    *@roseuid 4D65D2990157
    */
   public Inviter()
   {
   }
   /**
    *@roseuid 4D64BEC001E4
    */
   public void setInviterPhone()
   {
   }
   /**
    *@roseuid 4D64BEC70177
    */
   public void getInviterPhone()
   {
   }
   /**
    *@roseuid 4D64BECC0232
    */
   public void setInviterEmail()
   {
```

```
    }
    /**
     *@roseuid 4D64BED20280
     */
    public void getInviterEmail()
    {
    }
    /**
     *@roseuid 4D64BEDA007D
     */
    public void setInviterRID()
    {
    }
    /**
     *@roseuid 4D64BEE00196
     */
    public void getInviterRID()
    {
    }
}
```

2）逆向工程

利用 Rational Rose 工具的逆向工程，将“基于 Web 的求职招聘系统”已有的 Java 源代码（即正向工程中得到的源代码）生成类模型。

读者可参照第 14 章双向工程的介绍自行练习，将“基于 Web 的求职招聘系统”已有的 Java 源代码生成类模型。

15.2.5 能力训练

选择一个基于 Web 的软件系统（如“网上书店系统”、“网上花店系统”等），借助 Rational Rose 工具，按照用例建模、静态建模、动态建模、物理建模、双向工程的顺序，对其进行 UML 建模。

15.2.6 知识扩展

1. RUP 的核心工作流

从图 15-34 可以看出，RUP 包括九个核心工作流：Business Modeling（业务建模）、Requirements（需求分析）、Analysis & Design（分析与设计）、Implementation（实现）、Test（测试）、Deployment（部署）、Configuration &Change Mgmt（配置和变更管理）、Project Management（项目管理）、Environment（环境）等。其详细内容读者可自行参考相关资料介绍。

2. RUP 的核心技术特点

1）用例驱动

通过前面的实例可以看出，需求分析阶段用户需求是借助用例来表达的，设计初期的类是根据用例来发现的，构造阶段开发管理和任务分配是按照用例来组织的，测试阶段的实例是根据用例来生成的。

2）以架构为中心

架构为用户和研发人员提供系统的管理视图,架构是系统实现的基础,架构为项目管理提供基本指导,架构描述是软件系统的主要制品。

3）迭代和增量的开发方式

迭代是同一过程中最小的开发时间单位,但它却包括了软件开发的所有工作流,因此可以看成是“袖珍瀑布模型”。增量是每次迭代所产生的、可增加系统功能的构造块。迭代是 RUP 的开发方式,增量是 RUP 的开发结果。

本章小结

本章详细介绍了两个具体项目案例(“BBS 论坛系统”和“基于 Web 的求职招聘系统”),说明 UML 在软件项目开发中的应用以及如何使用 Rational Rose 进行 UML 的软件建模。本章从软件项目的需求分析开始,然后对项目进行设计,通过创建系统的用例建模、静态建模、动态建模和物理实现模型一步步地完成整个软件项目的建模工作,最后通过 Rational Rose 的双向工程功能,实现了设计模型与源程序代码之间的转换。希望读者通过这两个案例的研究,对前面学习的 UML 各个知识点有一个完整的理解和认识。

参 考 文 献

[1] 张海藩,牟永敏. 软件工程导论[M]. 6 版. 北京:清华大学出版社,2013.

[2] Eriksson H,Penker M,Lyons B,等. UML2 工具箱[M]. 余安萍,俞俊平,等,译. 北京:电子工业出版社,2004.

[3] 胡荷芬,张帆,高斐. UML 系统建模基础教程[M]. 2 版. 北京:清华大学出版社,2014.

[4] 蔡敏,徐慧慧,黄炳强. UML 基础与 Rose 建模教程[M]. 北京:人民邮电出版社,2006.

[5] 唐学忠. UML 面向对象分析与建模[M]. 北京:电子工业出版社,2008.

[6] Pressman R,Maxim B. 软件工程-实践者的研究方法[M]. 8 版. 北京:机械工业出版社,2015.

[7] Vliet H V. Software Engineering—Principles and Practice[M]. 2nd Edition. New York:John Wiley & Sons,2000.

[8] Braude E J. Software Engineering—An Object-Oriented Perspective[M]. New York:John Wiley & Sons,2001.